Supremacía cuántica

Supremacía cuántica

La revolución tecnológica
que lo cambiará todo

Michio Kaku

Traducción de
Francesc Pedrosa

Papel certificado por el Forest Stewardship Council®

Penguin
Random House
Grupo Editorial

Primera edición: septiembre de 2024

Printed in Spain – Impreso en España

ISBN: 978-84-19951-65-6
Depósito legal. B-10.287-2024

Compuesto en Comptex&Ass., S. L.
Impreso en Black Print CPI Ibérica
Sant Andreu de la Barca (Barcelona)

C951656

A mi querida esposa, Shizue, y a mis hijas,
la doctora Michelle Kaku y Alyson Kaku

Índice

Primera parte

El auge de los ordenadores cuánticos

1

El fin de la era del silicio

Se acerca una revolución.

En 2019 y 2020, dos bombas informativas sacudieron el mundo de la ciencia. Dos grupos anunciaron que habían logrado la supremacía cuántica, el legendario punto en el que un tipo de ordenador radicalmente nuevo, llamado «ordenador cuántico», podría superar de manera decisiva a un superordenador digital ordinario en tareas específicas. Era el anuncio de una conmoción capaz de modificar el panorama informático por entero y todos los aspectos de nuestra vida cotidiana.

En primer lugar, Google reveló que su ordenador cuántico, Sycamore, podía resolver en doscientos segundos un problema matemático que llevaría diez mil años en el superordenador más rápido del mundo. Según el boletín *Technology Review* del MIT, Google lo calificó de avance decisivo. Lo compararon con el lanzamiento del Sputnik o el primer vuelo de los hermanos Wright. Era «el umbral de una nueva era de máquinas que harían que el ordenador más potente de la actualidad pareciera un ábaco».[1]

El Instituto de Innovación Cuántica de la Academia China de las Ciencias fue aún más lejos. Afirmaron que su ordenador cuántico era cien billones de veces más rápido que un superordenador normal.

Bob Sutor, vicepresidente de IBM, al comentar el meteórico ascenso de los ordenadores cuánticos, afirmó rotundamente: «Creo que va a ser la tecnología informática más importante de este siglo».[2]

Estas computadoras se han llamado «el ordenador definitivo», un salto tecnológico decisivo con profundas implicaciones en todo el mundo. En lugar de calcular en diminutos transistores, lo hacen mediante el menor de los objetos posibles, los propios átomos, y por ello pueden superar fácilmente la potencia del mejor superordenador. Los ordenadores cuánticos podrían marcar el comienzo de una era del todo nueva para la economía, la sociedad y nuestro modo de vida.

Pero también son algo más que otro potente sistema. Son un nuevo tipo de ordenador capaz de abordar problemas que los equipos digitales nunca podrán resolver, ni siquiera con una cantidad infinita de tiempo. Por ejemplo, estos últimos nunca podrán calcular con precisión cómo se combinan los átomos para crear reacciones químicas esenciales, en especial las que hacen posible la vida. Los ordenadores digitales solo pueden calcular en series digitales, formadas por un conjunto de 0 y 1, que son demasiado burdos para describir las delicadas ondas de electrones que bailan en el interior de una molécula. Por ejemplo, al realizar el tedioso cálculo de los caminos que sigue un ratón en un laberinto, un ordenador digital tiene que pasar por un penoso análisis de cada camino posible, uno tras otro. Un ordenador cuántico, sin embargo, analiza simultáneamente todos los caminos posibles, a la velocidad del rayo.

Esto, a su vez, ha acentuado la rivalidad entre los gigantes de la informática, que compiten por crear el ordenador cuántico más potente del mundo. En 2021, IBM presentó su propio ordenador cuántico, llamado Eagle, que ha tomado la delantera, al poseer más potencia de cálculo que todos los modelos anteriores.

Pero estos récords son como la cubierta de una tarta: están hechos para romperlos.

Dadas las profundas implicaciones de esta revolución, no es de extrañar que muchas de las principales empresas del mundo hayan invertido grandes sumas en esta nueva tecnología. Google, Microsoft, Intel, IBM, Rigetti y Honeywell están construyendo prototipos de ordenadores cuánticos. Los líderes de Silicon Valley son conscientes de que deben seguir el ritmo de esta nueva revolución o quedarse tirados en la cuneta.

IBM, Honeywell y Rigetti Computing han puesto su primera generación de ordenadores cuánticos en internet para despertar el apetito de un público curioso, de modo que la sociedad pueda tener su primera exposición directa a la computación cuántica. Se puede experimentar de primera mano esta nueva revolución conectándose a un ordenador cuántico en internet. Por ejemplo, la plataforma IBM Q Experience, lanzada en 2016, pone a disposición del público quince ordenadores cuánticos a través de internet de manera gratuita. Entre sus usuarios se hallan Samsung y JPMorgan Chase. Ya los utilizan cada mes dos mil personas, desde escolares hasta profesores.

Wall Street se ha interesado mucho por esta tecnología. IonQ se convirtió en la primera empresa importante de computación cuántica en salir a bolsa, y recaudó seiscientos millones de dólares en su OPV de 2021. Y lo que es aún más sorprendente, la rivalidad es tan intensa que una nueva empresa emergente, PsiQuantum, sin ningún prototipo comercial en el mercado ni historial alguno de productos anteriores, despuntó de repente en el mercado de Wall Street hasta alcanzar una valoración de tres mil cien millones de dólares, con la capacidad de captar seiscientos sesenta y cinco millones de dólares en financiación casi de la noche a la mañana. Los analistas empresariales escribieron que rara vez habían visto una situación así, una nueva empresa que se subiera a la ola de la especulación febril y los titulares sensacionalistas hasta alcanzar tales alturas.

La empresa de consultoría y contabilidad Deloitte calcula que el mercado de los ordenadores cuánticos alcanzará los cientos de millones de dólares en la década de 2020 y las decenas de miles de millones de dólares en la de 2030. Nadie sabe cuándo entrarán en el mercado y alterarán el panorama económico, pero las predicciones se revisan constantemente para adaptarse a la inaudita velocidad de los descubrimientos científicos en este campo. Christopher Savoie, consejero delegado de Zapata Computing, dijo acerca del meteórico ascenso de los ordenadores cuánticos: «Ya no es cuestión de si ocurrirá, sino de cuándo».[3]

Incluso el Congreso de Estados Unidos ha expresado un gran interés en ayudar a poner en marcha esta nueva tecnología. Al darse cuenta de que otras naciones ya han financiado generosamente la investigación en ordenadores cuánticos, el Congreso aprobó, en diciembre de 2018, la Ley de Iniciativa Cuántica Nacional para proporcionar el capital inicial con que ayudar a poner en marcha nuevos estudios. La comisión ordenó la creación de entre dos y cinco nuevos Centros Nacionales de Investigación en Ciencias de la Información Cuántica, dotados con ochenta millones de dólares anuales.

En 2021, el Gobierno de Estados Unidos también anunció una inversión de seiscientos veinticinco millones de dólares en tecnologías cuánticas, que supervisará el Departamento de Energía. A su vez, gigantescas corporaciones como Microsoft, IBM y Lockheed Martin aportaron trescientos cuarenta millones de dólares adicionales a este proyecto.

China y Estados Unidos no son los únicos que utilizan fondos públicos para acelerar esta tecnología. El Gobierno del Reino Unido está construyendo el Centro Nacional de Computación Cuántica, que servirá para centralizar la investigación en este campo, en el laboratorio Harwell del Consejo de Instalaciones Científicas y Tecnológicas de Oxfordshire. Espoleadas por el Gobierno, a finales de 2019 se habían fundado en el Reino Unido treinta nuevas empresas dedicadas a la computación cuántica.

Los analistas del sector reconocen que es una apuesta de un billón de dólares. No hay garantías en un campo tan competitivo. A pesar de los impresionantes logros técnicos conseguidos por Google y otras empresas en los últimos años, un ordenador cuántico viable que pueda resolver problemas del mundo real está todavía a muchos años vista. Aún nos queda por delante una enormidad de trabajo duro. Algunos críticos incluso afirman que podría ser una quimera. Pero las empresas informáticas son conscientes de que, a menos que den sus primeros pasos en el sector cuántico, podrían quedarse fuera de golpe.

Ivan Ostojic, socio de la consultora McKinsey, afirmó: «Las empresas de los sectores en los que la computación cuántica tendrá el mayor potencial de impacto deberían implicarse ya».[4] Ámbitos como la química, la medicina, el petróleo y el gas, el transporte, la logística, la banca, los productos farmacéuticos y la ciberseguridad están listos para los grandes cambios. Y añade: «En principio, la computación cuántica será relevante para todos los directores de sistemas de información, ya que acelerará las soluciones a una gran variedad de problemas. Esas empresas tienen que poseer la capacidad cuántica».

Vern Brownell, ex director general de D-Wave Systems, una empresa canadiense de computación cuántica, señaló: «Creemos que estamos a punto de poder ofrecer funcionalidades que no se consiguen con la informática clásica».

Muchos científicos creen que estamos entrando en una era completamente nueva, con perturbaciones comparables a las que crearon la introducción del transistor y la del microchip. Empresas sin vínculos directos con la producción informática, como el gigante de la automoción Daimler, propietario de Mercedes-Benz, ya están invirtiendo en esta nueva tecnología, al intuir que los ordenadores cuánticos pueden allanar el camino a nuevos desarrollos en sus propios sectores. Julius Marcea, directivo de la rival BMW, ha escrito: «Estamos entusiasmados por investigar el potencial transformador de la computación cuántica en el sector automovilístico, y estamos decididos a ampliar los límites de la capacidad técnica».[5] Otras grandes empresas, como Volkswagen y Airbus, han creado sus propias divisiones de computación cuántica para explorar de qué modo puede esta revolucionar su negocio.

Las empresas farmacéuticas también observan atentamente los avances en este campo, conscientes de que los ordenadores cuánticos pueden ser capaces de simular procesos químicos y biológicos complejos, para lo cual los ordenadores digitales se quedan muy cortos. Las enormes instalaciones dedicadas a hacer ensayos con millones de fármacos podrían ser sustituidas algún día por «laboratorios virtuales» que los prueben en el ciberespacio. Algunos temen que, llegado el momento, esto pueda sustituir a los químicos. Pero Derek Lowe, que lleva un blog sobre descubrimiento de fármacos, afirma: «No es que las máquinas vayan a sustituir a los químicos. Es que los químicos que utilicen máquinas sustituirán a los que no lo hagan».[6]

Incluso el Gran Colisionador de Hadrones (LHC, por sus siglas en inglés), a las afueras de Ginebra (Suiza), la mayor máquina científica del mundo, que hace chocar protones a catorce billones de electronvoltios para recrear las condiciones del universo primitivo, utiliza ahora ordenadores cuánticos para ayudar en la criba de enormes masas de datos. En un segundo, pueden analizar hasta un billón de bytes generados por unos mil millones de colisiones de partículas. Quizá algún día los ordenadores cuánticos desentrañen los secretos de la creación del universo.

SUPREMACÍA CUÁNTICA

En 2012, cuando el físico John Preskill, del Instituto de Tecnología de California, acuñó el término «supremacía cuántica», muchos científicos negaron la idea. Pensaban que pasarían décadas, si no siglos, antes de que los ordenadores cuánticos pudieran superar a los digitales. Al fin y al cabo, la computación en átomos individuales, en lugar de en las placas de silicio de los chips, se consideraba endemoniadamente difícil. La más mínima vibración o ruido puede perturbar la delicada danza de los átomos en un ordenador cuántico. Pero, hasta hoy, los asombrosos anuncios de supremacía cuántica han echado por tierra las sombrías predicciones de los detractores. Ahora el interés se centra en la rapidez de desarrollo de este campo.

Las convulsiones causadas por estos notables logros también han sacudido las salas de juntas y las agencias de inteligencia secretas de todo el mundo. Documentos filtrados por denunciantes han demostrado que la CIA y la Agencia de Seguridad Nacional siguen de cerca los avances en este campo. Esto se debe a que los ordenadores cuánticos son tan potentes que, en principio, podrían descifrar todos los cibercódigos conocidos. Esto significa que los secretos cuidadosamente protegidos por los gobiernos, que son sus joyas de la corona y contienen su información más confidencial, son vulnerables a los ataques, al igual que lo son los secretos mejor guardados de las empresas e incluso de los particulares. La situación es tan urgente que incluso el Instituto Nacional de Normas y Tecnología de Estados Unidos (NIST, por sus siglas en inglés), que establece la política y los estándares nacionales, ha publicado recientemente unas directrices para ayudar a las grandes empresas y organismos a planificar la inevitable transición a esta nueva era. El NIST ya ha anunciado que espera que para 2029 los ordenadores cuánticos sean capaces de romper el cifrado AES de 128 bits, el código utilizado por muchas empresas.

En la revista *Forbes*, Ali El Kaafarani señalaba: «Es una perspectiva bastante aterradora para cualquier organización que tenga información confidencial que proteger».[7]

China ha empleado diez mil millones de dólares en su Laboratorio Nacional para las Ciencias de la Información Cuántica, porque están decididos a ser líderes en este fundamental campo en rápida evolución. Los países invierten decenas de miles de millones en proteger celosamente sus códigos. Armado con un ordenador cuántico, un pirata informático podría entrar en cualquier ordenador digital del planeta, perturbando así las industrias e incluso el ejército. Toda la información protegida quedaría entonces disponible para el mejor postor. La irrupción de los ordenadores cuánticos en el santuario de Wall Street podría, asimismo, desestabilizar los mercados financieros. Estos sistemas también podrían desintegrar la cadena de bloques tecnológica, causando así estragos en el mercado del bitcoin. Deloitte ha calculado que alrededor del 25 por ciento de los bitcoins son potencialmente vulnerables al pirateo por parte de un ordenador cuántico.

«Los responsables de proyectos de cadena de bloques probablemente estarán muy atentos a los avances de la computación cuántica», concluye un informe de CB Insights, una empresa dedicada al software de datos.[8]

Así, lo que está en juego es nada menos que la economía mundial, fuertemente vinculada a la tecnología digital. Los bancos de Wall Street utilizan ordenadores para registrar transacciones de muchos miles de millones. Los ingenieros utilizan ordenadores para diseñar rascacielos, puentes y cohetes. Los artistas dependen de los ordenadores para animar las superproducciones de Hollywood. Las empresas farmacéuticas utilizan ordenadores para desarrollar su próximo fármaco milagroso. Los niños necesitan los ordenadores para jugar al último videojuego con sus amigos. Y nosotros dependemos esencialmente de los teléfonos móviles para recibir noticias instantáneas de nuestros amigos, socios y parientes. A todos nos ha entrado alguna vez el pánico cuando no encontramos el móvil. De hecho, es muy difícil nombrar cualquier actividad humana que no haya sido puesta patas arriba por los ordenadores. Dependemos tanto de ellos que si, de repente, todos ellos dejaran de funcionar en el mundo entero, la civilización se sumiría en el caos. Por eso los científicos siguen con tanta atención el desarrollo de los ordenadores cuánticos.

FIN DE LA LEY DE MOORE

¿A qué se debe todo este revuelo y controversia?

El auge de los ordenadores cuánticos es señal de que la era del silicio está llegando gradualmente a su fin. Durante el último medio siglo, la explosión de la potencia informática se ha descrito mediante la ley de Moore, llamada así por el fundador de Intel, Gordon Moore. Esta hipótesis establece que la potencia de los ordenadores se duplica cada dieciocho meses. A pesar de ser engañosamente simple, esta ley ha acertado con el notable aumento exponencial que predice, el cual no tiene precedentes en la historia de la humanidad. No hay ningún otro invento que haya tenido un impacto tan generalizado en un periodo de tiempo tan breve.

Los ordenadores han pasado por muchas etapas a lo largo de su historia, y en cada una han aumentado extraordinariamente su potencia y provocado importantes cambios sociales. De hecho, la ley de Moore se puede extender hasta el siglo XIX, a la era de los ordenadores mecánicos. Por aquel entonces, los ingenieros utilizaban cilindros giratorios, engranajes y ruedas para realizar operaciones aritméticas sencillas. A principios del siglo pasado, estas computadoras empezaron a utilizar la electricidad, sustituyendo los engranajes por relés y cables. Durante la Segunda Guerra Mundial, los ordenadores utilizaban una gran cantidad de válvulas de vacío para descifrar los códigos secretos de los gobiernos. En la posguerra, se pasó a los transistores, que podían miniaturizarse hasta un tamaño microscópico, lo que facilitó continuos avances en velocidad y potencia.

En la década de 1950, los ordenadores centrales solo podían ser adquiridos por grandes empresas y organismos públicos, como el Pentágono y los bancos internacionales. Aunque eran potentes (por ejemplo, el ENIAC podía hacer en treinta segundos lo que a un ser humano le llevaría veinte horas), eran caros y voluminosos, pues a menudo ocupaban toda una planta de un edificio de oficinas. El microchip revolucionó todo este proceso, reduciendo su tamaño a lo largo de las décadas, de modo que un chip típico, tan grande como una uña, puede contener ahora unos mil millones de transistores. Los teléfonos móviles que ahora utilizan los niños para jugar a videojuegos son más potentes que una habitación llena de aquellos torpes dinosaurios que en su día utilizó el Pentágono. Damos por sentado que el ordenador que llevamos en el bolsillo supera con creces la potencia de los utilizados durante la Guerra Fría.

Todo acaba por ser superado. Cada transición en el desarrollo del ordenador ha dejado obsoleta la tecnología anterior en un proceso de destrucción creativa. La ley de Moore ya se está ralentizando y puede llegar a detenerse. Esto se debe a que los microchips son tan compactos que la capa más fina de transistores tiene unos veinte átomos de espesor. Cuando se alcanzan los cinco átomos aproximadamente, la ubicación de los electrones se vuelve incierta, por lo que pueden escaparse y provocar un cortocircuito en el chip, o bien generar tanto calor que los chips se fundan. En otras palabras, según las leyes de la física, la ley de Moore acabará por colapsar si seguimos utilizando principalmente silicio. Podríamos estar asistiendo al final de la era del silicio. El siguiente salto podría ser la era postsilicio o cuántica.

Como ha dicho Sanjay Natarajan, de Intel: «Creemos que hemos exprimido todo lo que se puede exprimir de esa arquitectura».[9]

Silicon Valley puede acabar convirtiéndose en el próximo Cinturón del Óxido.

Aunque ahora las cosas parecen tranquilas, tarde o temprano este nuevo futuro hará acto de presencia. Como dice Hartmut Neven, director del Laboratorio de Inteligencia Artificial de Google: «Parece que no está pasando nada, y entonces, de repente, estás en un mundo diferente».[10]

¿POR QUÉ SON TAN POTENTES?

¿Qué hace que los ordenadores cuánticos sean tan potentes que las naciones del mundo tengan prisa por dominar esta nueva tecnología?

Básicamente, todos los ordenadores modernos se basan en información digital, que puede codificarse en una serie de 0 y 1. La unidad de información más pequeña, un solo dígito, se denomina bit. Esta secuencia de 0 y 1 se introduce en un procesador digital, que realiza el cálculo y produce un resultado. Por ejemplo, su conexión a internet se mide en términos de bits por segundo o bps, lo que significa que cada segundo se envían mil millones de bits a su ordenador, y esto le permite acceder al instante a películas, correos electrónicos, documentos, etc.

Sin embargo, en 1959, el premio Nobel Richard Feynman adoptó una manera distinta de ver la información digital. En un profético y pionero artículo titulado «There's Plenty of Room at the Bottom» («Hay mucho espacio en el fondo») y en artículos posteriores, se preguntaba: ¿por qué no sustituir esta secuencia de 0 y 1 por estados de átomos, creando así un ordenador atómico? ¿Por qué no sustituir los transistores por el objeto más pequeño posible, el átomo?

Los átomos son como peonzas. En un campo magnético, pueden alinearse hacia arriba o hacia abajo con respecto al campo magnético, lo que puede corresponder a un 0 o a un 1. La potencia de un ordenador digital está relacionada con el número de estados (los 0 o los 1) que contiene la máquina.

No obstante, debido a las extrañas reglas del mundo subatómico, los átomos también pueden girar en cualquier combinación de ambos estados. Por ejemplo, podría haber un estado en el que la partícula gire hacia arriba el 10 por ciento del tiempo y hacia abajo el 90 por ciento, o bien que gire hacia arriba el 65 por ciento del tiempo y hacia abajo el 35 por ciento. De hecho, hay un número infinito de formas en las que un átomo puede girar. Esto aumenta extraordinariamente el número de estados posibles. Así, el átomo es capaz de transportar mucha más información, no solo en un bit, sino en un cúbit, es decir, una mezcla simultánea de los estados arriba y abajo. Los bits digitales solo pueden transportar un bit de información cada vez, lo que limita su potencia, pero los cúbits, o bits cuánticos, tienen una potencia casi ilimitada. El hecho de que, a nivel atómico, los objetos puedan existir simultáneamente en múltiples estados se denomina «superposición» (esto también significa que las leyes habituales del sentido común se violan con regularidad

23

a nivel atómico. A esa escala, los electrones pueden estar en dos lugares al mismo tiempo, lo que no ocurre con los objetos grandes).

Además, los cúbits pueden interactuar entre sí, lo que no es posible en el caso de los bits ordinarios; es lo que se denomina «entrelazamiento». Mientras que los bits digitales tienen estados independientes, cada vez que se añade un nuevo cúbit, este interactúa con todos los cúbits anteriores, por lo que se duplica el número de interacciones posibles. Por tanto, los ordenadores cuánticos son, de forma intrínseca, exponencialmente más potentes que los digitales, porque se duplica el número de interacciones cada vez que se añade un cúbit adicional.

Por ejemplo, hoy en día los ordenadores cuánticos pueden tener más de cien cúbits. Esto significa que son 2^{100} veces más potentes que un superordenador con un solo cúbit.

El ordenador cuántico Sycamore, de Google, el primero en alcanzar la supremacía cuántica, es capaz de procesar setenta y dos trillones de bytes de memoria con sus cincuenta y tres cúbits. Así, un ordenador cuántico como Sycamore eclipsa a cualquier ordenador convencional.

Las implicaciones comerciales y científicas son enormes. En la transición de una economía mundial digital a una economía cuántica, hay mucho en juego.

Obstáculos para los ordenadores cuánticos

La siguiente pregunta clave es: ¿qué nos impide comercializar hoy mismo potentes ordenadores cuánticos? ¿Por qué algún emprendedor no desvela haber inventado un ordenador cuántico capaz de descifrar cualquier código conocido?

El problema al que se enfrentan los ordenadores cuánticos también fue previsto por Richard Feynman cuando propuso por primera vez el concepto. Para que estos sistemas funcionen, los átomos tienen que estar dispuestos con precisión para vibrar al unísono; es lo que se denomina «coherencia». Pero estas partículas son objetos increíblemente pequeños y sensibles. La más mínima impureza o perturbación del mundo externo puede hacer que este grupo de átomos pierda la coherencia, echando así a perder todo el cálculo. Esta fragilidad es el principal problema al que se enfrentan los ordenadores cuánticos. Así, la pregunta del billón de dólares es: ¿podemos controlar la decoherencia?

Para minimizar la contaminación procedente del mundo exterior, los científicos utilizan equipos especiales para hacer descender la temperatura hasta casi el cero absoluto, donde las vibraciones no deseadas son mínimas. Pero esto exige unas bombas y conductores especiales y muy caros.

Sin embargo, nos enfrentamos a un misterio. La madre naturaleza utiliza la mecánica cuántica a temperatura ambiente sin ningún problema. Por ejemplo, el milagro de la fotosíntesis, uno de los mecanismos más importantes que se desarrollan en la Tierra, es un proceso cuántico que tiene lugar a temperaturas normales. Para realizar la fotosíntesis, la madre naturaleza no utiliza una sala llena de exóticos aparatos que funcionan cerca del cero absoluto. Por razones que no se comprenden bien, en el mundo natural se puede mantener la coherencia incluso en un día cálido y soleado, cuando las perturbaciones del mundo exterior deberían generar el caos a nivel atómico. Si lográramos averiguar cómo la madre naturaleza hace su magia a temperatura ambiente, podríamos dominar el mundo cuántico e incluso la propia vida.

Revolucionar la economía

Aunque los ordenadores cuánticos suponen una amenaza para la ciberseguridad de las naciones a corto plazo, también tienen enormes implicaciones prácticas a largo plazo: el poder de revolucionar la economía mundial, crear un futuro más sostenible y marcar el comienzo de una era de medicina cuántica que ayude a curar enfermedades hasta ahora incurables.

Son muchas las áreas en las que los ordenadores cuánticos pueden superar a los ordenadores digitales convencionales:

1. Motores de búsqueda

En el pasado, la riqueza podía medirse en términos de petróleo u oro.

En la actualidad se mide, cada vez más, en datos. Las empresas solían desechar sus propios datos financieros, pero ahora admiten que esta información es más valiosa que los metales preciosos. Aun así, la criba de montañas de datos puede abrumar a un ordenador digital convencional. Aquí es donde entran en juego los ordenadores cuánticos, capaces de encontrar la aguja en el pajar. Estos sistemas pueden analizar las finanzas de una empresa para aislar el puñado de factores que le impiden crecer.

De hecho, JPMorgan Chase se ha asociado recientemente con IBM y Honeywell para analizar sus datos con el fin de hacer mejores predicciones del riesgo y la incertidumbre financieros y aumentar la eficiencia de sus operaciones.

2. Optimización

Una vez que los ordenadores cuánticos han utilizado motores de búsqueda para identificar los aspectos clave de los datos, la siguiente cuestión es cómo ajustarlos para maximizar determinados factores, como el beneficio. Como mínimo, las grandes empresas, universidades y organismos públicos utilizarán los ordenadores cuánticos para minimizar los gastos y maximizar su eficiencia y beneficios. Por ejemplo, el rendimiento neto de una empresa depende de centenares de factores, como salarios, ventas, gastos, etc., que cambian rápidamente con el tiempo. Un ordenador digital tradicional podría verse superado al tratar de hallar la combinación adecuada de esta miríada de factores para maximizar el margen de beneficio. En cambio, una empresa financiera podría querer utilizar ordenadores cuánticos para predecir el futuro de ciertos mercados financieros que manejan miles de millones de dólares en transacciones diarias. Aquí es donde ayudarían los ordenadores cuánticos, proporcionando la potencia computacional necesaria para optimizar su balance final.

3. *Simulación*

Los ordenadores cuánticos también podrían resolver ecuaciones complejas que se hallan más allá de la capacidad de los ordenadores digitales. Por ejemplo, las empresas de ingeniería podrían utilizarlos para calcular la aerodinámica de reactores, aviones y coches, con el fin de encontrar la forma ideal que reduzca la fricción, minimice los costes y maximice la eficiencia. O los gobiernos podrían utilizar ordenadores cuánticos para predecir el tiempo, desde determinar la trayectoria de un gigantesco huracán hasta calcular cómo afectará el calentamiento global a la economía y a nuestro modo de vida en las próximas décadas. O bien, los científicos podrían utilizar los ordenadores cuánticos para hallar la configuración óptima de los imanes en máquinas gigantes de fusión nuclear con el fin de aprovechar la potencia de la fusión de hidrógeno y «meter el Sol en una botella».

Pero quizá la mayor de las ventajas esté en el uso de ordenadores cuánticos para simular cientos de procesos químicos fundamentales. La situación ideal sería poder predecir el resultado de cualquier reacción química a nivel atómico sin utilizar ningún producto en absoluto, solo ordenadores cuánticos. Esta nueva rama de la ciencia, la química computacional, determina las propiedades químicas no mediante experimentos, sino simulándolas en un ordenador cuántico, lo que podría, a la larga, eliminar la necesidad de costosos y prolongados ensayos. Toda la biología, la medicina y la química se reducirían a mecánica cuántica. Esto implica crear un «laboratorio virtual» en el que podamos probar rápidamente nuevos fármacos y tratamientos dentro de la memoria de un ordenador cuántico, evitando décadas de ensayo y error, así como lentos y tediosos experimentos de laboratorio. En lugar de realizar miles de ensayos químicos complejos, caros y pausados, bastaría con pulsar el botón de un ordenador cuántico.

4. *Fusión de IA y ordenadores cuánticos*
La inteligencia artificial (IA) destaca por su capacidad para aprender de los errores, a fin de realizar tareas cada vez más difíciles. Ya ha demostrado su eficacia en la industria y la medicina. Sin embargo, una de las limitaciones de la IA es que la enorme cantidad de datos que debe procesar puede sobrepasar fácilmente las posibilidades de un ordenador digital convencional. Pero la capacidad de cribar montañas de datos es uno de los puntos fuertes de los ordenadores cuánticos. Por tanto, la combinación de IA y ordenadores cuánticos puede incrementar significativamente la capacidad de estos para resolver problemas de todo tipo.

OTRAS APLICACIONES DE LOS ORDENADORES CUÁNTICOS

Los ordenadores cuánticos pueden alterar sectores enteros. Por ejemplo, podrían dar paso a la tan esperada era solar. Durante décadas, los futuristas y visionarios han predicho que la energía renovable eliminaría progresivamente los combustibles fósiles y solucionaría el problema del efecto invernadero, que está calentando nuestro planeta. Multitud de estos pensadores y soñadores han ensalzado las virtudes de las energías renovables.

Pero la era solar se ha quedado atascada por el camino.

Aunque los costes de las turbinas eólicas y los paneles solares han bajado, siguen representando solo una pequeña fracción de la producción mundial de energía. La pregunta es: ¿qué ha pasado?

Toda tecnología nueva tiene que enfrentarse al balance final: los costes. Después de décadas de cantar las alabanzas de las energías solar y eólica, los impulsores de estas tienen que enfrentarse al hecho de que, en promedio, siguen siendo un poco más caras que los combustibles fósiles. La razón es clara: cuando el Sol no brilla y los vientos no soplan, la tecnología de las energías renovables permanece inutilizada, acumulando polvo.

A menudo se pasa por alto el principal obstáculo de la era solar: las baterías. Nos hemos malacostumbrado a que la potencia de los ordenadores crezca a un ritmo exponencial e, inconscientemente, asumimos que el mismo ritmo de mejora se aplica a toda la tecnología electrónica.

La potencia de cálculo se ha disparado en parte porque podemos utilizar longitudes de onda más cortas de radiación ultravioleta para encastar diminutos transistores en un chip de silicio. Pero las baterías son diferentes: son complicadas y utilizan un conjunto de sustancias químicas exóticas en compleja interacción. Su potencia crece con lentitud y tedio, por ensayo y error, no encastando con longitudes de onda de luz ultravioleta cada vez más cortas. Además, la energía almacenada en una batería es una fracción minúscula de la almacenada en la gasolina.

Los ordenadores cuánticos podrían cambiar esta situación al ser capaces de modelizar miles de reacciones químicas posibles sin tener que llevarlas a cabo en el laboratorio para encontrar el proceso más eficiente para una superbatería, dando paso así a la era solar.

Los servicios públicos y las empresas de automoción ya están utilizando los primeros ordenadores cuánticos de IBM para abordar el problema de las baterías. Intentan incrementar la capacidad y la velocidad de recarga de la próxima generación de baterías de litio-azufre. Pero esta no es más que una de las formas en que el clima se verá afectado. Además, ExxonMobil está utilizando los ordenadores cuánticos de IBM para crear nuevos productos químicos destinados al procesamiento de baja energía y la captura de carbono. En concreto, quieren que los ordenadores cuánticos permitan simular materiales y determinar su naturaleza química, como la capacidad calorífica.

Jeremy O'Brien, fundador de PsiQuantum, subraya que esta revolución no consiste en construir ordenadores más rápidos, sino en abordar problemas, como reacciones químicas y bioquímicas complejas, que ningún ordenador convencional podría resolver por mucho tiempo que le dediquemos.

O'Brien ha declarado: «No se trata de hacer las cosas más rápido o mejor [...], sino de poder hacerlas. [...] Estos problemas estarán siempre fuera del alcance de cualquier ordenador convencional que pudiéramos construir. [...] Aunque cogiéramos cada átomo de silicio del planeta y lo convirtiéramos en un superordenador, seguiríamos sin poder resolver estos [...] complicados problemas».[11]

ALIMENTAR AL PLANETA

Otra aplicación esencial de los ordenadores cuánticos podría ser alimentar a la creciente población mundial. Ciertas bacterias toman sin esfuerzo el nitrógeno del aire para convertirlo en amoniaco, que a su vez se puede transformar en sustancias químicas para fabricar fertilizantes. Este proceso de fijación del nitrógeno es la razón por la que la vida florece en la Tierra, y permite el crecimiento de una exuberante vegetación que alimenta a humanos y demás animales. La revolución verde arrancó cuando las sustancias químicas duplicaron esta hazaña con el proceso Haber-Bosch. Sin embargo, este requiere una enorme cantidad de energía. De hecho, un asombroso 2 por ciento de toda la energía producida en el mundo se emplea en él.

Esa es la ironía. Las bacterias pueden hacer gratis un proceso que consume una enorme fracción de la energía mundial.

La pregunta es: ¿pueden los ordenadores cuánticos resolver este problema de producción eficiente de fertilizantes y dar lugar así a una segunda revolución verde? Sin otra revolución en la producción de alimentos, algunos futuristas han predicho una catástrofe ecológica a medida que sea más difícil de alimentar a la población mundial, cada vez más numerosa, lo que podría provocar hambrunas masivas y disturbios relacionados con la alimentación en todo el planeta.

Los científicos de Microsoft ya han hecho algunos intentos de utilizar ordenadores cuánticos para aumentar el rendimiento de los fertilizantes y desvelar el secreto de la fijación del nitrógeno. Finalmente, puede que estos sistemas ayuden a salvar a la civilización humana de sí misma. Otro milagro de la naturaleza es la fotosíntesis, en la que la luz solar y el dióxido de carbono se convierten en oxígeno y glucosa, que forman la base de casi toda la vida animal. Sin este proceso, la cadena alimentaria se derrumbaría y la vida en este planeta se marchitaría rápidamente.

Los científicos llevan décadas intentando descifrar todos los pasos de la fotosíntesis, molécula a molécula. Pero el problema de convertir la luz en azúcar es un proceso que implica a la mecánica cuántica. Tras años de esfuerzos, los investigadores han aislado los puntos en los que los efectos cuánticos dominan este proceso, y todos ellos se hallan fuera del alcance de los ordenadores digitales. Por tanto, crear una fotosíntesis sintética que pudiera ser potencialmente más eficiente que la natural sigue eludiendo a nuestros mejores químicos.

Los ordenadores cuánticos podrían ayudar a crear una fotosíntesis sintética más eficiente, o incluso formas del todo nuevas de captar la energía de la luz solar. Es posible que el futuro de nuestra alimentación dependa de ello.

EL NACIMIENTO DE LA MEDICINA CUÁNTICA

Los ordenadores cuánticos son capaces de rejuvenecer el medioambiente y la vida vegetal, pero también pueden curar a los enfermos y moribundos. No solo tienen el potencial de analizar simultáneamente la eficacia de millones de posibles medicamentos más rápido que cualquier ordenador convencional, sino que también pueden desentrañar la naturaleza de la propia enfermedad.

Los ordenadores cuánticos podrían responder a preguntas como estas: ¿qué es lo que hace que células sanas pasen de repente a ser cancerosas y cómo se puede detener esto? ¿Qué causa el alzhéimer? ¿Por qué el párkinson y la ELA son incurables? Más recientemente, se sabe que el coronavirus muta, pero ¿cuán peligrosos son cada uno de estos virus mutantes y cómo responderán al tratamiento?

Dos de los mayores descubrimientos de la medicina son los antibióticos y las vacunas. Sin embargo, entre los primeros, los nuevos se descubren en gran medida por ensayo y error, sin entender exactamente cómo funcionan a nivel molecular, mientras que las segundas se limitan a estimular al cuerpo humano para que produzca sustancias químicas para atacar a un virus invasor. En ambos casos, los mecanismos moleculares exactos siguen siendo un misterio, y los ordenadores cuánticos nos ofrecerían conocimientos sobre cómo poder desarrollar mejores vacunas y antibióticos.

Cuando se trata de entender el cuerpo, el primer paso de gigante fue el Proyecto Genoma Humano, que enumeró los tres mil millones de pares de bases y los veinte mil genes que forman el mapa del cuerpo humano. Pero esto es solo el principio. El problema es que los ordenadores digitales se utilizan principalmente para buscar en inmensas bases de datos de códigos genéticos conocidos, pero son incapaces de explicar con precisión cómo el ADN y las proteínas realizan sus milagros dentro del organismo. Estas últimas son sustancias complejas, a menudo formadas por miles de átomos, que se pliegan en una pequeña bola de formas específicas e inexplicables para llevar a cabo su magia molecular. En su nivel más fundamental, toda la vida es mecánica cuántica y, por tanto, está fuera del alcance de los ordenadores digitales.

Pero los ordenadores cuánticos abrirán el camino a la siguiente fase, cuando descifremos los mecanismos a nivel molecular que nos muestren cómo funcionan, permitiendo con ello a los científicos crear nuevos procedimientos genéticos y nuevos tratamientos para vencer enfermedades antes incurables.

Por ejemplo, empresas farmacéuticas como ProteinQure, Digital Health 150, Merck y Biogen ya están creando centros de investigación para analizar cómo afectarán los ordenadores cuánticos al análisis de fármacos.

Los científicos se asombran de que la madre naturaleza haya sido capaz de crear el vasto arsenal de mecanismos moleculares que hacen posible el milagro de la vida. Pero todos ellos son un subproducto del azar y de una aleatoria selección natural, que llevan en funcionamiento miles de millones de años. Por eso seguimos padeciendo ciertas enfermedades incurables y el propio proceso de envejecimiento. Cuando comprendamos cómo funcionan estos mecanismos moleculares, podremos utilizar los ordenadores cuánticos para mejorarlos o crear nuevas versiones de ellos.

Por ejemplo, en genómica podemos utilizar ordenadores para identificar genes en el ADN como los BRCA1 y BRCA2, que pueden provocar cáncer de mama. Pero los ordenadores digitales no sirven para determinar exactamente cómo causan estos genes el cáncer cuando están defectuosos, y tampoco son capaces de detenerlo una vez que se ha extendido por todo el cuerpo. Los ordenadores cuánticos, sin embargo, al descifrar los entresijos moleculares de nuestro sistema inmunitario, podrían crear nuevos fármacos y tratamientos para luchar contra estas enfermedades.

Otro ejemplo es el alzhéimer, al que algunos califican de «enfermedad del siglo», a medida que envejece la población mundial. Con los ordenadores digitales se puede demostrar que las mutaciones en determinados genes, como en el ApoE4, están asociadas al alzhéimer. Pero no sirven para explicar por qué es así.

Una de las principales teorías es que el alzhéimer está causado por priones, una proteína amiloide determinada que se pliega incorrectamente en el cerebro. Cuando la molécula rebelde choca con

33

otra molécula de proteína, hace que esta también se pliegue de forma incorrecta. De este modo, la enfermedad puede propagarse por contacto, aunque no intervengan bacterias ni virus. Se sospecha que los priones rebeldes podrían ser los culpables del alzhéimer, el párkinson, la ELA y otras muchas enfermedades incurables que afectan a las personas mayores.

El problema del plegamiento de las proteínas es una de las áreas más vastas de la biología que quedan sin explorar. De hecho, puede que encierre el secreto de la vida misma. Pero saber exactamente cómo se pliega una molécula de proteína está más allá de la capacidad de cualquier ordenador convencional. Los cuánticos, no obstante, pueden proporcionar nuevos caminos para neutralizar las proteínas rebeldes y ofrecer nuevos tratamientos.

Además, la mencionada fusión de la IA y los ordenadores cuánticos puede acabar siendo el futuro de la medicina. Ya hay programas de IA que, como AlphaFold, han sido capaces de representar la detallada estructura atómica de trescientos cincuenta mil tipos diferentes de proteínas, una cifra asombrosa, incluido el conjunto completo de aquellas que componen el cuerpo humano. El siguiente paso es utilizar los métodos exclusivos de los ordenadores cuánticos para averiguar cómo estas proteínas llevan a cabo su magia, y utilizarlas para crear la próxima generación de fármacos y tratamientos.

Los ordenadores cuánticos ya se están conectando a redes neuronales para producir las máquinas venideras capaces de aprender y reinventarse a sí mismas. En cambio, el portátil que tiene sobre la mesa no aprende nunca. No es más potente hoy que el año pasado. Solo en los últimos tiempos, con los nuevos avances en aprendizaje profundo, los ordenadores están dando los primeros pasos para reconocer errores y aprender. Los sistemas cuánticos podrían acelerar exponencialmente este proceso y causar un impacto sin parangón en la medicina y la biología.

Sundar Pichai, director ejecutivo de Google, compara la llegada de los ordenadores cuánticos con el histórico vuelo de los hermanos

Wright, en 1903. La prueba original no fue tan sorprendente en sí misma, porque el vuelo apenas duró unos modestos doce segundos. Pero esta breve hazaña fue el detonante que inició la aviación moderna, que a su vez ha cambiado el curso de la civilización humana.

Lo que está en juego es nada menos que nuestro futuro, y está al alcance de quien sea capaz de construir y utilizar un ordenador cuántico. Pero, para comprender realmente el impacto que esta revolución puede tener en nuestra vida cotidiana, resulta útil recordar algunos de los valientes intentos realizados en el pasado de hacer realidad nuestro sueño de utilizar ordenadores para simular y comprender el mundo que nos rodea.

Y todo empezó con una misteriosa reliquia de dos mil años de antigüedad hallada en el fondo del Mediterráneo.

2

El fin de la era digital

Del fondo del mar Egeo surgió uno de los enigmas más intrigantes y cautivadores del mundo antiguo. En 1901, unos submarinistas lograron rescatar una extraña curiosidad cerca de la isla de Anticitera. Entre los restos de cerámica, monedas, joyas y estatuas de un naufragio, los buzos encontraron un objeto singularmente distinto. Al principio no parecía más que un trozo de roca sin valor con incrustaciones de coral.

Pero, cuando se limpiaron las capas de residuos, los arqueólogos se dieron cuenta de que estaban ante un tesoro extremadamente raro y único en su especie. Estaba lleno de engranajes, ruedas y extrañas inscripciones, una máquina de diseño intrincado y exquisito.

Se calcula que se fabricó entre los años 150 y 100 a. e. c., a juzgar por la datación de los otros objetos hallados en el naufragio. Algunos historiadores creen que se llevaba de Rodas a Roma para regalársela a Julio César en un desfile triunfal.

En 2008, mediante tomografía computarizada y escaneo de superficies de alta resolución, los científicos lograron penetrar en el interior de este intrigante objeto. Se quedaron de piedra al percatarse de que estaban ante un antiguo dispositivo mecánico increíblemente avanzado.

En ningún lugar de los registros de la Antigüedad se mencionaba un mecanismo tan sofisticado. Se dieron cuenta de que esta magnífica máquina debía de ser la cúspide del conocimiento científico del mundo antiguo. Tenían delante una brillante supernova procedente de milenios en el pasado. Era el ordenador más antiguo del mundo, un dispositivo que no se duplicaría hasta dos mil años más tarde.

Figura 1: el mecanismo de Anticitera
Hace dos mil años, los griegos crearon el mecanismo de Anticitera, el primero de la larga línea evolutiva de los ordenadores, representado aquí como un modelo basado en el dispositivo original. Así como este mecanismo representa el principio de la tecnología informática, el ordenador cuántico puede representar la cúspide de su evolución.

Los científicos empezaron a construir reproducciones mecánicas de este notable dispositivo. Al girar una manivela, una serie de complejas ruedas y engranajes se pusieron en movimiento por primera vez en miles de años. Tenía al menos treinta y siete engranajes de bronce. En uno de ellos se calculaba el movimiento de la Luna y el Sol. Otro conjunto de engranajes podía predecir la llegada del próximo eclipse de sol. Era tan sensible que incluso calculaba pequeñas irregularidades en la órbita de la Luna. Las traducciones de las inscripciones del aparato relatan el movimiento de Mercurio, Venus, Marte, Saturno y Júpiter, los planetas conocidos por los antiguos, pero se cree que otra parte perdida del mecanismo podía trazar realmente el movimiento de los planetas en los cielos.

Desde entonces, los científicos han replicado elaborados modelos del interior del aparato, que han proporcionado a los historiadores una visión sin precedentes de los conocimientos y la mente de los antiguos. El dispositivo auguró el nacimiento de una rama completamente nueva de la ciencia, que utiliza herramientas mecánicas para simular el universo. Se trataba del ordenador analógico más antiguo del mundo, un dispositivo capaz de calcular utilizando movimientos mecánicos continuos.

De manera que el objetivo del primer ordenador del mundo era simular los cuerpos celestes, reproducir los misterios del cosmos en un dispositivo que se pudiera sostener en las manos. En lugar de limitarse a contemplar con asombro el cielo nocturno, estos científicos de la Antigüedad querían comprender su funcionamiento en detalle, lo que les permitía una visión sin precedentes del movimiento de los cuerpos celestes en los cielos.

ORDENADORES CUÁNTICOS: LA SIMULACIÓN DEFINITIVA

Los arqueólogos descubrieron que el mecanismo de Anticitera representaba la cúspide de nuestros primitivos intentos de simular el cosmos. De hecho, este mismo deseo ancestral de reproducir el mundo que nos rodea es una de las fuerzas que impulsan el ordenador cuántico, que representa el último esfuerzo en el viaje de dos mil años para intentar simularlo todo, desde el cosmos hasta el propio átomo.

La simulación es uno de los deseos humanos más profundos. Los niños se valen de ella con figuras de juguete para comprender el comportamiento humano. Cuando juegan a policías y ladrones, a profesores y alumnos, o a médicos y pacientes, simulan un fragmento de la sociedad adulta con el fin de comprender las complejas relaciones humanas.

Por desgracia, pasarían muchos siglos antes de que los científicos pudieran construir máquinas lo bastante complejas como para simular nuestro mundo tan bien como lo hizo el mecanismo de Anticitera.

BABBAGE Y LA MÁQUINA DIFERENCIAL

Con la caída del Imperio romano, el progreso científico en muchas áreas, incluida la simulación del universo, se paralizó.

No fue hasta la década de 1800 cuando se recuperó gradualmente el interés. Para entonces, ya había cuestiones urgentes y prácticas que solo podían responderse con ordenadores analógicos mecánicos.

Por ejemplo, los navegantes dependían de mapas y cartas náuticas detallados para trazar los rumbos de sus barcos. Necesitaban dispositivos que los ayudaran a hacer esos mapas tan precisos como fuera posible.

También se necesitaban máquinas cada vez más complejas para llevar la cuenta del comercio a medida que la gente empezaba a acumular riqueza en cantidades cada vez mayores. Los contables tenían que recopilar a mano grandes tablas matemáticas de tipos de interés e hipotecas.

Los seres humanos, sin embargo, cometían a menudo errores costosos y graves. De ahí que surgiera un gran interés por desarrollar calculadoras mecánicas que no cometieran esos errores. A medida que estas máquinas adquirían complejidad, surgió una competición informal entre los industriosos inventores para ver quién era capaz de construir la más avanzada.

Quizá el más ambicioso de estos proyectos fuera el del excéntrico inventor y visionario inglés Charles Babbage, quien a menudo recibe la etiqueta de padre del ordenador. Babbage se dedicó a campos muy dispares, entre ellos el arte e incluso la política, pero siempre le fascinaron los números. Afortunadamente, nació en el seno de una familia acomodada, por lo que su padre, banquero, pudo ayudarlo a dedicarse a muchos de sus diversos intereses.

Su sueño era crear la máquina para calcular más avanzada de su época, una que pudieran utilizar banqueros, ingenieros, marinos y militares para realizar, de un modo infalible, cálculos tediosos pero esenciales. Su objetivo era doble: como miembro fundador de la Royal Astronomical Society, le interesaba construir una máquina que pudiera seguir el movimiento de los planetas y demás cuerpos celestes (yendo esencialmente tras los pioneros pasos de los que construyeron el mecanismo de Anticitera). También se ocupó de elaborar cartas náuticas precisas para el sector marítimo. Inglaterra era una gran potencia naval, y los errores en las cartas de navegación podían provocar costosas catástrofes. Su idea era crear el ordenador mecánico más potente de su clase para trazar el movimiento de todo, desde los planetas hasta los barcos en el mar o los tipos de interés.

Babbage fue bastante persuasivo a la hora de reclutar seguidores ávidos por ayudarlo a sacar adelante su ambicioso proyecto. Uno de ellos fue lady Ada Lovelace, miembro de la aristocracia e hija de lord Byron. Ada también era una estudiante aplicada de matemáticas, algo nada habitual entre las mujeres de la época. Cuando vio un pequeño modelo funcional del proyecto de Babbage, se sintió intrigada por este apasionante programa.

A Lovelace se la conoce por ayudar a Babbage a introducir varios conceptos nuevos en la computación. Por lo general, un ordenador mecánico requería un conjunto de engranajes para calcular cifras una a una, lenta y laboriosamente. Pero para generar a la vez tablas con miles de números matemáticos (como logaritmos, tipos de interés y cartas de navegación) se necesitaba un conjunto de instrucciones que guiaran a la máquina a lo largo de muchas iteraciones. En otras palabras, se precisaba de un software que guiara la secuencia de cálculos en el hardware. Así que escribió una serie de instrucciones detalladas para que la máquina pudiera generar sistemáticamente los llamados «números de Bernoulli», esenciales para los cálculos que realizaba.

Lovelace fue, en cierto sentido, la primera programadora del mundo. Los historiadores coinciden en que Babbage probablemente era consciente de la importancia del software y la programación, pero las detalladas notas que ella escribió en 1843 constituyen la primera descripción publicada de un programa informático.

Asimismo, Lovelace reconoció que el ordenador no solo era capaz de manipular números, como pensaba Babbage, sino que podía generalizarse para describir conceptos simbólicos en una amplia gama de ámbitos. El autor Doron Swade escribió: «Ada vio algo que Babbage, en cierto sentido, no logró ver. En el mundo del británico, sus máquinas estaban limitadas por los números. Lo que Lovelace vio [...] fue que los números podían representar entidades distintas de cantidades. Así que una vez que se contara con una máquina para manipular números, si estos representaban otros conceptos, como letras, notas musicales, etc., entonces el aparato podría trabajar con símbolos (de los cuales los números eran solo un ejemplo) de acuerdo con ciertas reglas».[12]

Por ejemplo, Lovelace escribió que el ordenador se podía programar para crear obras instrumentales: «El motor podría componer piezas musicales elaboradas y científicas de cualquier extensión o grado de complejidad».[13] Así pues, el ordenador no era solo un triturador de números o una calculadora ensalzada, sino que también podía utilizarse para explorar la ciencia, el arte, la música y la cultura. Por desgracia, antes de poder desarrollar estos conceptos, Ada Lovelace murió de cáncer a los treinta y seis años.

Mientras, como Babbage tenía un problema crónico de falta de fondos y se enzarzaba continuamente en disputas, su sueño de crear el ordenador mecánico más avanzado de su época nunca llegó a buen puerto. Cuando falleció, muchos de sus planos e ideas murieron con él.

Pero desde entonces los científicos han tratado de estudiar con precisión lo avanzadas que eran sus máquinas. El plano de uno de sus modelos inacabados contenía veinticinco mil piezas. Una vez construido, habría pesado cuatro toneladas y medido dos metros y medio. Babbage estaba tan adelantado a su tiempo que su máquina podría haber manipulado mil números de cincuenta cifras. No fue hasta 1960 cuando otra máquina fue capaz de reproducir tan inmensa memoria.

Con todo, un siglo después de su muerte, los ingenieros del Museo de la Ciencia de Londres, siguiendo sus diseños, que eran en papel, pudieron terminar uno de sus modelos y exponerlo. Y funcionó, tal y como Babbage había predicho en el siglo anterior.

¿ESTÁN COMPLETAS LAS MATEMÁTICAS?

Mientras los ingenieros construían ordenadores mecánicos cada vez más complejos para satisfacer las demandas de un mundo progresivamente más industrializado, los matemáticos puros se planteaban otra pregunta. Siempre había sido uno de los sueños de los geómetras griegos mostrar que todas las afirmaciones matemáticas se podían probar de forma rigurosa.

Pero, sorprendentemente, esta sencilla idea frustró a los matemáticos a lo largo de dos mil años. Durante siglos, los estudiosos de *Los elementos* de Euclides se esforzaron por demostrar un teorema tras otro acerca de los objetos geométricos. Con el tiempo, brillantes pensadores fueron capaces de corroborar un conjunto cada vez más elaborado de afirmaciones matemáticas. Incluso hoy en día, los expertos se pasan la vida recopilando decenas de enunciados que pueden demostrarse matemáticamente. Pero en la época de Babbage empezaron a plantearse una pregunta aún más fundamental: ¿están completas las matemáticas? ¿Garantizan las reglas matemáticas que todos los enunciados puedan demostrarse, o los hay que pueden eludir a las mentes más excepcionales de la raza humana porque, de hecho, no son demostrables?

En 1900, el gran matemático alemán David Hilbert enumeró las cuestiones matemáticas no demostradas más importantes de la época, desafiando a los mejores pensadores del mundo. Este notable conjunto de cuestiones sin resolver espolearía las matemáticas durante el siglo siguiente a medida que, uno por uno, se fueran demostrando los teoremas sin resolver. A lo largo de las décadas, los jóvenes matemáticos hallarían fama y gloria al conquistar uno de los teoremas inacabados de Hilbert.

Pero había algo de ironía en todo esto. Uno de los problemas que el alemán había dejado sin resolver era el antiguo atolladero de demostrar todos los enunciados matemáticos a partir de un conjunto de axiomas. En 1931, en una conferencia en la que Hilbert discutió su programa, un joven matemático austriaco, Kurt Gödel, probó que era imposible.

La conmoción recorrió la comunidad matemática. Dos mil años de pensamiento griego se hicieron añicos por completo de forma irreversible. Matemáticos de todo el mundo observaban la situación con total incredulidad. Tuvieron que aceptar que las matemáticas no eran el conjunto de teoremas ordenados, completos y demostrables que postularon los griegos. Incluso a pesar de constituir los cimientos para la comprensión del mundo físico que nos rodea, las matemáticas eran confusas e incompletas.

ALAN TURING: PIONERO DE LAS CIENCIAS DE LA COMPUTACIÓN

Unos años más tarde, un joven matemático inglés, intrigado por el famoso teorema de incompletitud de Gödel, halló una manera innovadora de replantear la cuestión que cambiaría para siempre la dirección de las ciencias de la computación.

La excepcional capacidad de Alan Turing fue reconocida en una etapa muy temprana de su vida. La directora de su escuela primaria escribiría que, entre sus alumnos, «hay chicos listos y chicos trabajadores, pero Alan es un genio».[14] Más tarde sería conocido como el padre de las ciencias de la computación y la inteligencia artificial.

Turing sentía una feroz determinación por dominar las matemáticas, a pesar de la dura oposición y las dificultades que encontró. Su director, de hecho, trataba activamente de desalentar su interés por la ciencia, afirmando que «está perdiendo el tiempo en una escuela pública». Pero esta oposición no hizo sino avivar aún más su determinación. Cuando tenía catorce años, hubo una huelga general que paralizó gran parte del país, pero él estaba tan ansioso por ir a la escuela que recorrió noventa y seis kilómetros él solo en bicicleta para estar en clase cuando se abriera de nuevo.

En lugar de construir calculadoras cada vez más complejas, como la máquina diferencial de Babbage, Alan Turing acabó planteándose una pregunta distinta: ¿existe un límite matemático a lo que puede hacer un ordenador mecánico?

En otras palabras, ¿puede un ordenador demostrarlo todo?

Para ello, tuvo que dotar de rigor al campo de las ciencias de la computación, que hasta entonces era una colección dispersa de ideas inconexas e inventos de ingenieros excéntricos. No había una forma sistemática de debatir cuestiones como el límite de lo computable. Así que, en 1936, presentó el concepto de lo que hoy se conoce como máquina de Turing universal, un dispositivo engañosamente sencillo que captaba la esencia de la computación y permitía asentar todo el campo sobre una base matemática sólida. Hoy en día, los ordenadores modernos parten de las máquinas de Turing. Todos, desde los gigantescos superordenadores del Pentágono hasta el teléfono móvil que llevamos en el bolsillo, son ejemplos de ello. No es una exageración decir que casi toda la sociedad moderna está construida sobre máquinas de Turing. El británico imaginó una cinta infinitamente larga que contenía una serie de casillas o celdas. Dentro de cada una, se podía poner un 0 o un 1, o dejarla en blanco.

A continuación, un procesador leía la cinta y podía realizar tan solo seis operaciones sencillas en ella. Se podía sustituir un 0 por un 1, o viceversa, y mover el procesador una casilla a la izquierda o a la derecha:

1. Se puede leer el número de la casilla.
2. Se puede escribir un número en la casilla.
3. Se puede mover una casilla a la izquierda.
4. Se puede mover una casilla a la derecha.
5. Se puede cambiar el número de la casilla.
6. Se puede parar.

(La máquina de Turing está escrita en lenguaje binario, en lugar de base 10. En binario, el número uno se representa con 1, el número dos se representa con 10, el número tres con 11, el número cuatro con 100, y así sucesivamente. También existe una memoria donde se pueden almacenar los números). A continuación, el producto final emerge del procesador como resultado.

En otras palabras, la máquina de Turing puede tomar un número y convertirlo en otro siguiendo órdenes precisas del software. Así, el británico redujo las matemáticas a un juego: sustituyendo sistemáticamente 0 por 1, y viceversa, se podían codificar todas las matemáticas.

En el artículo en el que planteó estas ideas, Turing demostraba que, con un escueto conjunto de instrucciones, su máquina podía realizar todo tipo de cálculos aritméticos, es decir, sumar, restar, multiplicar y dividir. A continuación, utilizaba este resultado para demostrar algunos de los problemas matemáticos más difíciles de resolver, reformulando todo desde el punto de vista de la computabilidad. El campo de las matemáticas por entero se estaba reescribiendo desde la perspectiva de la computación.

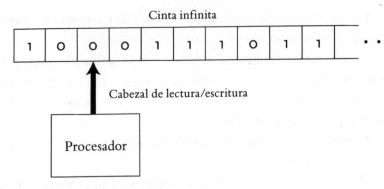

Figura 2: máquina de Turing
Una máquina de Turing consta de (a) una cinta digital de entrada infinitamente larga, (b) una cinta digital de salida y (c) un procesador que convierte la información de entrada en la de salida según un conjunto fijo de reglas. Es la base de todos los ordenadores digitales modernos.

Por ejemplo, vamos a mostrar cómo se hace 2 + 2 = 4 en una máquina de Turing, lo que demuestra cómo puede codificarse toda la aritmética. Iniciamos la cinta con la entrada dada por el número dos, o 010. Luego nos movemos a la celda del medio, donde hay un 1, y lo sustituimos por un 0. A continuación, damos un paso a la izquierda, donde hay un 0, y lo reemplazamos por un 1. En la cinta ahora se lee 100, que es igual a cuatro. Generalizando estas órdenes, se puede realizar cualquier operación que implique suma, resta y multiplicación. Con un poco más de trabajo también se pueden dividir números.

Turing se planteó entonces una pregunta sencilla pero importante: ¿podría demostrarse el infame teorema de incompletitud de Gödel, que implicaba una aritmética superior, utilizando su máquina, que era mucho más sencilla pero captaba de todos modos la esencia de las matemáticas?

Para ello, empezó definiendo qué es computable. Dijo, en esencia, que un teorema es computable si puede ser demostrado en un tiempo finito por una máquina de Turing. Si requiere una cantidad infinita de tiempo en la misma, entonces, a todos los efectos, el teorema no es computable, y no sabemos si es correcto o no. Por tanto, no sería demostrable.

En pocas palabras, Turing expresó así la pregunta planteada por Gödel de forma concisa: ¿existen enunciados que, a partir de un conjunto de axiomas, no puedan ser computados en un tiempo finito por una máquina de Turing?

Al igual que el trabajo de Gödel, Turing demostró que la respuesta es afirmativa.

Una vez más, esto hizo añicos el antiguo sueño de demostrar la completitud de las matemáticas, pero de un modo intuitivo y sencillo. Implicaba que, incluso si se disponía del ordenador más potente del mundo, nunca se podrían demostrar todas las afirmaciones matemáticas en un tiempo finito y a partir de un conjunto determinado de axiomas.

LOS ORDENADORES EN LA GUERRA

Estaba claro que Turing había demostrado ser un genio matemático del más alto nivel. Pero su investigación se vio interrumpida por la Segunda Guerra Mundial. Para contribuir al esfuerzo bélico, Turing fue reclutado para llevar a cabo trabajos de alto secreto en la instalación militar británica de Bletchley Park, en las afueras de Londres. Allí se les encargó descifrar los códigos nazis clandestinos. Los científicos del bando enemigo habían creado una máquina, llamada Enigma, que podía tomar un mensaje, reescribirlo con un código indescifrable y luego enviarlo encriptado a la ubicua maquinaria de guerra nazi. El código contenía el conjunto de instrucciones más confidencial del mundo: los planes de guerra del ejército nazi, en particular de la marina. El destino final de la civilización podía depender de descifrar el código de Enigma.

Turing y sus colegas abordaron este problema vital diseñando máquinas calculadoras que pudieran descifrar sistemáticamente estos impenetrables códigos. Su primer avance, denominado *bombe*, se parecía en algunos aspectos a la máquina diferencial de Babbage. En lugar de mecanismos accionados por vapor (como los dispositivos anteriores, cuyos engranajes eran lentos, difíciles de fabricar y a menudo se atascaban), la *bombe* se basaba en rotores, cilindros y relés, todo ello alimentado por electricidad.

Pero Turing también estaba involucrado en otro proyecto, Colossus, con un diseño aún más ingenioso. Los historiadores creen que fue el primer ordenador electrónico digital programable del mundo. En lugar de piezas mecánicas como el motor diferencial o la *bombe*, funcionaban con tubos de vacío, que pueden enviar señales eléctricas a una velocidad cercana a la de la luz. Estos componentes pueden compararse con válvulas que controlan el flujo de agua. Girando una pequeña válvula, se puede cerrar el paso del agua por una tubería mucho más grande o dejar que fluya sin obstáculos. Esto, a su vez, puede representar los números 0 o 1. Así, un sistema de tuberías de agua y válvulas puede representar un ordenador digital, en el que el agua es como el flujo de electricidad. En las máquinas de Bletchley Park, un gran conjunto de tubos de vacío realizaba cálculos digitales a enormes velocidades abriendo o cerrando el flujo de electricidad en ellos. Así, el trabajo de Turing y sus colegas sustituyó el ordenador analógico por uno digital. Una versión de Colossus contenía dos mil cuatrocientos tubos de vacío y ocupaba una habitación entera.

Además de ser más rápidos, los ordenadores digitales tienen otra gran ventaja sobre los sistemas analógicos. Piense en utilizar una fotocopiadora de oficina para duplicar repetidamente una imagen. Cada vez que se copia esta, se pierde algo de información. Si se recicla la misma imagen una y otra vez, esta se va volviendo más tenue y acaba por desaparecer por completo. Por tanto, las señales analógicas son propensas a introducir errores siempre que se copia la imagen.

(En lugar de eso, digitalice la imagen para que se convierta en una serie de 0 y 1. Cuando lo haga por primera vez, se perderá algo de información. Sin embargo, un mensaje digital puede copiarse una y otra vez manteniéndose prácticamente intacto en cada ciclo. Por eso, los ordenadores digitales pueden ser mucho más precisos que los analógicos).

(Además, es fácil editar señales digitales. Las analógicas, como una fotografía, son extremadamente difíciles de alterar. Pero las señales digitales pueden modificarse con solo pulsar un botón mediante sencillos algoritmos matemáticos).

Bajo la enorme presión de la guerra, Turing y su equipo fueron capaces de descifrar finalmente el código hacia 1942, lo que ayudó a derrotar a la flota naval nazi en el Atlántico. Pronto, los Aliados pudieron penetrar en los planes secretos más profundos del ejército nazi; escucharon a escondidas las instrucciones dadas a sus tropas y se anticiparon a sus planes bélicos. Colossus se completó en 1944, a tiempo para la invasión final de Normandía, que los nazis no prepararon adecuadamente. Esto selló el destino de su imperio.

Fueron avances de proporciones monumentales, algunos de los cuales quedaron inmortalizados en la película de 2014 *Descifrando Enigma*. Sin sus logros fundamentales, la guerra podría haberse prolongado durante años, creando una miseria y un sufrimiento indecibles. Historiadores como Harry Hinsley han calculado que el trabajo de Turing y los demás en Bletchley Park acortó la duración del conflicto en unos dos años y salvó a más de catorce millones de personas. El mapa del mundo y la vida de un número incalculable de inocentes se vieron irrevocablemente alterados por su pionero trabajo.

En Estados Unidos, los trabajadores que construyeron la bomba atómica fueron aclamados como héroes de guerra y hacedores de milagros, pero a Turing le aguardaba un destino diferente en el Reino Unido. Debido a las leyes nacionales de confidencialidad, sus hazañas se mantuvieron en secreto durante décadas, por lo que nadie supo de su enorme contribución al esfuerzo bélico.

TURING Y LA CREACIÓN DE LA IA

Después de la guerra, Turing volvió a un viejo problema que le había intrigado de joven: la inteligencia artificial. En 1950, abrió su histórico artículo sobre el tema afirmando: «Propongo plantearse esta pregunta: ¿pueden pensar las máquinas?».

O dicho de otro modo: ¿es el cerebro una especie de máquina de Turing?

Turing estaba cansado de todas las discusiones filosóficas que se remontaban a siglos atrás sobre el significado de la conciencia, el alma y lo que nos hace humanos. Para él, en última instancia, todo este debate carecía de sentido, pues no existía una prueba o punto de referencia definitivos para la conciencia.

Así que ideó la célebre prueba de Turing. Pongamos a un humano en una habitación cerrada y a un robot en otra. Puede formular a ambos cualquier pregunta por escrito y leer sus respuestas. El reto es: ¿sabría determinar en qué habitación está el humano? A esta prueba la llamó «el juego de la imitación».

En su artículo, escribió: «Creo que dentro de unos cincuenta años será posible programar ordenadores, con una capacidad de almacenamiento de unos 109 bits para que lleven a cabo el juego de la imitación tan bien que un interrogador medio no tendrá más de un 70 por ciento de probabilidades de hacer la identificación correcta tras cinco minutos de interrogatorio».[15]

La prueba de Turing sustituye los interminables debates filosóficos por un ejercicio sencillo y reproducible, al que se puede responder sí o no. A diferencia de una pregunta filosófica, para la que a menudo no hay respuesta, esta prueba es decidible.

Además, elude la escurridiza cuestión del «pensamiento» comparándolo simplemente con cualquier cosa que puedan hacer los humanos. No es necesario definir lo que entendemos por «conciencia», «pensamiento» o «inteligencia». En otras palabras, si algo parece y actúa como un pato, quizá sí sea un pato, independientemente de cómo se defina. Lo que hizo Turing fue dar una definición operativa de inteligencia.

Hasta ahora, ninguna máquina ha sido capaz de superar sistemáticamente la prueba de Turing. Cada pocos años aparecen titulares cuando esta se lleva a cabo, pero cada vez los jueces son capaces de distinguir entre un humano y una máquina, aunque se les permita a ambos decir mentiras e inventarse hechos.

Aun así, un desafortunado incidente pondría un abrupto final a toda la pionera obra de Turing.

En 1952, alguien robó en casa del británico. Cuando la policía acudió a investigar, encontró pruebas de que Turing era gay. Por ello, fue detenido y condenado en virtud de la Ley de Enmienda del Derecho Penal de 1885. El castigo fue bastante duro. Le dieron a elegir entre ir a la cárcel o someterse a un procedimiento hormonal. Cuando eligió esta última opción, se le administró estilboestrol, una forma sintética de estrógeno, la hormona sexual femenina, lo que le provocó el crecimiento de los senos e impotencia. Los controvertidos tratamientos duraron un año. Un día lo encontraron muerto en su casa. Falleció por una dosis letal de cianuro. Se informó de que junto a él había una manzana envenenada a medio comer, lo que, según se especuló, fue la forma en que se suicidó.

Es una tragedia que uno de los creadores de la revolución informática, que contribuyó a salvar la vida de millones de personas y a derrotar al fascismo, fuera en cierto modo destruido por su propio país.

Pero su legado perdura en todos los ordenadores digitales del planeta, que, en la actualidad, deben su arquitectura a la máquina de Turing. La economía mundial depende del vanguardista trabajo de este hombre.

Sin embargo, esto es solo el principio de nuestra historia. El trabajo de Turing se basa en algo llamado «determinismo», es decir, la idea de que el futuro está determinado de antemano. Esto significa que, si introducimos un problema en una máquina de Turing, obtendremos siempre la misma respuesta. En este sentido, todo es predecible.

Por tanto, si el universo fuera una máquina de Turing, todos los acontecimientos futuros se habrían determinado en el instante de su nacimiento.

Pero otra revolución en nuestra comprensión del mundo desbarataría esta idea. El determinismo sería depuesto. Del mismo modo que Gödel y Turing ayudaron a demostrar que las matemáticas son incompletas, quizá los ordenadores del futuro fueran a enfrentarse a la incertidumbre fundamental introducida por la física.

Así, los matemáticos se centrarían en otra cuestión: ¿es posible construir una máquina de Turing cuántica?

3

El auge de lo cuántico

Max Planck, el creador de la teoría cuántica, era un hombre muy contradictorio. Por un lado, era conservador a ultranza. Puede que se debiera a que su padre era profesor de Derecho en la Universidad de Kiel, y a que su familia tenía una larga y distinguida tradición de integridad y servicio público. Tanto su abuelo como su bisabuelo fueron profesores de Teología, y uno de sus tíos fue juez.

Planck era prudente en su trabajo, de ademanes meticulosos y un pilar del sistema. A juzgar por las apariencias, uno no pensaría que este hombre tranquilo fuera a convertirse en uno de los mayores revolucionarios de todos los tiempos, haciendo añicos todas las preciadas ideas de los siglos anteriores al abrir las compuertas del cuanto. Pero eso es justo lo que hizo.

En el año 1900, los físicos más destacados estaban firmemente convencidos de que el mundo que nos rodea podía explicarse por entero mediante las obras de Isaac Newton, cuyas leyes describían los movimientos del universo, y las de James Clerk Maxwell, que especificó las leyes de la luz y el electromagnetismo. Todo, desde el movimiento de los gigantescos planetas en el espacio hasta las balas de cañón y los rayos, podía explicarse gracias a Newton y Maxwell. Se llegó a decir que la Oficina de Patentes de Estados Unidos se había planteado cerrar sus puertas porque todo lo que se podía inventar ya se había inventado.

Según Newton, el universo era un reloj que funcionaba siguiendo sus tres leyes del movimiento de forma precisa y predeterminada. Esto se denominó determinismo newtoniano, y se mantuvo durante varios siglos (a veces se le llama física clásica, para distinguirla de la física cuántica).

Pero había un problema perturbador. Tirando de algunos cabos sueltos, esta elaborada arquitectura newtoniana acabaría por derrumbarse.

Los antiguos artesanos sabían que, si la arcilla se calentaba a una temperatura suficientemente alta en un horno, acababa por brillar con intensidad. Empezaba a ponerse al rojo vivo, luego amarilla y, al final, blanco azulada. Lo vemos cada vez que encendemos una cerilla. En la parte superior de la llama, donde está más fría, el fuego es rojo. En el centro, es amarillo. Y, si se dan las condiciones adecuadas, la parte inferior de la llama es de color blanco azulado.

Los físicos trataron de deducir esta conocida propiedad de los objetos calientes y fracasaron estrepitosamente. Sabían que el calor no es más que átomos en movimiento. Cuanto mayor es la temperatura de un objeto, más rápido se mueven estos. También sabían que los átomos tienen cargas eléctricas. Si mueves un átomo cargado lo bastante rápido, emite radiación electromagnética (como ondas de radio o de luz), según las leyes de James Clerk Maxwell. El color de un objeto caliente indica la frecuencia de la radiación.

Así, aplicando la teoría de Newton al átomo, y utilizando la teoría de la luz de Maxwell, se puede calcular la luz emitida por un objeto caliente. Hasta aquí, todo bien.

Pero, cuando se realiza el cálculo, las cosas van fatal. Se descubre que la energía emitida puede llegar a ser infinita a frecuencias altas, lo cual es imposible. Esto se denominó catástrofe ultravioleta, y enseñó a los físicos que había un enorme agujero en la mecánica newtoniana.

Un día, Planck intentó deducir la catástrofe ultravioleta para su clase de Física, pero con un método extraño y novedoso. Estaba harto de hacerlo siempre de la misma manera, tan anticuada, así que, por razones puramente pedagógicas, hizo una suposición descabellada. Imaginó que la energía emitida por un átomo solo podía hallarse en pequeños paquetes discretos, denominados «cuantos». Esto era una herejía, porque las ecuaciones de Newton establecían que la energía debía ser continua, no aparecer en paquetes. Pero, cuando Planck postuló que la energía se producía en paquetes de cierto tamaño, encontró precisamente la curva correcta que relacionaba temperatura y energía para la luz.

Fue un descubrimiento para la eternidad.

NACIMIENTO DE LA TEORÍA CUÁNTICA

La revolucionaria idea de Planck fue el primer paso de un largo proceso que resultaría en el ordenador cuántico.

Implicaba que la mecánica newtoniana era incompleta y que debía surgir una nueva física. Todo lo que creíamos saber sobre el universo debía reescribirse por completo.

Pero, como buen conservador que era, propuso su idea con cautela, alegando diplomáticamente que, si se introduce este truco de los paquetes de energía como ejercicio, entonces se puede reproducir con precisión la curva de energía real que se halla en la naturaleza.

Para realizar el cálculo, tuvo que introducir un número que representaba el tamaño del cuanto de energía. Lo llamó h (también conocido como «constante de Planck», $6,62\ldots \times 10^{-34}$ julios-segundo), y es un número increíblemente pequeño. En nuestro mundo, nunca vemos efectos cuánticos porque h es diminuto. Pero, si este se variara de alguna manera, se podría pasar de manera continua del mundo cuántico a nuestro mundo cotidiano. Casi como si se sintonizara el dial de la radio, se podría bajar al máximo, de modo que $h = 0$, y tendríamos el mundo del sentido común de Newton, en el que no hay efectos cuánticos. Pero, si lo giráramos hacia el otro lado, tendríamos el extraño mundo subatómico del cuanto, uno que, como pronto descubrirían los físicos, se parece al de *La dimensión desconocida*.

También podemos aplicar esto a un ordenador. Si dejamos que h llegue a cero, llegamos a la máquina de Turing clásica. Pero, si dejamos que h aumente, empiezan a surgir efectos cuánticos, y poco a poco convertimos la máquina de Turing clásica en un ordenador cuántico.

Aunque la teoría de Planck se ajustaba indiscutiblemente a los datos experimentales y abría una rama por completo nueva de la física, fue acosado durante años por obstinados creyentes incondicionales en la idea clásica newtoniana. Describiendo esta tremenda oposición, Planck escribió: «Una nueva verdad científica no triunfa convenciendo a sus oponentes y haciéndoles ver la luz, sino más bien porque estos terminan muriendo y nace una nueva generación que está familiarizada con ella».[16]

Pero, por intensa que fuera la oposición, cada vez se acumulaban más pruebas que confirmaban la teoría cuántica. Era indiscutiblemente correcta.

Por ejemplo, la luz, al incidir sobre un metal, puede desprender un electrón, lo que crea una pequeña corriente eléctrica, conocida como «efecto fotoeléctrico». Esto es lo que permite a un panel solar absorber la luz y convertirla en electricidad (también se utiliza habitualmente en muchos aparatos, como las calculadoras solares, que funcionan con placas solares en lugar de pilas, y las modernas cámaras digitales, que convierten la luz procedente del sujeto en señales eléctricas).

El hombre que finalmente explicó este efecto era un físico desconocido y sin recursos que trabajaba en una oscura oficina de patentes de Berna (Suiza). Como estudiante, faltó a tantas clases que sus profesores le escribieron cartas de recomendación poco halagüeñas, por lo que fue rechazado para todos los puestos de profesor a los que se presentó después de graduarse. A menudo se quedaba en paro, y fue pasando de un trabajo eventual a otro, como profesor particular y como vendedor, por ejemplo. Incluso escribió una carta a sus padres en la que les decía que quizá habría sido mejor que no hubiera nacido. Finalmente, acabó como empleado de bajo rango en la oficina de patentes. La mayoría de la gente lo consideraría un fracasado.

Así, el hombre que explicó el efecto fotoeléctrico fue Albert Einstein, y lo hizo utilizando la teoría de Planck. Siguiendo a su compatriota, Einstein afirmó que la energía lumínica aparecía en paquetes discretos o cuantos de energía (más tarde denominados «fotones») que podían desprender electrones de un metal.

De este modo empezó a surgir un nuevo principio físico. Einstein introdujo el concepto de «dualidad», es decir, que la energía lumínica tiene una naturaleza dual. La luz podía actuar bien como una partícula, el fotón, o bien como una onda, como en óptica. De algún modo, la luz tenía dos formas posibles.

En 1924, un joven estudiante de posgrado, Louis de Broglie, a partir de las ideas de Planck y Einstein, dio el siguiente gran salto. Si la luz puede ser a la vez partícula y onda, ¿por qué no la materia? Tal vez los electrones también poseyeran dualidad.

Esta era una idea herética, ya que se creía que la materia estaba hecha de partículas, llamadas «átomos», una idea introducida por Demócrito hacía dos mil años. Pero un ingenioso experimento acabó con esta creencia.

Cuando se tiran piedras a un estanque, se forman ondas que se expanden y se superponen, de manera que crean un patrón de interferencia en la superficie del agua. Esto explica las propiedades de las ondas, pero se pensaba que la materia se basaba en partículas puntuales, que no tienen un patrón de interferencia ondulatorio.

Empiece ahora con dos hojas de papel paralelas. Corte dos pequeñas rendijas en la primera y haga pasar un rayo de luz a través de ellas. Como la luz tiene propiedades ondulatorias, en la segunda hoja aparecerá un patrón característico de bandas claras y oscuras. Las ondas pasan por ambas rendijas e interfieren entre sí en la segunda hoja, amplificándose y anulándose mutuamente para crear unas bandas llamadas «patrones de interferencia». Esto ya era conocido.

Pero ahora modifique este experimento sustituyendo el haz de luz por un haz de electrones. Si se disparara este a través de dos rendijas en la primera hoja de papel, cabría esperar que hubiera dos líneas brillantes distintas en la otra hoja. Esto se debe a que se pensaba que el electrón era una partícula puntual y que pasaría por la primera rendija o por la segunda, pero no por ambas.

Cuando este experimento se replicó con electrones, los investigadores hallaron un patrón ondulatorio, similar al efecto del haz de luz. Los electrones actuaban como si fueran ondas, no solo partículas puntuales. Durante mucho tiempo se había pensado que los átomos eran la unidad última de la materia. Ahora se disolvían en ondas, como la luz. Estos experimentos demostraron que los átomos podían comportarse como ondas o como partículas.

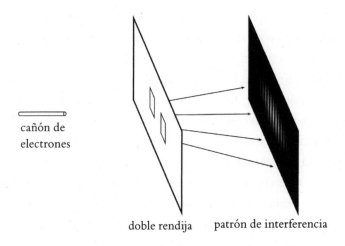

cañón de
electrones

doble rendija   patrón de interferencia

Figura 3: experimento de la doble rendija
Si un haz de electrones choca con una barrera con dos rendijas, en lugar de formar una imagen con dos bandas distintas, da lugar a un complejo patrón de interferencia ondulatorio. Lo mismo ocurre si solo pasa un electrón. En cierto sentido, la partícula habrá viajado a través de ambos agujeros. Aún hoy, los físicos debaten cómo puede un electrón estar en dos lugares al mismo tiempo.

Un día, el físico austriaco Erwin Schrödinger discutía con un colega la idea de la materia como onda. Pero, si la materia puede comportarse como una onda, preguntaba este, ¿cuál es la ecuación que debería obedecer?

Schrödinger quedó intrigado por esa pregunta. Los físicos estaban acostumbrados a tratar con las ondas, ya que eran útiles para estudiar las propiedades ópticas de la luz, y a menudo se analizaban en forma de ondas en el océano u ondas sonoras en la música. Así que Schrödinger se propuso encontrar la ecuación de onda para los electrones, la cual cambiaría por completo nuestra comprensión del universo. En cierto sentido, todo el universo, con todos sus elementos químicos, incluidos usted y yo, somos soluciones de la ecuación de onda de Schrödinger.

NACIMIENTO DE LA ECUACIÓN DE ONDA

Actualmente, la ecuación de onda de Schrödinger es la base de la teoría cuántica y se enseña en cualquier curso de Física avanzada. Constituye el alma de la teoría cuántica. A veces me paso un semestre entero en la City University de Nueva York enseñando las implicaciones de esta ecuación.

Desde su nacimiento, los historiadores se han esforzado por comprender qué hacía Schrödinger en el preciso instante en que describió esta célebre ecuación, fundamento de la teoría cuántica. ¿Quién o qué contribuyó a inspirar una de las mayores creaciones del siglo?

Los biógrafos saben desde hace tiempo que Schrödinger era famoso por sus numerosas novias (creía en el amor libre y llevaba un cuaderno con la lista de todas sus amantes, con marcas secretas que indicaban cada encuentro. A menudo sorprendía a los visitantes yendo acompañado a la vez tanto de su esposa como de su amante).

Examinando los cuadernos del austriaco, los historiadores coinciden en que, durante el mismo fin de semana en que describió su famosa ecuación, estaba con una de sus novias en la Villa Herwig, en los Alpes. Algunos expertos se han referido a ella como la musa que inspiró la revolución cuántica.

La ecuación de Schrödinger fue un bombazo. Su éxito fue inmediato y abrumador. Antes, físicos como Ernest Rutherford pensaban que el átomo era como un sistema solar, con diminutos electrones puntuales orbitando alrededor de un núcleo. Esta imagen, sin embargo, era demasiado simplista, pues no decía nada sobre la estructura del átomo ni sobre por qué había tantos elementos.

Pero, si el electrón era una onda, entonces debía de formar resonancias discretas de frecuencias definidas mientras orbitaba alrededor del núcleo. Cuando se catalogaban las resonancias que podía formar un electrón, se hallaba un patrón de onda que se ajustaba perfectamente a la descripción del átomo de hidrógeno.

¿Cómo funciona? Cuando cantamos en la ducha, solo algunas de las ondas de nuestra voz pueden resonar entre las paredes, produciendo con ello un sonido agradable. De repente, en la ducha, nos convertimos en grandes cantantes de ópera. Las frecuencias que no encajan correctamente dentro de la ducha acaban apagándose y desvaneciéndose. Del mismo modo, si golpeamos un tambor o tocamos una trompeta, solo determinadas frecuencias pueden vibrar en la superficie o en los tubos. Esta es la base de la música.

Al comparar las resonancias predichas por las ondas de Schrödinger con elementos reales, se encontró una notable correspondencia unívoca. Los físicos, que habían quedado desconcertados durante décadas tratando de comprender el átomo, ahora podían echar un vistazo a su interior. Al comparar estos patrones ondulatorios con el centenar de elementos químicos en la naturaleza descritos por Dmitri Mendeléyev y otros científicos, se podían explicar sus propiedades químicas utilizando las matemáticas puras.

Fue un logro asombroso. El físico Paul Dirac escribiría proféticamente: «Las leyes fundamentales necesarias para el tratamiento matemático de una gran parte de la física y de la totalidad de la química, por tanto, se conocen por completo, y la dificultad radica únicamente en el hecho de que la aplicación de las mismas conduce a ecuaciones demasiado complejas para ser resueltas».[17]

EL ÁTOMO CUÁNTICO

La tabla periódica de los elementos, laboriosamente montada por los químicos a lo largo de siglos, podía explicarse ahora mediante una sencilla ecuación, la cual resolvería las resonancias de las ondas de electrones alrededor del núcleo atómico.

Para ver cómo surge la tabla periódica a partir de la ecuación de Schrödinger, piense en el átomo como en un hotel. Cada planta tiene un número diferente de habitaciones, cada una de las cuales puede alojar hasta dos electrones. Además, las habitaciones tienen que ir ocupándose en un orden determinado, es decir, la del primer piso tiene que estar ocupada antes de poder hacer reservas en el segundo piso. En la primera planta tenemos una habitación u «orbital» llamada 1S, que puede alojar uno o dos electrones. La habitación 1S corresponde al hidrógeno en el caso de un electrón y al helio en el caso de dos.

En el segundo piso tenemos dos tipos de habitaciones, llamadas orbitales 2S y 2P. En la primera, podemos acomodar dos electrones, pero también hay tres habitaciones P, que se denominan Px, Py y Pz, con dos electrones cada una. Esto significa que podemos tener hasta ocho electrones en el segundo piso. Cuando se llenan estas habitaciones, corresponden sucesivamente al litio, el berilio, el boro, el carbono, el nitrógeno, el oxígeno, el flúor y el neón.

Cuando un electrón no está emparejado en su habitación, puede compartirse entre distintos hoteles que tengan habitaciones disponibles. Así, cuando dos átomos se acercan, la onda de un electrón no emparejado puede compartirse entre átomos, de modo que la onda va y viene entre ambos. Esto crea un enlace y forma una molécula.

Las leyes de la química pueden explicarse a medida que llenamos las habitaciones del hotel. En el nivel más bajo, si tenemos dos electrones en el orbital S, entonces el orbital 1S está lleno. Esto significa que el helio, que solo tiene dos electrones, no puede formar ningún enlace, por lo que es químicamente inerte y no forma molécula alguna. Del mismo modo, si tenemos ocho electrones en el segundo nivel, entonces habremos llenado todos los orbitales, por lo que el neón tampoco podrá formar ninguna molécula. De este modo, podemos explicar por qué hay gases inertes como el helio, el neón o el criptón.

Esto también ayuda a explicar la química de la vida. El elemento orgánico más importante es el carbono, que tiene cuatro enlaces y, por tanto, puede crear hidrocarburos, los componentes básicos de la vida. Si miramos la tabla, vemos que el carbono tiene cuatro orbitales vacíos en el segundo nivel, lo que le permite enlazarse con otros cuatro átomos de oxígeno, hidrógeno, etc., para formar proteínas e incluso ADN. Las moléculas de nuestro cuerpo son subproductos de este simple hecho.

La cuestión es que, si determinamos cuántos electrones hay en cada nivel, se pueden predecir de forma sencilla y elegante muchas de las propiedades químicas de la tabla periódica utilizando matemáticas puras. De esta manera, toda ella puede predecirse en gran medida a partir de los primeros principios. Es posible describir a grandes rasgos los más de cien elementos de la tabla por los electrones que hay en las diversas resonancias alrededor del núcleo, como si llenaran habitaciones de hotel, planta por planta.

Fue impresionante darse cuenta de que una sola ecuación bastaba para explicar los elementos que componen todo el universo, incluida la propia vida. De repente, el cosmos era más sencillo de lo que se pensaba.

La química fue reducida a la física.

ONDAS DE PROBABILIDAD

Por espectacular y potente que fuera la ecuación de Schrödinger, aún quedaba una pregunta importante pero incómoda: si el electrón era una onda, ¿qué era lo que ondulaba?

La solución dividiría a la comunidad física, enfrentaría a sus miembros durante décadas y provocaría uno de los debates más controvertidos de toda la historia de la ciencia, poniendo en entredicho la idea misma de la existencia. Aún hoy se celebran conferencias en las que se debaten los matices matemáticos e implicaciones filosóficas de esta discrepancia. Y un subproducto de este debate es el ordenador cuántico.

El físico Max Born encendió la mecha de esta explosión al postular que la materia está formada por partículas, pero que la probabilidad de encontrar alguna viene dada por una onda.

Esto dividió inmediatamente a la comunidad física, con los fundadores de la «vieja» guardia por un lado (incluidos Planck, Einstein, De Broglie y Schrödinger, todos los cuales denunciaban esta nueva interpretación), y Werner Heisenberg y Niels Bohr por el otro, que crearon la escuela de Copenhague de la mecánica cuántica.

Esta nueva interpretación era demasiado, incluso para Einstein. Daba a entender que solo se podían calcular probabilidades, no certezas. Nunca se sabría con exactitud dónde estaba una partícula; solo se podía calcular la probabilidad de que estuviera allí. En cierto sentido, los electrones pueden estar en dos lugares al mismo tiempo. Werner Heisenberg, que ideó una formulación alternativa pero equivalente de la mecánica cuántica, llamaría a esto «el principio de incertidumbre».

Toda la ciencia se puso patas arriba ante los ojos de los físicos. Antes, los matemáticos se habían visto obligados a enfrentarse al teorema de incompletitud, y ahora los físicos tenían que enfrentarse al principio de incertidumbre. La física, como las matemáticas, estaba incompleta.

Así pues, con esta nueva interpretación, podían expresarse por fin los principios de la teoría cuántica. He aquí un resumen (muy simplificado) de los fundamentos de la mecánica cuántica:

1. Comience con la función de onda $\Psi(x)$, que describe un electrón situado en el punto x.

2. Introduzca la onda en la ecuación de Schrödinger $H\Psi(x) = i(h/2\pi)\, \partial t\, \Psi(x)$. ($H$, que se conoce como hamiltoniano, corresponde a la energía del sistema).

3. A cada solución de esta ecuación se le asigna un índice n, por lo que, en general, $\Psi(x)$ es una superposición de todos estos múltiples estados.

4. Cuando se realiza una medición, la función de onda «colapsa» para dejar solo un estado $\Psi(x)_n$, es decir, todas las demás ondas se ponen a cero. La probabilidad de encontrar el electrón en este estado viene dada por el valor absoluto de $\Psi(x)_n$.

De estas sencillas reglas se puede, en principio, derivar todo lo que se sabe sobre química y biología. Lo controvertido de la mecánica cuántica se encuentra en las afirmaciones tercera y cuarta. Según la tercera, en el mundo subatómico, un electrón puede existir simultáneamente como la suma de diferentes estados, lo que es imposible en la mecánica newtoniana. De hecho, antes de realizar una medición, el electrón existe en este limbo como un conjunto de estados diferentes.

Pero la afirmación más crucial y escandalosa es la número cuatro, que sostiene que solo después de realizar una medición la onda finalmente «colapsará» y ofrecerá la respuesta correcta, esto es, la probabilidad de encontrar el electrón en ese estado. No se puede saber en cuál se encuentra la partícula hasta que se realiza una medición.

Es lo que se denomina el «problema de la medida».

Para refutar la última afirmación, Einstein declararía: «Dios no juega a los dados con el universo». Según cuenta la leyenda, Niels Bohr replicó: «Deja de decirle a Dios lo que tiene que hacer».

Son precisamente los postulados tercero y cuarto los que hacen posibles los ordenadores cuánticos. El electrón se describe ahora como la suma simultánea de diferentes estados cuánticos, lo que confiere a dichos sistemas su potencia de cálculo. Mientras que los ordenadores clásicos solo suman ceros y unos, los cuánticos suman todos los estados cuánticos $\Psi_n(x)$ entre 0 y 1, lo que incrementa enormemente el número de estados y, por tanto, su alcance y potencia.

Es irónico que Schrödinger, cuyas ecuaciones iniciaron la causa de la mecánica cuántica, empezó a denunciar esta versión de su propia teoría. Lamentaba haber tenido algo que ver con ella. Pensó que una simple paradoja que demostrara lo absurdo de esta radical interpretación la destruiría para siempre, y todo empezó con un gato.

El gato de Schrödinger

El gato de Schrödinger es el animal más famoso de toda la física. El austriaco creía que destruiría la herejía cuántica de una vez por todas. Imagine, escribió, que hay un gato en una caja sellada, la cual contiene una ampolla de gas venenoso. Esta está conectada a un martillo, que a su vez está conectado a un contador Geiger situado junto a cierta cantidad de uranio. Si un átomo de uranio se desintegra, se activará el contador Geiger, que disparará el martillo, liberando así el veneno y matando al gato.

He aquí la cuestión que ha desconcertado a los mejores físicos del mundo durante el último siglo: antes de abrir la caja, ¿el gato está vivo o muerto?

Un newtoniano diría que la respuesta es obvia: el sentido común dice que el gato está vivo o muerto, pero no ambas cosas. Solo se puede encontrar en un estado a la vez. Incluso antes de abrir la caja, el destino del gato ya estaba predeterminado.

Sin embargo, Werner Heisenberg y Niels Bohr tenían una interpretación radicalmente distinta.

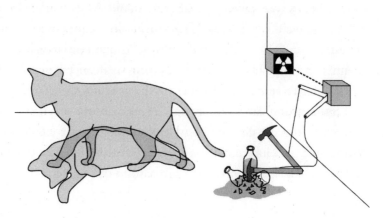

Figura 4: el gato de Schrödinger
En mecánica cuántica, para describir un gato en una caja sellada que contiene una ampolla de gas venenoso y un martillo accionado por un contador Geiger, hay que sumar la función de onda del gato muerto a la del gato vivo. Antes de abrir la caja, el animal no está ni vivo ni muerto: se encuentra en una superposición de ambos estados. Aún hoy, los físicos debaten la cuestión de cómo el gato puede estar muerto y vivo al mismo tiempo.

Decían que el gato se representa mejor por la suma de dos ondas: la del felino vivo y la del felino muerto. Cuando la caja aún está sellada, el animal solo puede existir como superposición o suma de dos ondas que representan simultáneamente a un gato vivo y a un gato muerto.

Pero ¿está el felino vivo o muerto? Mientras la caja esté sellada, esta pregunta no tiene sentido. En el micromundo, las cosas no existen en estados definidos, sino como suma de todos los estados posibles. Al final, cuando se abre la caja y se observa al gato, la onda colapsa milagrosamente y revela que el gato está vivo o muerto, pero no ambas cosas. Así pues, el proceso de medida conecta el micromundo con el macromundo.

Esto tiene profundas implicaciones filosóficas. Los científicos se habían pasado siglos luchando contra algo llamado «solipsismo», la idea que creían filósofos como George Berkeley de que los objetos no existen realmente a menos que se observen, un concepto que puede resumirse como «ser es ser percibido». Si un árbol cayera en el bosque pero nadie estuviera allí para oírlo caer, entonces quizá el árbol nunca cayó en absoluto. En esta imagen, la realidad es un constructo humano. O, como dijo una vez el poeta John Keats: «Nada llega a ser real hasta que se experimenta».

Sin embargo, la teoría cuántica empeoró esta situación. En ella, antes de mirar un árbol, este puede existir en todos los estados posibles, como leña, madero, ceniza, palillos de dientes, una casa o serrín. Sin embargo, cuando se mira el árbol, todas las ondas que representan estos estados colapsan milagrosamente en un objeto, el árbol ordinario.

Pero, como un observador requiere conciencia, esto significa que, en cierto sentido, la conciencia determina la existencia. A los seguidores de Newton les horrorizaba que el solipsismo volviera a meter el hocico en la física.

Einstein odiaba esta idea. Al igual que Newton, el alemán creía en la «realidad objetiva», que significa que los objetos existen en estados determinados y bien definidos, es decir, que no se puede estar en dos lugares al mismo tiempo. Esto también se conoce como «determinismo newtoniano», la idea de que, como hemos visto antes, se puede determinar con precisión el futuro utilizando las leyes fundamentales de la física.

Einstein se burlaba a menudo de la teoría cuántica. Cuando tenía invitados en casa, les pedía que miraran la Luna. ¿Existe la Luna, preguntaba, porque la mira un ratón?

MICROMUNDO CONTRA MACROMUNDO

El matemático John von Neumann, que ayudó a desarrollar la física de la teoría cuántica, creía que había un «muro» invisible que separaba el micromundo del macromundo. Cada uno de ellos obedecía a leyes físicas diferentes, pero se podía demostrar que era posible mover libremente el muro, adelante y atrás, y el resultado de cualquier experimento seguía siendo el mismo. En otras palabras, el micromundo y el macromundo obedecían a dos conjuntos de leyes físicas diferentes, pero esto no afectaba a las medidas porque no importaba dónde se separaran exactamente el uno del otro.

Cuando se le pedía que aclarara el significado de este muro, decía: «Uno se acostumbra».

Pero, por muy descabellada que pareciera la teoría cuántica, su éxito experimental era indiscutible. Muchas de sus predicciones (como las propiedades de electrones y fotones en lo que se denomina «electrodinámica cuántica») se ajustaban a los datos con una precisión de una parte entre diez mil millones, lo que la convertía en la teoría más acertada de todos los tiempos. El átomo, que había sido el objeto más misterioso del universo, desvelaba de repente sus secretos más profundos. La siguiente generación de físicos que adoptó la teoría cuántica recibió decenas de premios Nobel. Ni un solo experimento contradecía la teoría cuántica.

El universo era, innegablemente, cuántico.

Pero Einstein resumió los éxitos de la teoría cuántica afirmando: «Cuanto mayor es el éxito de la teoría cuántica, más ridícula parece».

Lo que más objetaban los críticos de la mecánica cuántica era esta separación artificial entre el macromundo, en el que vivimos nosotros, y el extraño y absurdo mundo de lo cuántico. Sus detractores argumentaban que debía haber una continuidad fluida entre el micromundo y el macromundo. En realidad, no hay ningún «muro».

Por ejemplo, si pudiéramos vivir hipotéticamente en un mundo por entero cuántico, esto significaría que todo lo que conocemos por el sentido común sería erróneo. Por ejemplo:

- Podríamos estar en dos sitios a la vez.
- Podríamos desaparecer y reaparecer en otro lugar.
- Podríamos atravesar paredes y barreras sin esfuerzo, lo que se denomina «efecto túnel».

- Las personas que han muerto en nuestro universo podrían estar vivas en otro.
- Cuando cruzáramos caminando una habitación, en realidad tomaríamos simultáneamente toda la infinitud de caminos posibles a través de ella, por extraños que sean.

Como diría Bohr: «Quien no se escandalice ante la teoría cuántica es que no la entiende».

Todo esto es materia prima para *La dimensión desconocida*. Pero, milagrosamente, así es como se comportan ni más ni menos los electrones, salvo que lo hacen sobre todo dentro del átomo, donde no podemos verlos hacer estas piruetas. Por eso tenemos láseres, transistores, ordenadores digitales e internet. Isaac Newton se asombraría si pudiera ver de algún modo todas las acrobacias atómicas que realizan los electrones para hacer posibles los ordenadores e internet. Pero el mundo moderno se derrumbaría si rechazáramos la teoría cuántica e igualáramos a cero la constante de Planck. Todos los portentosos dispositivos electrónicos de su salón son posibles precisamente porque los electrones pueden realizar estos fantásticos trucos.

Pero nunca vemos estos efectos en nuestra vida diaria, porque estamos formados por billones y billones de átomos y estos efectos cuánticos se compensan entre sí, y porque el tamaño de estas fluctuaciones cuánticas es la constante de Planck, h, que es un número muy pequeño.

ENTRELAZAMIENTO

En 1930, Einstein ya estaba harto. En la Sexta Conferencia Solvay, en Bruselas, decidió enfrentarse cara a cara a Niels Bohr, el principal defensor de la mecánica cuántica. Se trataba de un choque de titanes, en el que los más grandes físicos de la época debatirían el destino mismo de la física y la naturaleza de la realidad. Lo que estaba en juego era el sentido mismo de la existencia. El físico Paul Ehrenfest escribiría: «Nunca olvidaré la imagen de los dos rivales abandonando el club universitario. Einstein, una figura majestuosa, caminando tranquilamente con una leve sonrisa irónica, y Bohr trotando a su lado, de lo más alterado». Más tarde, el danés estaba tan conmocionado que se le veía murmurando para sí: «Einstein... Einstein... Einstein...».[18]

El físico John Archibald Wheeler recordaba: «Fue el mayor debate de la historia intelectual que conozco. En treinta años, nunca había oído hablar de una disputa que durara tanto tiempo entre dos hombres tan grandes y acerca de una cuestión tan trascendente, con implicaciones tan profundas para la comprensión de este extraño mundo nuestro».[19]

Una y otra vez, Einstein bombardeó a Bohr con las paradojas de la teoría cuántica. Era despiadado. El danés quedaba temporalmente aturdido por cada avalancha de críticas, pero al día siguiente ordenaba sus ideas y daba una respuesta sólida e irrefutable. En cierta ocasión, Einstein sorprendió a Bohr con otra paradoja sobre la luz y la gravedad. Parecía que su colega había sido por fin derrotado. Pero, irónicamente, Bohr fue capaz de encontrar el fallo en el razonamiento del alemán citando su propia teoría de la gravedad.

El veredicto de la mayoría de los físicos fue que Bohr había refutado con éxito todos los argumentos expuestos por Einstein en la famosa Conferencia Solvay. Pero este, quizá resentido por tal revés, aún intentaría una vez más derribar la teoría cuántica.

Cinco años más tarde, Einstein armó su último contraataque. Con sus alumnos Borís Podolski y Nathan Rosen, hicieron un valiente intento final de aplastar la teoría cuántica de una vez por todas. El artículo EPR, que lleva el nombre de sus autores, debía ser el golpe final contra la teoría cuántica.

Un subproducto imprevisto de este fatídico desafío sería el ordenador cuántico.

Imaginemos, decían, dos electrones coherentes entre sí, lo que significa que vibran al unísono, esto es, con la misma frecuencia pero desplazados una fase constante. Es bien sabido que estas partículas tienen espín (por eso existen los imanes). Si tenemos dos electrones con un espín total de cero y dejamos que uno de ellos gire, digamos, en el sentido de las agujas del reloj, entonces el otro electrón girará en sentido contrario, porque el espín neto es cero.

Separemos ahora ambas partículas. La suma de los espines de los dos electrones debe seguir siendo cero, aunque uno esté ahora al otro lado de la galaxia. Pero no se puede saber cuál es su espín antes de tomar una medida. Sin embargo, curiosamente, si medimos el espín de un electrón y descubrimos que gira en el sentido de las agujas del reloj, sabremos al instante que su compañero del otro lado de la galaxia debe estar girando en el sentido contrario. Esta información ha viajado de manera instantánea entre los dos electrones, más rápido que la velocidad de la luz. En otras palabras, al separar estas dos partículas, surge entre ellas un cordón umbilical invisible que permite la comunicación a través del mismo más rápido que la velocidad de la luz.

Figura 5: entrelazamiento
Cuando dos átomos están uno junto al otro, pueden vibrar de forma coherente, al unísono, con la misma frecuencia pero desplazados una fase constante. Sin embargo, si los separamos y sacudimos uno de ellos, siguen siendo coherentes, y la información de esta perturbación puede viajar entre ellos más rápido que la velocidad de la luz. (Pero esto no viola la relatividad, ya que la información que rompe la barrera de la luz es aleatoria). Esta es una de las razones por las que los ordenadores cuánticos son tan potentes, porque calculan simultáneamente sobre todos estos estados mixtos.

Pero, según afirmaba Einstein, nada puede ir más rápido que la luz, por lo que esto violaba la relatividad especial y, por tanto, la mecánica cuántica era incorrecta. Einstein pensó que este era el argumento decisivo para refutar la teoría cuántica. Caso cerrado. Según afirmó, la «espeluznante acción a distancia» creada por el entrelazamiento era solo una ilusión.

Einstein pensó que había dado el golpe de gracia que aplastaría la teoría cuántica de una vez por todas. Pero, a pesar de todos los éxitos experimentales de la misma, la llamada paradoja EPR quedó sin resolver durante décadas porque era demasiado difícil de realizar en el laboratorio. No obstante, con el paso de los años, este experimento terminó por llevarse a cabo de varias formas, en 1949, 1975 y 1980, y en todas ellas la teoría cuántica resultó ser correcta.

(Pero ¿significa esto que la información puede viajar más rápido que la luz y, por tanto, violar la teoría de la relatividad especial? Aquí, Einstein ríe el último. No, aunque la información entre los dos electrones se transmitía instantáneamente, se trataba también de información aleatoria y, por tanto, inútil. Esto significa que no se pueden enviar códigos útiles, que contengan un mensaje, más rápido que la luz utilizando el experimento EPR. Si realmente se analiza la señal que propone este, solo se encuentra un galimatías. Así que la información puede viajar al instante entre partículas coherentes, pero aquella que es útil, la que transporta un mensaje, no puede ir más rápido que la luz).

Hoy en día, este principio se denomina «entrelazamiento», la idea de que, cuando dos objetos son coherentes entre sí (vibran de la misma manera), siguen siendo coherentes, aunque estén separados por grandes distancias.

Esto tiene importantes implicaciones para los ordenadores cuánticos. Significa que, aunque los cúbits del sistema se separen, aún podrán interactuar entre sí, lo que explica la fantástica capacidad de cálculo de estos sistemas.

Esto nos lleva a la esencia de por qué los ordenadores cuánticos son tan excepcionales y útiles. En cierto sentido, un ordenador digital ordinario es como varios contables trabajando independientemente en una oficina, cada uno haciendo un cálculo por separado y pasándose las respuestas de uno a otro. Pero un ordenador cuántico es como una habitación llena de contables en interacción, cada uno de ellos calculando y, lo que es más importante, comunicándose entre sí a través del entrelazamiento. Así, decimos que están resolviendo coherentemente el problema juntos.

LA TRAGEDIA DE LA GUERRA

Por desgracia, este dinámico debate intelectual se vio interrumpido por la marea ascendente de la guerra mundial. De pronto, las discusiones académicas sobre la teoría cuántica se volvieron mortalmente serias, ya que tanto la Alemania nazi como Estados Unidos instituyeron intensivos programas para el desarrollo de la bomba atómica. La Segunda Guerra Mundial tendría consecuencias devastadoras para la comunidad física.

Planck, testigo de la emigración masiva de físicos judíos de Alemania, se reunió personalmente con Adolf Hitler para rogarle que detuviera la persecución de los mismos, ya que aquello estaba destruyendo la física alemana. El Führer, sin embargo, se enfureció a gritos con Planck.

El físico declaró más tarde: «No se puede razonar con un hombre así». Lamentablemente, uno de los hijos de Planck, Erwin, participó después en un complot para asesinar a Hitler. Fue capturado y torturado. Aquel intentó salvar la vida de su hijo apelando directamente al dictador. Pero Erwin fue ejecutado en 1945.

Los nazis pusieron precio a la cabeza de Einstein. Su foto apareció en la portada de una revista del régimen, con la leyenda «Aún no ahorcado». El físico huyó de Alemania en 1933 para no volver jamás.

Erwin Schrödinger, testigo de cómo los nazis apalearon a un judío en las calles de Berlín, intentó detener el ataque, pero fue también golpeado por las SS. Conmocionado, abandonó Alemania y aceptó un puesto en la Universidad de Oxford. Allí, no obstante, suscitó polémica, porque llegó con su mujer y su amante. A continuación, le ofrecieron un puesto en Princeton, pero los historiadores opinan que lo rechazó por su poco ortodoxo estilo de vida. Finalmente acabó viviendo en Irlanda.

Niels Bohr, uno de los fundadores de la mecánica cuántica, tuvo que huir a Estados Unidos para salvarse y casi perdió la vida en el proceso de escapar de Europa.

Werner Heisenberg, quizá el más destacado físico cuántico de Alemania, recibió el encargo de desarrollar la bomba atómica para los nazis. Sin embargo, su laboratorio tuvo que trasladarse en repetidas ocasiones al ser bombardeado. Tras la guerra, fue detenido por los Aliados. (Afortunadamente, Heisenberg desconocía una cifra clave, la probabilidad para dividir el átomo de uranio, por lo que tuvo dificultades para construir la bomba atómica y los nazis nunca desarrollaron un arma nuclear).

En las trágicas secuelas de la guerra, la gente empezó a darse cuenta de la enorme potencia del cuanto, que se desató en los cielos de Hiroshima y Nagasaki. De pronto, la mecánica cuántica ya no era solo el juguete de los físicos, sino algo que podía desentrañar los secretos del universo y albergar el destino de la raza humana.

Pero de las cenizas de la guerra surgió un nuevo invento cuántico que alteraría el tejido mismo de la civilización moderna: el transistor. Quizá el enorme poder del átomo pudiera utilizarse para traer la paz.

4

Los albores de los ordenadores cuánticos

El transistor es una paradoja.

Normalmente, cuanto más grande es un invento, más potente es. Enormes aviones de dos pisos transportan pasajeros al otro extremo del mundo en cuestión de horas. Hoy en día, los cohetes son enormes ingenios capaces de enviar cargas de varias toneladas a Marte. El Gran Colisionador de Hadrones, de casi veintisiete kilómetros de longitud, costó más de diez mil millones de dólares y puede que algún día desvele el secreto del *big bang*. El tamaño de su circunferencia es tal que gran parte de la ciudad de Ginebra cabría dentro del perímetro de la máquina.

Sin embargo, el transistor, quizá el invento más importante del siglo xx, es tan pequeño que caben miles de millones de ellos en una uña. No es exagerado decir que ha revolucionado todos los aspectos de la sociedad humana.

A veces, cuanto más pequeño, mejor. Por ejemplo, sobre sus hombros se encuentra el objeto más complejo del universo conocido: el cerebro humano. Compuesto por cien mil millones de neuronas, cada una conectada a otras diez mil, su complejidad supera todo el conocimiento científico.

Así, tanto un microchip formado por miles de millones de transistores como el cerebro humano se pueden sostener en la mano, y, sin embargo, son los objetos más sofisticados que conocemos.

¿Por qué? Su increíblemente diminuto tamaño oculta el hecho de que puede almacenar y manipular enormes cantidades de información. Además, la forma en que se almacena esta información se asemeja a una máquina de Turing, lo que les confiere una enorme capacidad de cálculo. Un microchip es el corazón de un ordenador digital, que tiene una cinta de entrada finita (aunque, en principio, las máquinas de Turing pueden tener una cinta infinita). Y el cerebro es una máquina de aprendizaje o red neuronal que se modifica constantemente a sí misma a medida que aprende algo nuevo. Una máquina de Turing se puede modificar para que también aprenda como una red neuronal.

Pero, si el poder del transistor proviene de sus microscópicas dimensiones, la siguiente pregunta es: ¿hasta qué punto se puede reducir el tamaño de un ordenador? ¿Cuál es el transistor más pequeño?

NACIMIENTO DEL TRANSISTOR

Tres físicos ganaron el Premio Nobel en 1956 por la creación de este maravilloso dispositivo: los científicos de los Laboratorios Bell John Bardeen, Walter Brattain y William Shockley. Hoy, una réplica del primer transistor del mundo se muestra en una vitrina del museo Smithsonian, en Washington. Es un dispositivo tosco y de aspecto extraño, pero delegaciones de científicos de todo el mundo se acercan a este transistor en silenciosa devoción, y algunos incluso se inclinan ante él, como si se tratase de una deidad. Bardeen, Brattain y Shockley utilizaron para crearlo una nueva forma cuántica de la materia, llamada «semiconductor». (Los metales son conductores que permiten el libre flujo de electrones. Los aislantes, como el vidrio, el plástico o el caucho, no conducen la electricidad. Los semiconductores son un término medio, por lo que pueden tanto conducir como detener el flujo de electrones).

El transistor saca partido de esta propiedad clave. Es el sucesor del antiguo tubo de vacío, que tan ingeniosamente utilizaron Turing y otros científicos. Como hemos visto, tanto el primero como el segundo pueden compararse, a grandes rasgos, con una válvula que controla el flujo de agua en una tubería. Con una válvula pequeña es posible controlar un gran caudal de agua: cerrarla, lo que correspondería a 0, o dejarla abierta, lo que correspondería a 1. De este modo, se puede controlar con precisión el caudal de agua en una compleja serie de tuberías. Si sustituimos la válvula por un transistor y las tuberías de agua por cables conductores de electricidad, crearemos un ordenador digital transistorizado.

Aunque un transistor se parece en esto a un tubo de vacío, ahí se acaban las similitudes. Los tubos de vacío son famosos por ser toscos y temperamentales. (De niño, recuerdo tener que desmontar mi viejo televisor, sacar todos los tubos a mano y probar tediosamente cada uno en el supermercado para ver cuál se había fundido). Eran voluminosos, poco fiables y se gastaban con rapidez.

En cambio, un transistor, hecho de finas obleas de silicio, puede ser resistente, barato y de tamaño microscópico. Se fabrican en serie, de la misma manera que actualmente se fabrica una camiseta.

Estas prendas suelen hacerse a partir de una plantilla de plástico, que tiene la imagen que se desea recortada en ella. La plantilla se coloca sobre la camiseta y, a continuación, se rocía pintura sobre ella. Al retirar el plástico, la imagen se ha transferido a la tela.

Un transistor se crea de forma similar. En primer lugar, se parte de una plantilla en la que se ha tallado la imagen de los circuitos deseados. A continuación, se coloca aquella sobre la placa de silicio. Luego se aplica un haz de radiación ultravioleta sobre la plantilla, de modo que se transfiera la imagen en ella. Entonces se retira la plantilla y se agrega ácido. El chip de silicio recibe un tratamiento químico especial para que, al aplicarlo, se grabe la imagen deseada en la placa.

La ventaja es que estas imágenes pueden ser tan pequeñas como la longitud de onda de la luz ultravioleta, que es un poco más grande que un átomo. Esto significa que un chip típico de ordenador puede contener mil millones de transistores. Hoy en día, la producción de estos dispositivos es un gran negocio para la economía de naciones enteras. Las fábricas más avanzadas de producción de transistores tienen un coste de miles de millones de dólares cada una.

En cierto sentido, un microchip puede compararse a las calles de una gran ciudad. El flujo constante de coches es como electrones viajando por los circuitos grabados. Los semáforos que regulan el tráfico corresponden a los transistores. Un semáforo en rojo equivale a un 0, mientras que un semáforo en verde es como un 1.

Cuando grabamos más y más transistores en un chip, es como si redujéramos el tamaño de cada manzana de la ciudad para aumentar el número de coches y semáforos. Pero hay un límite a la densidad de las calles en una zona determinada. Al final, la manzana se hace tan pequeña que los coches se desbordan hacia las aceras. Si las capas de silicio son demasiado finas, esto significa que se producen cortocircuitos.

A medida que la anchura de los componentes de un chip de silicio se aproxima al tamaño del átomo, entra en juego el principio de incertidumbre de Heisenberg y las posiciones de los electrones se vuelven inciertas, lo que provoca fugas y cortocircuitos. Además, el calor generado por tantos transistores concentrados en un mismo lugar es suficiente para provocar su fusión.

En otras palabras, todo tiene su tiempo, incluida la era del silicio. Puede que esté naciendo una nueva: la era cuántica.

Y uno de los físicos más famosos del siglo xx le allanó el camino.

UN GENIO EN ACCIÓN

Richard Feynman era único. Probablemente nunca habrá otro físico como él.

Por un lado, era un carismático *showman*, al que le encantaba divertir al público con extravagantes historias de su pasado y de sus estrafalarias travesuras. Con su rudo acento, sonaba como un camionero contando batallitas pintorescas sobre su vida.

Se enorgullecía de ser un experto en forzar cerraduras y abrir cajas fuertes, e incluso consiguió abrir la que contenía el secreto de la bomba atómica mientras trabajaba en Los Álamos (con lo que puso en marcha una gran alarma). Siempre interesado en experimentos nuevos y estrambóticos, una vez se encerró en una cámara hiperbárica para averiguar si podía abandonar su cuerpo y verse flotando desde la distancia. Y le encantaba tocar los bongos a todas horas.

Al escucharle, uno casi olvidaba que había ganado el Premio Nobel de Física en 1965 y que probablemente fuera uno de los mejores físicos de su generación, pues sentó las complejas bases de una teoría relativista de los electrones que interactúan con los fotones. Esta teoría, llamada «electrodinámica cuántica», tiene una precisión de una parte en diez mil millones, por lo que es la más exitosa de todas las mediciones cuánticas que se han hecho. Otros físicos escuchaban atentamente cada una de las palabras de Feynman, con la esperanza de absorber las ideas que, quizá, también podrían darles fama y gloria.

NACIMIENTO DE LA NANOTECNOLOGÍA

Por encima de todo, Feynman era un visionario.

Se dio cuenta de que los ordenadores eran cada vez de menor tamaño, así que se planteó una sencilla pregunta: ¿cómo de pequeño se puede hacer un ordenador?

Comprendió que, en el futuro, los transistores serían tan diminutos que llegarían a tener el tamaño de un átomo. De hecho, pensó que la próxima meta de la física podía ser la creación de máquinas tan pequeñas como átomos, siendo así el pionero de un campo en expansión al que ahora denominamos «nanotecnología».

¿Qué límite impone la mecánica cuántica a las pinzas, martillos y llaves del tamaño de átomos? ¿Cuál es el límite último de un ordenador que computa con transistores del tamaño de átomos?

Feynman se dio cuenta de que en el reino atómico son posibles nuevos y fantásticos inventos. Las leyes actuales de la física, que utilizamos a escala macroscópica, se quedan obsoletas a escala atómica, y tenemos que abrir nuestra mente a posibilidades del todo nuevas. Sus ideas se expresaron por primera vez en una conferencia que pronunció ante la Sociedad Americana de Física en el Caltech en 1959, titulada «There's Plenty of Room at the Bottom», en la que se anticipaba al nacimiento de una nueva ciencia.

En el vanguardista artículo resultante, se preguntaba: «¿Por qué no podemos escribir los veinticuatro volúmenes completos de la enciclopedia en la cabeza de un alfiler?».

Su idea básica era sencilla: crear máquinas diminutas que pudieran «ordenar los átomos como quisiéramos». Cualquier herramienta que utilicemos en nuestro taller se miniaturizaría al tamaño de las partículas fundamentales. La madre naturaleza manipula átomos todo el tiempo. ¿Por qué no íbamos a poder hacerlo nosotros?

Resumió su idea de los ordenadores cuánticos diciendo: «La naturaleza no es clásica, maldita sea, y, si quieres simularla, mejor que lo hagas mediante mecánica cuántica».

Se trata de una observación profunda. Los ordenadores digitales clásicos, por muy potentes que sean, nunca podrán simular de manera satisfactoria un proceso cuántico. (A Bob Sutor, vicepresidente de IBM, le gusta hacer esta comparación: para que un ordenador clásico recreara una simulación unívoca de una molécula simple, como la cafeína, se necesitarían 10^{48} bits de información. Esta enorme cifra equivale al 10 por ciento del número de átomos que componen el planeta Tierra. Por tanto, los ordenadores clásicos no pueden simular con éxito ni siquiera moléculas sencillas).

En su artículo, Feynman presentó una serie de ideas sorprendentes. Propuso un robot tan pequeño que podría flotar en el torrente sanguíneo y tratar problemas de salud. A esto lo llamó «tragarse al médico». Funcionaría como un glóbulo blanco, recorriendo el cuerpo en busca de bacterias y virus que eliminar. También realizaría cirugías mientras circula por el organismo. De este modo, la medicina se practicaría desde dentro del cuerpo, no desde fuera. No habría que cortar la piel ni preocuparse por el dolor y las infecciones.

Su visión fue profética; llegó incluso a afirmar que algún día sería posible inventar un supermicroscopio para «ver» átomos. (En realidad, esto se inventó más tarde, en 1981, unas décadas después de que él hiciera dicha predicción, en forma del microscopio de efecto túnel de barrido).

Su visión resultaba tan fantástica que su discurso fue ignorado durante décadas. Una pena, porque se adelantó en mucho a su tiempo. Y, sin embargo, un buen número de sus predicciones se han cumplido.

Incluso ofreció un premio de mil dólares a quien pudiera alcanzar alguno de estos dos logros: el primer reto consistía en miniaturizar una página de un libro de modo que solo pudiera verse a través de un microscopio electrónico; el segundo consistía en crear un motor eléctrico que cupiera en un cubo de 1/64 pulgadas. (Dos inventores reclamaron posteriormente ambos premios, aunque no cumplían los requisitos precisos del concurso).

Otra de sus predicciones ha sido posible gracias al descubrimiento de nanomateriales como el grafeno, una lámina de carbono de un átomo de grosor. Este fue descrito por dos científicos rusos que trabajaban en Mánchester, Andre Geim y Konstantín Novosélov, que observaron que la cinta adhesiva podía desprender una fina capa de grafito. Al repetir este proceso, vieron que era posible extraer una única capa de carbono de un átomo de grosor. Por este sencillo pero notable avance, ganaron el Premio Nobel en 2010. Los átomos de carbono están tan apretados en una matriz simétrica que es la sustancia más fuerte conocida por la ciencia, más que el diamante. Una lámina de grafeno es tan resistente que, si un elefante se subiera a la punta de un lápiz y se apoyara el lápiz en una lámina de grafeno, esta no se rompería.

Resulta fácil fabricar pequeñas cantidades de este nanomaterial, pero la producción a gran escala de grafeno puro es extremadamente complicada. Sin embargo, en principio, es lo bastante fuerte como para emplearse en la construcción de un rascacielos o de un puente tan fino que sería invisible. Una fibra larga de grafeno podría ser tan resistente como para aguantar un ascensor espacial que nos llevara al espacio con solo pulsar un botón, como un ascensor al cielo. (El aparato estaría suspendido de un cable de grafeno que, como una pelota que da vueltas colgada de una cuerda, nunca se caería porque giraría alrededor de la Tierra debido a la rotación del planeta). Además, el grafeno es conductor de la electricidad. De hecho, algunos de los transistores más pequeños del mundo pueden fabricarse con ínfimas cantidades de este material.

Feynman también se dio cuenta de los enormes avances que podrían lograrse con un ordenador cuántico debido a su enorme potencia de cálculo. Anteriormente, vimos que, si se añade solo un cúbit más al sistema, la potencia de este se duplica. Así, un ordenador cuántico formado por trescientos átomos tendría 2^{300} veces la potencia de un ordenador cuántico con un cúbit.

LA INTEGRAL DE TRAYECTORIA DE FEYNMAN

Un nuevo logro de Feynman cambiaría el curso de la física. Iba a encontrar una nueva y sorprendente forma de reformular toda la teoría de la mecánica cuántica.

Todo empezó cuando estaba en el instituto. Le encantaba hacer cálculos y resolver enigmas. De hecho, era conocido por obtener rápidamente la respuesta a un problema de varias formas distintas. Si se quedaba atascado en una dirección, conocía trucos matemáticos para resolverlo de otra manera. Era famoso por decir que el objetivo de todo físico «es demostrar que se equivoca lo antes posible». En otras palabras, tragarse el amor propio para admitir que lo que está haciendo puede ser un callejón sin salida, y demostrarlo cuanto antes para poder pasar a la siguiente idea.

(Como físico investigador, pienso a menudo en esta afirmación. Puede que llegue un momento en que los físicos tengan que admitir que quizá su idea favorita es errónea y deban abordar rápidamente un nuevo punto de vista).

Como el joven Feynman siempre iba por delante de su clase en Ciencias, su profesor de instituto pensaba en formas ingeniosas de mantenerlo entretenido para que no se aburriese. Lo retaba con curiosas pero profundas lecciones de física.

Un día, su profesor le presentó algo denominado «principio de mínima acción», que permite una reinterpretación radical de toda la física clásica. Observó que una pelota puede rodar colina abajo de infinitas maneras, pero solo toma realmente un camino. ¿Cómo sabe cuál?

Newton resolvió esta cuestión trescientos años antes, diciendo: se calculan las fuerzas que actúan sobre la pelota en un instante y luego se utilizan sus ecuaciones para determinar adónde irá en el siguiente instante. A continuación, se repite el proceso. Al hilar todos estos instantes sucesivos, microsegundo tras microsegundo, se puede trazar toda la trayectoria de la pelota. Aún hoy, trescientos años después, los físicos predicen así el movimiento tanto de las estrellas, los planetas, los cohetes y las balas de cañón como de las pelotas de béisbol. Es la base fundamental de la física newtoniana. Casi toda la física clásica se resuelve así. Y las matemáticas para sumar todos estos movimientos graduales se llaman cálculo, también descrito por Newton.

Pero entonces el profesor introdujo una forma extraña de ver esto. Le pidió que dibujara todas y cada una de las trayectorias posibles de la pelota, por extrañas que fueran. Puede que algunas fuesen absurdas, como pasar por la Luna o por Marte. Algunos caminos podían incluso ir hasta los confines del universo. Para cada trayectoria, debía calcular lo que se llama la «acción» (que es similar a la energía del sistema; es la energía cinética menos la energía potencial). Entonces el camino que siga la pelota será el que tenga el valor más pequeño para la acción. En otras palabras, de algún modo, el objeto «escudriña» todos los caminos posibles, incluso los más disparatados, y luego «decide» tomar aquel con la mínima acción.

Al hacer los cálculos, se obtiene exactamente la misma respuesta que obtuvo Newton. Feynman quedó maravillado. En esta sencilla demostración se podía resumir toda la física newtoniana sin complicadas ecuaciones diferenciales: bastaba con encontrar el camino de mínima acción. Esto deleitó a Feynman, porque ahora tenía dos formas equivalentes de resolver toda la mecánica clásica.

En otras palabras, en la antigua imagen newtoniana, la trayectoria de una pelota solo está determinada por las fuerzas que actúan sobre ella en ese preciso punto del espacio y el tiempo. Las condiciones distantes no le afectan en absoluto. Sin embargo, en la nueva imagen, la pelota es de repente «consciente» de todas las trayectorias posibles y «decide» tomar la de mínima acción. ¿Cómo puede la bola «saber» cómo analizar esos miles de millones de caminos y elegir el correcto?

(Por ejemplo, ¿por qué cae una pelota al suelo? Newton diría que hay una fuerza gravitatoria que la empuja al suelo, microsegundo a microsegundo. Otra explicación sería decir que la pelota, de alguna manera, escudriña todos los caminos posibles y luego decide tomar aquel de menor acción o energía, que es derecho hacia abajo).

Años más tarde, cuando Feynman estaba haciendo el trabajo que le supuso el Premio Nobel, volvería a este enfoque de la escuela secundaria. El principio de mínima acción funcionaba en la física clásica newtoniana. ¿Por qué no generalizar este extraño resultado a la teoría cuántica?

Suma cuántica de caminos

Feynman se dio cuenta de que, en un ordenador cuántico, el nuevo enfoque se traduciría en una tremenda potencia de cálculo. Piense en un laberinto. Si se pusiera un ratón clásico en un laberinto, probaría tediosamente muchos caminos posibles, uno tras otro, lo cual es una empresa lentísima. Pero, si se pone un ratón cuántico, este escudriñará simultáneamente todos los caminos posibles. Aplicado a un ordenador, este principio aumenta su potencia de forma exponencial.

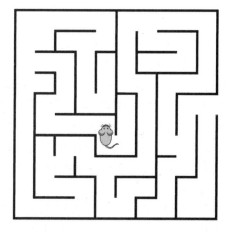

Figura 6: suma de caminos
Un ratón en un laberinto clásico tiene que decidir qué camino tomar en cada encrucijada, una decisión a la vez. Pero un ratón cuántico podría, en cierto sentido, analizar todos los caminos posibles a la vez. Esta es una de las razones por las que los ordenadores cuánticos son exponencialmente más potentes que los ordenadores clásicos ordinarios.

Así que Feynman reescribió la teoría cuántica en términos del principio de mínima acción. Desde este punto de vista, las partículas subatómicas «escudriñan» todos los caminos posibles. En cada uno de ellos, el estadounidense puso un factor relacionado con la acción y la constante de Planck. A continuación, sumó o integró todos los caminos posibles. Esto se denomina ahora «enfoque de la integral de caminos», porque se suman las contribuciones de todos los caminos que puede seguir un objeto.

Para su sorpresa, Feynman descubrió que podía deducir la ecuación de Schrödinger. De hecho, averiguó que podía resumir toda la física cuántica en términos de este sencillo principio. Así, décadas después de que el austriaco introdujera su ecuación de onda por arte de magia, sin derivación alguna, Feynman fue capaz de unificar la totalidad de la mecánica cuántica, incluida la ecuación de Schrödinger, utilizando el enfoque de la integral de caminos.

Normalmente, cuando enseño mecánica cuántica a doctorandos en Física, empiezo presentando la ecuación de Schrödinger como si hubiera surgido de la nada sin más, como del sombrero de un mago. Cuando los estudiantes me preguntan de dónde salió esta ecuación, me limito a encogerme de hombros y digo que es así porque sí. Pero más adelante en el curso, cuando por fin llegamos a este tema, explico a los estudiantes que toda la teoría cuántica puede reformularse utilizando las integrales de camino de Feynman, sumando la acción de todos los caminos posibles, sin importar lo disparatados que sean.

No solo utilizo las integrales de camino de Feynman en mi trabajo, sino que a veces pienso en ellas al atravesar alguna habitación de casa. Cuando me muevo por la alfombra, tengo la extraña e inquietante sensación de saber que muchas copias de mí mismo también están caminando por la misma alfombra y que cada una de ellas piensa que es la única persona que está cruzando la habitación. Algunas de estas copias incluso han ido a Marte y han vuelto.

Como físico, trabajo con versiones relativistas de la ecuación de Schrödinger, lo que se llama «teoría cuántica de campos», es decir, la teoría cuántica de partículas subatómicas a altas energías. Lo primero que hago cuando realizo cálculos con ella es seguir los pasos de Feynman y empezar con la acción. A continuación, calculo todos los caminos posibles para obtener las ecuaciones de movimiento. Así, el enfoque de la integral de caminos de Feynman, en cierto sentido, se ha tragado toda la teoría cuántica de campos.

Pero este formalismo no es solo un truco; también tiene profundas implicaciones para la vida en la Tierra. Antes hemos visto que los ordenadores cuánticos deben mantenerse a una temperatura cercana al cero absoluto. Pero la madre naturaleza puede llevar a cabo reacciones cuánticas maravillosas a temperatura ambiente (como la fotosíntesis y la fijación de nitrógeno para fertilizantes). Según la física clásica, hay tanto ruido y agitación entre los átomos a temperatura ambiente que muchos procesos químicos deberían ser imposibles en esas condiciones. En otras palabras, la fotosíntesis vulnera las leyes de Newton.

Así, ¿cómo resuelve la madre naturaleza el problema de la decoherencia, el más complicado en los ordenadores cuánticos, para que la fotosíntesis tenga lugar a temperatura ambiente?

Sumando todos los caminos. Como demostró Feynman, los electrones pueden «rastrear» todas las trayectorias posibles para realizar su milagroso trabajo. En otras palabras, la fotosíntesis, y por tanto la vida misma, puede ser un subproducto del enfoque de la integral de caminos de Feynman.

Máquina de Turing cuántica

En 1981, Feynman subrayó que solo un ordenador cuántico puede realmente simular un proceso cuántico, si bien no entró en detalles sobre cómo podía construirse tal sistema. El siguiente en tomar el relevo fue David Deutsch, de la Universidad de Oxford. Entre otros logros, fue capaz de responder a esta pregunta: ¿se puede aplicar la mecánica cuántica a una máquina de Turing? Feynman había insinuado este problema, pero nunca escribió las ecuaciones para ello. Deutsch completó todos los detalles, llegando a diseñar así un algoritmo que podía funcionar en este hipotético artefacto.

Una máquina de Turing, como hemos visto, es un dispositivo clásico simple, basado en un procesador, que convierte un número situado en una cinta infinitamente larga en otro número y, por tanto, realiza una serie de operaciones matemáticas. La belleza de una máquina de Turing es que integra todas las propiedades de un ordenador digital en una forma simple y compacta que los matemáticos pueden estudiar minuciosamente. El siguiente paso es incorporar la teoría cuántica al invento de Turing, lo que permitiría a los científicos estudiar con rigor las singulares propiedades de los ordenadores cuánticos. En una máquina de Turing cuántica, pensó Deutsch, se sustituye un bit por un cúbit, lo cual introduce varios cambios importantes.

En primer lugar, las manipulaciones básicas de la máquina de Turing (por ejemplo, sustituir un 0 por un 1, y viceversa, así como hacer avanzar o retroceder la cinta) siguen siendo más o menos las mismas. Pero los bits han cambiado radicalmente. Ya no son 0 o 1. De hecho, pueden utilizar la extraña propiedad cuántica de la superposición (la capacidad de estar en dos estados distintos al mismo tiempo) para crear un cúbit, que puede adquirir valores entre 0 y 1. Y, como todos los cúbits de una máquina de Turing cuántica están entrelazados, lo que le ocurra a uno puede influir en otros cúbits que estén lejos. Por último, para obtener un número al final del cálculo, hay que «colapsar la onda», de modo que los cúbits nos devuelvan de nuevo una serie de 0 o 1. De este modo, podemos extraer números reales y respuestas del ordenador cuántico.

De la misma manera que Turing consiguió introducir el rigor en el campo de los ordenadores digitales al incorporar las reglas precisas de su máquina, Deutsch ayudó a hacer rigurosos los fundamentos de los ordenadores cuánticos. Al aislar la esencia de la manipulación de los cúbits, permitió estandarizar el trabajo sobre ordenadores cuánticos.

Universos paralelos

Pero Deutsch no solo es conocido por desarrollar el concepto de ordenador cuántico, sino que también se toma en serio las profundas cuestiones filosóficas que este plantea. En la habitual interpretación de Copenhague de la mecánica cuántica, se tiene que hacer una observación para finalmente determinar dónde se encuentra un electrón. Antes de realizarla, dicha partícula está en una mezcla difusa de varios estados. Pero, cuando se mide el estado del electrón, la función de onda «colapsa» mágicamente en un estado físico. Así es como se extraen respuestas numéricas de un ordenador cuántico.

Pero este colapso ha atormentado a los físicos cuánticos durante el último siglo. Este proceso de la onda parece extraño, rebuscado y artificial, y sin embargo es crucial porque permite salir del mundo cuántico y entrar en el nuestro, el mundo macroscópico. ¿Por qué llama la atención justo cuando decidimos mirarlo? Es el puente entre el micromundo y el macromundo, pero contiene enormes discrepancias filosóficas.

Aun así, funciona. Nadie puede negarlo.

Pero muchos científicos se sienten incómodos al saber que todo nuestro conocimiento sobre el mundo se erige sobre cimientos inseguros, como arenas movedizas que un día podrían desaparecer. En las últimas décadas se han hecho numerosas propuestas para aclarar este problema.

Quizá la más escandalosa de ellas fuera la realizada en 1956 por el estudiante de posgrado Hugh Everett. Recordemos que la teoría cuántica puede resumirse aproximadamente en cuatro amplios principios. El último es el punto conflictivo, en el que «colapsamos» la función de onda para decidir en qué estado se encuentra el sistema. La propuesta de Everett fue atrevida y controvertida: su teoría indica simplemente que se elimine la última afirmación, que dice que la onda «colapsa», para que nunca lo haga. Cada posible solución continúa existiendo en su propia realidad, produciendo, como se denomina la teoría, «muchos mundos».

Como un río que se ramifica en afluentes más pequeños, las diversas ondas del electrón siguen propagándose alegremente, dividiéndose una y otra y otra vez, ramificándose en otros universos por siempre. En otras palabras, existe un número infinito de universos paralelos, ninguno de los cuales colapsa jamás. Cada rama de este multiverso parece tan real como cualquier otra, pero representan todos los estados cuánticos posibles.

El microcosmos y el macrocosmos obedecen, por tanto, a las mismas ecuaciones, puesto que ya no hay colapso ni «muro» que los separe.

Por ejemplo, piense en una ola del océano. En realidad, en su interior está formada por miles de olas más pequeñas. La interpretación de Copenhague implica seleccionar solo una de ellas y desechar el resto. Pero la interpretación de Everett dice que hay que dejar que existan todas las olas. Así, continuarán ramificándose en olas más pequeñas, que a su vez se ramificarán en otras más.

Esta idea es muy cómoda. No hay que preocuparse de que las olas «colapsen», porque no lo hacen. Así, esta formulación es más sencilla que la interpretación estándar de Copenhague. Es clara, elegante y extraordinariamente sencilla.

Muchos mundos

Sin embargo, las teorías de Everett y Deutsch cuestionan la naturaleza misma de la realidad. La interpretación de los muchos mundos da un vuelco a nuestra concepción de la existencia, y sus consecuencias son sobrecogedoras.

Por ejemplo, piense en todas las veces que ha tenido que tomar una decisión crucial en la vida, como qué trabajo solicitar, con quién casarse o si tener hijos o no. Uno puede pasarse horas en una tarde de ocio pensando en lo que pudo haber sido y no fue. La interpretación de los muchos mundos dice que existe un universo paralelo con una copia de uno mismo viviendo una historia vital totalmente distinta. En un universo, puede ser multimillonario y estar pensando en su próxima aventura de revista. En otro, un mendigo preguntándose cómo obtendrá su próxima comida. O puede que viva en un punto intermedio, con un trabajo tedioso de ingresos bajos y estables, pero sin futuro. En cada universo, su copia insiste en que su mundo es el real y todos los demás son falsos. Ahora imagine esto a nivel cuántico. Cada acción atómica individual divide nuestro universo en múltiplos de sí mismo.

En el poema «El camino no elegido», Robert Frost escribió sobre algo en lo que todos hemos pensado alguna vez en nuestras ensoñaciones. Nos preguntamos qué podría haber ocurrido en momentos de nuestra vida en los que tomamos una decisión crítica. Estas, por su trascendencia, pueden afectarnos para siempre. Escribió Frost:

> *Dos caminos se bifurcaban en un bosque amarillo,*
> *y apenado por no poder tomar los dos*
> *siendo un viajero solo, largo tiempo estuve de pie*
> *mirando uno de ellos tan lejos como pude,*
> *hasta donde se perdía en la espesura.*

Frost terminaba el poema concluyendo que su decisión tuvo consecuencias extraordinarias para su vida, que el camino menos transitado fue un punto de inflexión:

> *Debo estar diciendo esto con un suspiro*
> *de aquí a la eternidad:*
> *dos caminos se bifurcaban en un bosque y yo,*
> *yo tomé el menos transitado,*
> *y eso hizo toda la diferencia.*

Esto se extiende no solo a la vida, sino al mundo entero. En la serie de televisión *El hombre en el castillo*, basada en la novela de Philip K. Dick, el universo se ha dividido por la mitad. En uno, un asesino intenta matar a Franklin D. Roosevelt, pero su arma se encasquilla y el presidente sigue vivo para llevar a los Aliados a la victoria durante la Segunda Guerra Mundial. Pero, en el otro universo, la pistola no falló y el presidente fue asesinado. Un vicepresidente débil toma el relevo, y Estados Unidos es derrotado. Los nazis ocupan entonces la Costa Este del país, mientras que el ejército imperial japonés se apodera de la Costa Oeste.

Lo que separa estos universos tan distintos y divergentes es una simple bala atascada. Pero la munición puede fallar debido a pequeñas imperfecciones en su propulsor químico, tal vez causadas por defectos cuánticos en la estructura molecular del explosivo. Así que un acontecimiento cuántico puede separar estos dos universos.

Por desgracia, la idea de Everett era tan radical, tan ajena a este mundo, que la comunidad física la ignoró sistemáticamente durante décadas.[20] Solo en los últimos tiempos ha experimentado un renacimiento a medida que los físicos redescubren su obra.

Los muchos mundos de Everett

Hugh Everett III nació en 1930 en el seno de una familia de militares. Su padre, que ayudó a criarlo tras el divorcio, fue teniente coronel de Estado Mayor durante la Segunda Guerra Mundial. Tras la guerra, fue destinado a Alemania Occidental, donde se trasladó con Hugh.

Desde muy joven, Everett mostró interés por la física. Llegó a escribir una carta a Einstein, quien respondió a su pregunta sobre un antiguo problema filosófico de la siguiente manera:

Querido Hugh:

La fuerza irresistible y el cuerpo inamovible no existen. Pero sí parece que hay un chico muy testarudo que se ha abierto camino victoriosamente a través de extrañas dificultades creadas por él mismo con este fin.

Atentamente,

A. EINSTEIN

En Princeton, Everett se dedicó por fin a sus intereses científicos, que se centraban en dos áreas. Primero, en cómo la ciencia podía influir en los asuntos militares, por ejemplo, utilizando la teoría de juegos para entender los conflictos. Y, en segundo lugar, en tratar de comprender las paradojas de la mecánica cuántica. Su director de tesis doctoral fue John Archibald Wheeler, el mismo que tuvo Richard Feynman. Wheeler era uno de los grandes nombres de la física y había trabajado con Bohr y Einstein.

Everett estaba descontento con la interpretación tradicional de Copenhague de la mecánica cuántica, en la que la función de onda «colapsa» misteriosamente y determina el estado del macromundo, en el que vivimos.

Su solución fue radical, aunque también sencilla y elegante. Wheeler comprendió inmediatamente la importancia del trabajo de su alumno, pero también era realista. Sabía que esta teoría sería rechazada con dureza por el *establishment*, así que le pidió a Everett en varias ocasiones que la suavizase para que no pareciera tan escandalosa. Esto no gustó nada a Everett, pero, como era solo un estudiante de posgrado, aceptó hacer las revisiones. Wheeler a veces intentaba discutir la teoría de su alumno con otros físicos prominentes, pero normalmente recibía una fría acogida.

En 1959, incluso consiguió que Everett se reuniera con el mismísimo Niels Bohr en Copenhague. Fue el último intento de Wheeler de obtener algún reconocimiento por el trabajo de su alumno. Pero fue como un cordero entrando en la boca del lobo. La reunión resultó un desastre. El físico belga Léon Rosenfeld, que estaba presente, dijo que Everett era «indescribiblemente [*sic*] estúpido e incapaz de entender las cosas más simples de la mecánica cuántica».[21]

Everett recordaría más tarde esta reunión como «un infierno [...] condenada desde el principio». Incluso Wheeler, que había tratado de dar a la teoría de su alumno una audiencia imparcial entre los físicos más destacados, finalmente la abandonó, diciendo que era «un equipaje demasiado pesado».

Con todos los grandes nombres de la física aliados en su contra, era improbable conseguir un empleo en física teórica, así que retomó sus estudios militares y consiguió un puesto en el Grupo de Evaluación de Sistemas Armamentísticos del Pentágono. Desde entonces, realizó investigaciones secretas sobre los misiles Minuteman, la guerra nuclear y la lluvia radiactiva, así como sobre las aplicaciones militares de la teoría de juegos.

RENACIMIENTO DE LOS UNIVERSOS PARALELOS

Mientras, durante los años en que trabajó en temas de guerra nuclear, sus ideas empezaron a calar lentamente en la comunidad de físicos. Un problema surgió cuando estos intentaron aplicar la mecánica cuántica a todo el universo, es decir, crear una teoría cuántica de la gravedad. En mecánica cuántica, empezamos con una onda que describe cómo un electrón puede estar en muchos estados paralelos al mismo tiempo. Al final, el observador exterior realiza una medición y colapsa la función de onda. Pero al aplicar este proceso a todo el universo nos encontramos con problemas.

Einstein imaginaba el cosmos como una especie de esfera en expansión. Nosotros vivimos en la superficie de la misma. Esto se denomina «teoría del *big bang*». Pero, si aplicamos la teoría cuántica a todo el universo, esto significa que el cosmos, como el electrón, debe existir en muchos estados paralelos.

Así pues, si se intenta aplicar la superposición a todo el universo, se llega necesariamente a los universos paralelos, tal y como Everett predijo. En otras palabras, el punto de partida de la mecánica cuántica es que el electrón puede estar en dos estados al mismo tiempo. Cuando la aplicamos a todo el universo, se da por sentado que este también debe existir en estados paralelos, es decir, en universos paralelos. Por consiguiente, estos son inevitables.

Así, los universos paralelos surgen de un modo necesario cuando se intenta describir todo el cosmos en términos cuánticos. En lugar de electrones paralelos, ahora tenemos universos paralelos.

Pero esto deja abierta la siguiente pregunta: ¿podemos visitar estos universos paralelos? ¿Por qué no vemos esta colección infinita de mundos, algunos de los cuales podrían parecerse al nuestro, mientras que otros podrían ser extraños y absurdos? (Y una pregunta que me hacen a menudo: ¿significa esto que Elvis sigue vivo en otro universo? La ciencia moderna dice que tal vez).

UNIVERSOS PARALELOS EN SU SALÓN

El premio Nobel Steven Weinberg me explicó una vez cómo entender la teoría de los muchos mundos para que a uno no le explote la cabeza. Me pidió que me imaginara sentado tranquilamente en el salón de casa, con ondas de radio de varias emisoras de todo el mundo llenando el aire. En principio, cientos de señales de diversas emisoras atraviesan mi salón. Pero mi radio solo está sintonizada en una frecuencia; solo puede captar una emisora, porque ya no vibro en sincronía con el resto. En otras palabras, mi radio se ha «descoherenciado» de las demás ondas de radio que llenan el salón. Este está lleno ahora de emisoras de radio diferentes, pero no puedo oírlas porque no estoy sintonizado con ellas, no soy coherente con ellas.

Luego me pidió que sustituyera las ondas de radio por ondas cuánticas de electrones y átomos. En mi propio salón hay ondas de universos paralelos, es decir, las ondas de dinosaurios, extraterrestres, piratas y volcanes. Sin embargo, ya no puedo interactuar con ellas porque me he «descoherenciado» de todas. Ya no vibro al unísono con las ondas de los dinosaurios. Estos universos paralelos no están necesariamente en el espacio exterior o en otra dimensión, sino que pueden estar en el salón de casa. Así, es posible entrar en uno cualquiera, pero, cuando se calculan las posibilidades de que esto suceda, uno se da cuenta de que hay que esperar una cantidad astronómica de tiempo para ello.

Las personas que han fallecido en nuestro universo pueden estar vivas y coleando en uno paralelo, justo en nuestro salón. Pero es casi imposible interactuar con ellas porque ya no somos coherentes con ellas. Puede que Elvis esté vivo, pero está cantando sus éxitos en otro universo paralelo.

La probabilidad de entrar en estos mundos es casi nula, pero la palabra clave aquí es «casi». En mecánica cuántica, todo se reduce a una probabilidad. Por ejemplo, a nuestros estudiantes de doctorado a veces les pedimos que calculen la probabilidad de despertar en Marte al día siguiente. Si utilizamos la física clásica, la respuesta es nunca, porque no podemos escapar de la barrera gravitatoria que nos mantiene anclados a la Tierra. Pero en el mundo cuántico se puede calcular la probabilidad de atravesar la barrera gravitatoria mediante el efecto túnel y despertar en Marte. (Cuando realmente se hace el cálculo, se descubre que hay que esperar más tiempo que la vida del universo para que esto ocurra, así que lo más probable es que uno acabe en su cama mañana).

David Deutsch se toma en serio estos conceptos alucinantes. ¿Por qué son tan potentes los ordenadores cuánticos?, se pregunta. Porque los electrones calculan simultáneamente en universos paralelos. Interactúan e interfieren entre sí a través del entrelazamiento. Por eso pueden superar con rapidez a un ordenador tradicional, que calcula en un único universo.

Para demostrarlo, Deutsch utiliza un experimento de láser portátil que guarda en su oficina. Consiste tan solo en una hoja de papel con dos agujeros. Hace pasar un rayo láser a través de ambos y encuentra un hermoso patrón de interferencia en el otro lado. Esto se debe a que la onda ha pasado simultáneamente por los dos agujeros y ha interferido consigo misma en el otro lado, dando lugar a un patrón de interferencia.

Esto no es ninguna novedad.

Pero luego reduce gradualmente la intensidad del rayo láser hasta casi cero. Al final no se obtiene un frente de onda, sino un único fotón que atraviesa las dos rendijas. Pero ¿cómo puede un solo fotón pasar simultáneamente por ambos agujeros?

En la interpretación habitual de Copenhague, antes de medir la partícula de luz, esta existe realmente como la suma de dos ondas, una para cada agujero. Aislar un solo fotón no tiene sentido hasta que se mide. Una vez medido, se sabe por qué agujero ha pasado.

A Everett no le gustaba esta idea, porque implicaba que nunca se podría responder a esta pregunta: ¿por qué agujero entró el fotón antes de que lo midiéramos? Apliquemos esto a los electrones. En la teoría de los muchos mundos, el electrón es una partícula puntual que pasó por un solo agujero, pero había un electrón gemelo en un universo paralelo que atravesó el otro agujero. Estos dos electrones, en dos universos diferentes, interactuaron entre sí a través del entrelazamiento para alterar la trayectoria de la partícula y crear el patrón de interferencia.

En conclusión, un solo fotón puede pasar solo por una rendija y, aun así, crear un patrón de interferencia, ya que tiene la capacidad de interactuar con su homólogo, que se mueve en un universo paralelo.

(Sorprendentemente, los físicos aún discuten sobre diversas interpretaciones del «colapso» de la función de onda. Pero hoy en día no solo los físicos, sino también los escolares, están enamorados de esta idea, porque muchos de sus superhéroes de cómic favoritos viven en el multiverso. Cuando alguno de ellos se encuentra en un aprieto, a veces su homólogo en un universo paralelo acude al rescate. Así que la física cuántica se ha convertido en un tema candente incluso para los niños).

RESUMEN DE LA TEORÍA CUÁNTICA

Recapitulemos ahora todas las extrañas características de la teoría cuántica que hacen posibles los ordenadores cuánticos.

1. *Superposición.* Antes de observar un objeto, este existe en muchos estados posibles. Así, un electrón puede estar en dos ubicaciones al mismo tiempo. Esto aumenta enormemente la potencia de un ordenador, ya que se dispone de más estados con los que calcular.

2. *Entrelazamiento.* Cuando dos partículas son coherentes y se separan, aún pueden influirse mutuamente. Esta interacción se produce al instante, lo cual permite que los átomos se comuniquen entre sí, incluso cuando se separan. Esto significa que la potencia de los ordenadores crece exponencialmente a medida que se añaden más y más cúbits que pueden interactuar entre sí, mucho más rápido que en los ordenadores ordinarios.

3. *Suma de caminos.* Cuando una partícula se mueve entre dos puntos, suma todas las trayectorias posibles que los conectan. El camino más probable es el clásico, no cuántico, pero todos los demás también contribuyen a la trayectoria cuántica final de la partícula. Esto significa que incluso los caminos extremadamente improbables pueden llegar a ser reales. Quizá las trayectorias de las moléculas que crearon la vida se dieran gracias a este efecto, posibilitando así la existencia.

4. *Efecto túnel.* Ante una gran barrera energética, normalmente una partícula no consigue atravesarla. Sin embargo, en mecánica cuántica, existe la pequeña pero finita probabilidad de hacer un «túnel» y penetrar la barrera. Esta podría ser la razón por la que las complejas reacciones químicas de la vida son posibles a temperatura ambiente, incluso sin grandes cantidades de energía.

Onda electrónica

Figura 7: efecto túnel
Por lo general, una persona no puede atravesar una pared de ladrillo. Pero en mecánica cuántica existe la pequeña pero finita probabilidad de hacer un «túnel» a través de ella. En el mundo subatómico, el efecto túnel es habitual, y explicaría cómo se producen las extrañas reacciones químicas que hacen posible la vida.

EL AVANCE DE SHOR

Hasta la década de 1990, los ordenadores cuánticos eran, en gran medida, un juguete para teóricos. Existían en las mentes de un pequeño pero brillante núcleo de científicos, verdaderos creyentes y académicos.

Pero el trabajo de Peter Shor en AT&T, a principios de la década de 1990, lo cambió todo. Lejos de ser una nota a pie de página de la que se hablara casualmente en la máquina de café, los ordenadores cuánticos pasaron de pronto a estar a la orden del día de los principales gobiernos de todo el mundo. A los analistas de seguridad, que apenas necesitan conocimientos de física, se les pedía ahora que descifraran los misterios de la teoría cuántica.

Cualquiera que vea una película de James Bond sabe que el mundo, con tantos intereses nacionales enfrentados e incluso hostiles, está lleno de espías y códigos secretos. Puede que sea una exageración de Hollywood, pero las joyas de la corona de las agencias de seguridad son los cifrados que utilizan para proteger los secretos nacionales más valiosos. Recordemos que el éxito de Turing al descifrar el código nazi de Enigma fue un punto de inflexión histórico, que ayudó a acortar la duración de la guerra y alteró el curso de la historia de la humanidad.

Hasta entonces, los trabajos sobre ordenadores cuánticos eran muy especulativos y estaban reservados a los ingenieros eléctricos más esotéricos. Pero Shor demostró que es posible que un ordenador cuántico descifre cualquier código digital actualmente en uso, poniendo así en peligro la economía mundial, que exige un secretismo absoluto a la hora de enviar miles de millones de dólares por internet.

El principal código para transmisiones secretas se denomina estándar RSA y se basa en la descomposición en factores de un número muy grande. Por ejemplo, partimos de dos números de cien cifras cada uno. Si multiplicamos uno por el otro, obtendremos un número de unas doscientas cifras. Estas operaciones son tarea fácil.

Pero, si alguien le diera este número de doscientos dígitos para empezar y le pidiera que lo descompusiera (que encontrara los dos números que hay que multiplicar entre sí para formarlo), un ordenador digital tardaría siglos o más en hacerlo. Esto se denomina «función unidireccional». En un sentido, al multiplicar dos números, la función unidireccional es trivial. Pero, en el otro sentido, es muy difícil. Tanto los ordenadores clásicos como los cuánticos pueden descomponer un número grande. De hecho, estos últimos tienen, en principio, la capacidad de llevar a cabo cualquier cálculo que sea posible ejecutar en un ordenador cuántico, y viceversa, pero, si los datos son demasiado complejos, pueden saturar a los ordenadores clásicos.

La ventaja clave de un ordenador cuántico es el tiempo. Aunque tanto los sistemas clásicos como los cuánticos realizan ciertas tareas, el tiempo que tardan los primeros en resolver un problema difícil puede hacerlo totalmente inútil.

Así, el tiempo que tarda un ordenador clásico en descomponer en factores un número grande es prohibitivamente prolongado, lo que lo hace poco práctico para descifrar nuestros secretos. En cambio, un ordenador cuántico es capaz de descifrar el código tras un tiempo determinado, que sigue siendo extenso, pero quizá lo bastante corto como para resultar práctico.

Así, cuando los piratas informáticos intenten entrar en su ordenador, este les pedirá que factoricen un número, quizá de doscientos dígitos. Dado el tiempo que lleva este proceso, puede que se den por vencidos. Pero, si quiere que su destinatario lea la transmisión, lo único que tiene que hacer es darle de antemano los dos números más pequeños. De este modo podrá desbloquear fácilmente el programa informático que protege el mensaje.

El algoritmo RSA parece seguro por ahora, pero quizá en el futuro sea posible utilizar ordenadores cuánticos para descomponer en factores este número de doscientos dígitos.

Para ver cómo funciona, examinemos el algoritmo de Shor. A lo largo de los siglos, los matemáticos han ideado algoritmos para descomponer un número en sus factores primos, es decir, números cuyos factores son solo la unidad y ellos mismos. Por ejemplo, $16 = 2 \times 2 \times 2 \times 2$, ya que 2 solo puede dividirse por sí mismo y por 1.

El algoritmo de Shor comienza con estas técnicas estándar, conocidas por los matemáticos clásicos para descomponer un número arbitrario. Luego, hacia el final del proceso, realiza lo que se denomina una «transformada de Fourier». Esto implica sumar un factor complejo, por lo que el cálculo procede normalmente. Pero, en el caso cuántico, tenemos que sumar muchísimos más estados, así que, en su lugar, tenemos que realizar una transformada cuántica de Fourier. El resultado final muestra que el cálculo puede hacerse en un tiempo récord porque tenemos muchos más estados con los que trabajar.

En otras palabras, tanto un ordenador clásico como un ordenador cuántico descomponen en factores de forma muy parecida, salvo que el segundo calcula muchos estados simultáneamente, lo que acelera muchísimo el proceso.

Sea N el número que queremos descomponer en factores. Para un ordenador digital ordinario, el tiempo que se tarda en llevar a cabo este proceso crece exponencialmente, como $t \sim e^{N}$, multiplicado por algunos factores sin importancia. Así que el tiempo de cálculo puede alcanzar en un santiamén alturas astronómicas, comparables con la edad del universo. Esto hace que descomponer en factores un número grande en un ordenador convencional sea posible, pero muy poco práctico.

En cambio, si hacemos el mismo cálculo con un ordenador cuántico, el tiempo de descomposición solo crece como $t \sim N^{n}$, es decir, como un polinomio, porque los ordenadores cuánticos son astronómicamente más rápidos que los digitales.

Derrotar al algoritmo de Shor

Una vez que la comunidad de inteligencia fue plenamente consciente de las implicaciones de este avance, comenzó a tomar medidas para hacerle frente.

En primer lugar, el NIST, que establece las normas técnicas para el Gobierno de Estados Unidos, emitió una declaración sobre los ordenadores cuánticos en la que afirmaba que la amenaza real de estos sistemas está aún a años vista. Pero el momento de empezar a pensar en ellos es aquí y ahora. En el futuro, cuando los ordenadores cuánticos empiecen a descifrar códigos, podría ser demasiado tarde para reorganizar toda una industria en un momento.

A continuación, sugirió una medida sencilla que pueden adoptar las empresas para paliar parcialmente a esta amenaza. La forma más sencilla de hacer frente al algoritmo de Shor no es más que aumentar el número que hay que descomponer en factores. Con el tiempo, es posible que los ordenadores cuánticos sigan siendo capaces de descifrar un código RSA modificado, pero esto retrasará a cualquier pirata informático y quizá haga que sea prohibitivamente caro hacerlo.

Pero la forma más directa de abordar este problema es idear funciones unidireccionales más sofisticadas. El algoritmo RSA es demasiado simple para derrotar a un ordenador cuántico, de manera que el memorándum del NIST mencionaba varios algoritmos nuevos más complejos que el código RSA original. Sin embargo, estas nuevas funciones unidireccionales no son fáciles de implementar, y queda por ver si pueden detener a los ordenadores cuánticos.

El Gobierno instó a empresas y organismos a tomar medidas para prepararse ante este cataclismo digital. En Estados Unidos, el NIST publicó directrices sobre cómo sentar las bases para luchar contra esta nueva amenaza a la seguridad nacional.

Pero, en el peor de los casos, los gobiernos y las grandes instituciones podrían llegar al último recurso, que es utilizar la criptografía cuántica para derrotar a los ordenadores cuánticos, es decir, emplear el poder cuántico contra sí mismo.

INTERNET LÁSER

En el futuro, los mensajes de alto secreto podrán enviarse por un canal de internet independiente, transportados por rayos láser en lugar de por cables eléctricos. Los rayos láser están polarizados, lo que significa que las ondas vibran en un solo plano. Cuando un delincuente intenta intervenir el haz láser, esto cambia su dirección de polarización, lo que un monitor detecta inmediatamente. De este modo, se sabe, por las leyes de la teoría cuántica, que alguien ha intervenido la comunicación.

Por eso, si un delincuente trata de interceptar una transmisión, inevitablemente saltará la alarma. Sin embargo, para transportar los secretos nacionales más importantes se necesitará una internet independiente basada en láseres, lo que sería una solución cara.

Esto podría significar que, en el futuro, la red tuviera dos capas. Algunas organizaciones, como bancos, grandes empresas y gobiernos, podrían pagar un extra por enviar mensajes a través de una internet por láser, cuya seguridad está garantizada, mientras que el resto del mundo utilizaría la versión ordinaria, que no cuenta con esta costosa capa adicional de protección.

Este problema de seguridad también está dando lugar a una nueva tecnología llamada «distribución cuántica de claves» (QKD, por sus siglas en inglés), que transfiere mensajes cifrados mediante cúbits entrelazados, de modo que se puede detectar inmediatamente si alguien está pirateando su red. La empresa japonesa Toshiba ya ha pronosticado que la QKD puede generar unos ingresos de hasta tres mil millones de dólares para finales de esta década.

Así que, por ahora, toca tener paciencia. Muchos esperan que la amenaza se haya exagerado, pero eso no ha impedido que las principales empresas del mundo entero se lancen a una carrera para ver qué tecnología dominará el futuro.

Más allá de la amenaza cibernética, hay mundos completamente nuevos que conquistar con los ordenadores cuánticos, y las empresas están luchando por hacerse con el dominio de esta apasionante tecnología emergente.

El ganador tendrá en sus manos moldear el futuro.

5

Que comience la carrera

Algunos de los nombres más importantes de Silicon Valley están apostando por el caballo ganador en esta carrera. Es demasiado pronto para saber de quién se tratará, pero lo que está en juego es nada menos que el futuro de la economía mundial.

Para entender cómo se perfila la carrera, es importante comprender que hay más de una arquitectura informática que podría funcionar. Recuerde que la máquina de Turing se basa en principios generales, que pueden aplicarse a una amplia gama de tecnologías. Así, es posible construir un ordenador digital a partir de tuberías y válvulas. El ingrediente esencial es un sistema que pueda transportar información digital caracterizada por una serie de 0 y 1, y una forma de procesar esta información.

Del mismo modo, los ordenadores cuánticos también podrían tener una amplia gama de diseños posibles. Básicamente, cualquier sistema que sea capaz de superponer estados de 0 y 1 y entrelazarlos para que procesen esta información puede convertirse en un ordenador cuántico. Los electrones y los iones con espín hacia arriba o hacia abajo podrían servir para esta finalidad, así como también los fotones polarizados, que giran en el sentido de las agujas del reloj o al contrario. Dado que la teoría cuántica rige el comportamiento de toda la materia y la energía del universo, en principio hay miles de formas posibles de construir un ordenador cuántico. En una tarde de ocio, un físico puede imaginar decenas de maneras de representar la superposición de 0 y 1 para crear un sistema completamente nuevo.

¿Qué aspecto tienen los distintos diseños y cuáles son sus respectivas ventajas e inconvenientes? Como hemos visto, empresas y gobiernos están invirtiendo miles de millones en esta tecnología, y el diseño que elijan influirá en quién llegará a dominar esta carrera. De momento, aunque IBM lidera el pelotón con 433 cúbits, la clasificación exacta puede cambiar en cualquier momento como en toda carrera de caballos.

Nombre	Empresa	Cúbits
Osprey	IBM	433
Jiuzhang	China	76
Bristlecone	Google	72
Sycamore	Google	53
Tangle Lake	Intel	49

Al cierre de esta edición, IBM había lanzado el ordenador cuántico Osprey, de 433 cúbits, y en 2023 implementará el Condor, de 1.121 cúbits. Darío Gil, vicepresidente sénior de IBM y director de su sección de investigación, afirmaba: «Creemos que podremos alcanzar una demostración de ventaja cuántica, algo de valor práctico, en los próximos dos años. Ese es nuestro objetivo».[22] De hecho, IBM ha declarado públicamente que su meta es llegar a construir un ordenador cuántico de un millón de cúbits.

Así pues, ¿cómo funciona su diseño, líder en el sector, y qué aspecto tiene la competencia?

1. *Ordenador cuántico superconductor*

En la actualidad, el ordenador cuántico superconductor ha marcado el listón de la potencia de cálculo. Ya en 2019, Google fue el primero en efectuar la salida, al anunciar que había alcanzado la supremacía cuántica con su ordenador superconductor Sycamore.

Sin embargo, IBM le pisaba los talones, y más tarde se adelantó con su procesador cuántico Eagle, que rompió la barrera de los 100 cúbits en 2021, y desde entonces ha desarrollado el procesador Osprey, de 433 cúbits.

Figura 8: ordenador cuántico
Un ordenador cuántico como el que se muestra aquí suele parecerse a una gran lámpara de araña. La mayor parte del complejo hardware que se ve en la imagen consiste en las conducciones y bombas necesarias para enfriar el núcleo hasta casi el cero absoluto. El corazón de un ordenador cuántico, situado hacia la parte inferior de la imagen, puede ser tan pequeño como una moneda de veinte céntimos de euro.

Los ordenadores cuánticos superconductores tienen una gran ventaja: pueden utilizar tecnología ya existente creada por la industria de los ordenadores digitales. Las empresas de Silicon Valley han invertido décadas en dominar el arte de grabar circuitos diminutos en placas de silicio. Dentro de cada chip, se pueden representar los números 0 y 1 mediante la presencia o ausencia de electrones en el circuito.

El ordenador cuántico superconductor también se basa en esta tecnología. Al reducir la temperatura a una fracción de grado por encima del cero absoluto, los circuitos se convierten en cuánticos, es decir, se vuelven coherentes, por lo que la superposición de electrones no se ve perturbada. Entonces, uniendo varios circuitos, estos se pueden entrelazar de modo que los cálculos cuánticos sean posibles.

Pero el inconveniente de este planteamiento es que se necesita un complejo sistema de conductos y bombas para enfriar la máquina. Esto también aumenta el coste de la misma e introduce la posibilidad de nuevas complicaciones y errores. La más mínima vibración o impureza rompería la coherencia de los circuitos. Un estornudo cercano puede echar a perder un experimento.

Los científicos miden esta sensibilidad mediante el denominado «tiempo de coherencia», es decir, el intervalo de tiempo que los átomos permanecen vibrando juntos de forma coherente. En general, cuanto menor es la temperatura, más lento es el movimiento de los átomos en el entorno y mayor es el tiempo de coherencia. Enfriar las máquinas a temperaturas incluso inferiores a las del espacio exterior maximiza el tiempo de coherencia.

Sin embargo, es imposible alcanzar el cero absoluto, por lo que resulta inevitable que se introduzcan errores en los cálculos. Mientras que un ordenador digital corriente no tiene que preocuparse por esto, es un gran quebradero de cabeza para el sistema cuántico. E implica que no se pueda confiar plenamente en los resultados, lo cual sería un grave problema si están en juego transacciones de miles de millones de dólares.

Una solución a este atolladero consiste en reforzar cada cúbit con un conjunto de cúbits, lo que crea redundancia y reduce los errores del sistema. Por ejemplo, supongamos que un ordenador cuántico realiza un cálculo con tres cúbits reforzando cada cúbit, y produce la serie 101; como no todos los valores coinciden, lo más probable es que el dígito central esté equivocado y deba sustituirse por un 1. La redundancia puede reducir los errores en el resultado final, pero a costa de aumentar enormemente el número de cúbits del sistema.

Se ha sugerido que quizá sean necesarios mil cúbits para reforzar uno solo, de modo que toda esta colección pueda corregir los errores que se introducen en el cálculo. Pero esto significa que, para un ordenador cuántico de mil cúbits, se necesitan un millón de cúbits. Se trata de una cifra enorme que llevará la tecnología al límite, pero Google calcula que se podría lograr un procesador de un millón de cúbits en diez años.

2. *Ordenador cuántico con trampa de iones*

Otro contendiente es el ordenador cuántico con trampa iónica. Cuando se toma un átomo eléctricamente neutro y se le quitan algunos electrones, se obtiene un ion cargado positivamente. Este se puede suspender en una trampa formada por una serie de campos eléctricos y magnéticos, y cuando se introducen varios iones estos vibran como cúbits coherentes. Por ejemplo, si el electrón tiene espín hacia arriba, el estado es un 0. Si el espín es hacia abajo, es un 1. Así, el resultado debido a los extraños efectos del mundo cuántico es una mezcla superpuesta de dos estados.

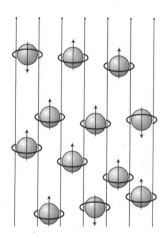

Figura 9: ordenador cuántico de iones
Los átomos pueden girar como una peonza y quedar alineados por un campo magnético. Si alguno tiene espín hacia arriba, puede representar el número 0. Si tiene espín hacia abajo, puede ser un 1. Pero los átomos también pueden existir en una superposición de estos dos estados. Para hacer un cálculo, se hace incidir en estos átomos un láser, que invertirá los espines e intercambiará los 0 y los 1, realizando así el cálculo.

Entonces, se puede hacer incidir rayos láser o haces de microondas en estos iones para voltearlos y hacer que cambien de estado. Así, estos rayos actúan como un procesador al convertir una configuración de átomos en otra, igual que la CPU de un ordenador digital cambia el estado de los transistores entre encendido y apagado.

Así que esta es, quizá, la forma más transparente de ver cómo surge un ordenador cuántico a partir de un conjunto de electrones aleatorios. Honeywell es uno de los principales defensores de este modelo.

En un ordenador cuántico con trampa de iones, los átomos se mantienen en un estado cercano al de vacío, suspendidos en una compleja matriz de campos eléctricos y magnéticos capaces de absorber movimientos aleatorios. Por tanto, el tiempo de coherencia puede ser mucho mayor que en un ordenador cuántico superconductor, y el ordenador de iones funciona a temperaturas más altas que sus rivales. Pero existe el problema del escalado, es decir, cuando se intenta aumentar el número de cúbits. Se trata de un proceso bastante difícil, ya que hay que reajustar continuamente los campos eléctrico y magnético para mantener la coherencia, lo cual resulta complejo.

3. *Ordenadores cuánticos fotónicos*

Poco después de que Google afirmara haber alcanzado la supremacía cuántica, China anunció que había superado una barrera aún mayor al realizar en doscientos segundos un cálculo que a un ordenador digital le llevaría quinientos millones de años.

Según recuerda el físico cuántico Fabio Sciarrino, de la Universidad Sapienza de Roma, cuando se enteró de la noticia: «Mi primera impresión fue: ¡Guau!».[23] El ordenador cuántico chino, en lugar de calcular con electrones, lo hace con rayos de luz láser.

El ordenador cuántico fotónico aprovecha la capacidad de la luz de vibrar en distintas direcciones, es decir, en estados polarizados. Por ejemplo, un haz puede vibrar verticalmente hacia arriba y hacia abajo, o quizá lateralmente, a izquierda y derecha (algo de lo que se beneficia cualquiera que compre gafas de sol con cristales polarizados, que disminuyen el resplandor de la luz solar en la playa. Por ejemplo, estas lentes pueden tener una serie de surcos paralelos en dirección vertical, que bloquean los rayos solares que vibran en dirección horizontal). Así, es posible representar los números 0 o 1 mediante la luz polarizada o que vibra en diferentes direcciones.

El ordenador cuántico fotónico comienza disparando un rayo láser contra un divisor de haces, que no es más que un trozo de cristal finamente pulido, en un ángulo de cuarenta y cinco grados. Al chocar con él, el rayo láser se divide en dos: la mitad sigue hacia delante y la otra mitad se refleja lateralmente. Lo importante es que los dos haces son coherentes y vibran al unísono.

A continuación, los dos haces coherentes chocarán con dos espejos pulidos, que los reflejan de vuelta a un punto común, donde ambos fotones se entrelazan entre sí. De este modo, podemos crear un cúbit. El haz resultante es una superposición de dos fotones entrelazados. Imaginemos ahora una mesa compuesta por cientos de divisores de haces y espejos, que entrelazan una serie de fotones coherentes. Esta es la forma en que el ordenador cuántico óptico es capaz de realizar sus milagrosas proezas. El ordenador fotónico chino logró calcular con setenta y seis fotones entrelazados moviéndose por cien canales.

Pero los ordenadores fotónicos tienen un grave inconveniente: son una desgarbada colección de espejos y divisores de haces que pueden llenar fácilmente un gran espacio. Para cada problema, hay que reorganizar el complejo conjunto de componentes en una posición diferente. No es una máquina multiuso que se pueda programar para realizar cálculos instantáneos. Después de cada uso, hay que desmontarla y reorganizar los componentes con precisión, lo cual lleva mucho tiempo. Además, los fotones no interactúan fácilmente con otros fotones, por lo que es difícil crear cúbits cada vez más complejos.

Sin embargo, utilizar fotones en lugar de electrones para un ordenador cuántico tiene diversas ventajas. Mientras que los electrones reaccionan intensamente con la materia ordinaria porque tienen carga (y, por tanto, las perturbaciones del entorno pueden ser bastante grandes), los fotones no la tienen, de modo que los afecta mucho menos el ruido del entorno. De hecho, los haces de luz pueden atravesar otros haces de luz sin apenas perturbaciones. Además, los fotones son mucho más rápidos que los electrones: viajan a una velocidad diez veces superior a la de las señales eléctricas.

Pero la gran ventaja del ordenador fotónico, que quizá compense otros factores, es que puede funcionar a temperatura ambiente. No se necesitan costosas bombas ni tuberías para reducir la temperatura hasta casi el cero absoluto, lo que suele suponer un rápido incremento del coste.

Como los ordenadores fotónicos funcionan a temperatura ambiente, su tiempo de coherencia es bastante corto. Pero esto se compensa con el hecho de que los haces láser pueden tener una alta energía, por lo que los cálculos se realizan con mucha más rapidez que el tiempo de coherencia, de modo que las moléculas del entorno parecen moverse a cámara lenta. Esto reduce la cantidad de errores creados por interacciones con el entorno. A largo plazo, las ventajas de una menor tasa de errores y una reducción de coste superarían a las de otros diseños.

Más recientemente, una empresa canadiense llamada Xanadu ha presentado su ordenador cuántico fotónico, que tiene una clara ventaja. Se basa en un minúsculo chip (no en una mesa cargada de hardware óptico) que manipula láseres infrarrojos a través de un laberinto microscópico de divisores de haces. A diferencia del diseño chino, el chip de Xanadu es programable y su ordenador está disponible en internet. Sin embargo, solo tiene ocho cúbits y sigue necesitando sistemas de congelación para superconductores. Pero, como dice Zachary Vernon, de Xanadu: «Durante mucho tiempo, la óptica fue considerada una perdedora en la carrera de la computación cuántica. [...] Con estos resultados [...] cada vez está más claro que no solo no es una perdedora, sino que, de hecho, es uno de los principales contendientes».[24] El tiempo lo dirá.

4. Ordenadores fotónicos de silicio

Recientemente, una nueva compañía se ha incorporado a la carrera y ha provocado una considerable controversia. PsiQuantum, una empresa emergente recién aterrizada, convenció a los inversores de su diseño de ordenador fotónico de silicio y asombró a Wall Street con una increíble valoración de tres mil cien millones de dólares. Y lo logró sin haber presentado prototipo o proyecto alguno que demostrara que realmente funciona.

La gran ventaja de los ordenadores fotónicos de silicio sería que utilizarían los métodos probados y perfeccionados por la industria de los semiconductores. De hecho, PsiQuantum está asociada con GlobalFoundries, uno de los tres fabricantes de chips más avanzados del mundo. Esta asociación con una empresa de alta tecnología consolidada dio a esta joven compañía un reconocimiento inmediato en Wall Street.

Una de las razones por las que PsiQuantum ha suscitado tanta atención mediática es porque ha presentado el plan de futuro más ambicioso hasta la fecha. Afirman que, a mediados de este siglo, crearán un ordenador óptico de silicio con un millón de cúbits que permitirá aplicaciones prácticas. Consideran demasiado conservadores a sus competidores, que se han centrado en ordenadores cuánticos de unos cien cúbits, porque se concentran en avances pequeños y graduales. PsiQuantum espera dar saltos de gigante hacia el futuro, superando así a sus rivales, más cautos y tímidos.

Una de las claves de su programa es la naturaleza dual del silicio. Este no solo puede utilizarse para fabricar transistores y, por tanto, controlar el flujo de electrones, sino también para transmitir luz, ya que es transparente a ciertas frecuencias de la radiación infrarroja. Esta dualidad es crucial para entrelazar fotones.

Un gran argumento de venta es que pueden resolver el problema de la corrección de errores. Dado que estos se cuelan en cualquier cálculo debido a las interacciones con el entorno, es necesario incorporar redundancia al sistema mediante la creación de cúbits de refuerzo. Con un millón de ellos, en PsiQuantum creen que pueden empezar a controlar estos errores, de modo que se puedan realizar cálculos reales en el ordenador.

5. *Ordenadores cuánticos topológicos*

El enigma en esta carrera es el diseño de Microsoft, que utiliza procesadores topológicos.

Como hemos visto, uno de los principales problemas a los que se enfrentan varios de los diseños anteriores es que la temperatura debe mantenerse cercana al cero absoluto. Pero, según la teoría cuántica, aparte de las trampas de iones y los sistemas fotónicos, hay otra forma de crear un ordenador cuántico. Un sistema puede permanecer estable a temperatura ambiente si mantiene algunas propiedades topológicas especiales que siempre se conservan. Piense en un trozo de cuerda circular con un nudo. Si no es posible cortar el cabo, por mucho que se intente, no habrá manera de deshacer el nudo. La topología de la cuerda (la forma, en este caso el nudo) no puede cambiarse con manipulación alguna que no sea cortarla. Del mismo modo, los físicos han tratado de encontrar sistemas físicos que conserven la topología del sistema sea cual sea la temperatura. De hallarlos, se reduciría enormemente el coste y aumentaría la estabilidad de un ordenador cuántico. Con un sistema así, se podrían crear cúbits coherentes a partir de estas configuraciones topológicas.

En 2018, físicos de la Universidad Tecnológica de Delft, en los Países Bajos, anunciaron que habían descubierto un material con estas propiedades, los nanohilos de antimoniuro de indio. Este material surgió de una compleja serie de interacciones entre muchas sustancias constituyentes, por lo que era «emergente». Se le llamó «cuasipartícula de modo cero de Majorana». Los medios de comunicación lo promocionaron como un material mágico, estable incluso a temperatura ambiente. Microsoft incluso abrió generosamente su talonario de cheques y empezó a crear un nuevo laboratorio cuántico en el campus.

Justo cuando parecía que se había producido un avance de la máxima magnitud, otro grupo anunció que no había podido duplicar el resultado. Tras un examen minucioso, el grupo de Delft comunicó que quizá se habían precipitado al interpretar sus resultados y se retractaron de su artículo.

Es tanto lo que está en juego que incluso los físicos empiezan a creerse sus propios comunicados de prensa. Sin embargo, se siguen estudiando otros objetos topológicos, como los anyones, por lo que este enfoque aún se considera viable.

6. *Ordenadores cuánticos D-Wave*

En la actualidad existe un último tipo de computación cuántica, llamado «recocido cuántico», en el que trabaja la empresa D-Wave, con sede en Canadá. Aunque no utiliza toda la potencia de los ordenadores cuánticos, la compañía afirma que puede producir máquinas que alcanzan los cinco mil seiscientos cúbits, un número muy superior al de otros diseños rivales, y tiene intención de ofrecer ordenadores con más de siete mil cúbits en unos años. Hasta ahora, varias empresas de alto nivel han adquirido ordenadores D-Wave, que se venden en el mercado libre por entre diez y quince millones de dólares. Entre ellas figuran Lockheed Martin, Volkswagen, la japonesa NEC, el Laboratorio Nacional de Los Álamos y la NASA. Al parecer, los ordenadores cuánticos D-Wave destacan en un aspecto concreto: la optimización. Las empresas interesadas en optimizar ciertos parámetros de su negocio (como reducir los residuos, maximizar la eficiencia o aumentar los beneficios) han invertido en esta tecnología. Los ordenadores D-Wave optimizan datos utilizando campos magnéticos y eléctricos para manipular las corrientes que fluyen en hilos superconductores, hasta que alcanzan el estado de energía más bajo.

En resumen, hay una intensa competencia entre empresas e incluso entre gobiernos para obtener una ventaja en esta nueva tecnología. El ritmo de avance en este campo ha sido asombroso. Todas las grandes empresas informáticas tienen su propio programa de ordenadores cuánticos. Los prototipos ya están demostrando su valía e incluso se venden en el mercado.

Pero el próximo gran desafío es que los ordenadores cuánticos resuelvan problemas prácticos del mundo real que puedan alterar la trayectoria de sectores enteros. Hay científicos e ingenieros centrados en problemas que van mucho más allá del alcance de los ordenadores digitales. El objetivo es aplicar los sistemas cuánticos a resolver los mayores problemas de la ciencia y la tecnología.

Uno de los puntos centrales de investigación es descubrir la mecánica cuántica que subyace al origen de la vida, lo que ayudará a desvelar el misterio de la fotosíntesis, alimentar al planeta, proporcionar energía a la sociedad y tratar enfermedades incurables.

Segunda parte

Ordenadores cuánticos y sociedad

6

El origen de la vida

Cada cultura tiene su preciada mitología sobre el inicio de la vida. Las personas nos hemos preguntado a menudo qué podría explicar la espléndida riqueza y diversidad de la Tierra. En la Biblia, por ejemplo, Dios creó los cielos y la tierra en seis días. Hizo al hombre a su imagen a partir del polvo, y luego le insufló vida. Creó todas las plantas y animales para que los gobernásemos.

En la mitología griega, al principio solo existían el informe Caos y el vacío. Pero de esta ingente nada nacieron deidades como Gea, diosa de la tierra; Eros, dios del amor, y Éter, dios de la luz. De la unión de Gea y Urano, el dios del cielo nocturno, nacieron las criaturas que poblaron la tierra.

El origen de la vida es quizá uno de los mayores misterios de todos los tiempos. Esta cuestión ha dominado los debates religiosos, filosóficos y científicos más que ninguna otra. A lo largo de la historia, muchos de los pensadores más profundos pensaban que existía una misteriosa «fuerza vital» que podía animar lo inanimado. Muchos científicos, de hecho, creían en algo llamado «generación espontánea», que la vida podía surgir mágicamente por sí misma de la materia inanimada.

En el siglo XIX, los científicos fueron capaces de reconstruir muchas de las claves sobre el origen de la vida. Los minuciosos experimentos de Louis Pasteur, entre otros, demostraron que esta no se podía generar de forma espontánea, como se solía creer. El francés probó que hirviendo agua se podía crear un ambiente estéril que impedía el desarrollo espontáneo de organismos.

Aún hoy existen ·muchas lagunas en nuestra comprensión de cómo se originó la vida en la Tierra, hace casi cuatro mil millones de años. De hecho, los ordenadores digitales no sirven para analizar los procesos biológicos y químicos fundamentales a nivel atómico que podrían arrojar luz sobre este problema. Incluso el proceso molecular más sencillo desbordaría rápidamente la capacidad de dichos sistemas. Sin embargo, la mecánica cuántica puede ayudar a explicar muchas de estas lagunas y desentrañar los misterios de la vida. Los ordenadores cuánticos son ideales para este problema y están empezando a desvelar algunos de los secretos más profundos de la vida a nivel molecular.

DOS INNOVACIONES

En la década de 1950 se produjeron dos avances monumentales que han marcado la pauta de posteriores investigaciones sobre el origen de la vida. El primero tuvo lugar en 1952, cuando un estudiante de posgrado, Stanley Miller, que trabajaba con Harold Urey en la Universidad de Chicago, realizó un experimento sencillo. Comenzó con un matraz con agua al que añadió una mezcla tóxica de sustancias químicas (metano, amoniaco, agua e hidrógeno, entre otras) que, en su opinión, imitaba la severa atmósfera de la Tierra primitiva. Para incorporar energía al sistema (tal vez imitando los rayos o la radiación ultravioleta del Sol), le propinó una pequeña chispa eléctrica. Después se alejó del experimento durante una semana.

Cuando regresó, encontró un líquido rojo en el interior del matraz. Tras examinarlo detenidamente, se dio cuenta de que la coloración estaba causada por aminoácidos, que son los constituyentes básicos de las proteínas de nuestro cuerpo. En otras palabras, los ingredientes básicos de la vida se formaron sin injerencia externa alguna.

Desde entonces, este sencillo experimento se ha repetido y modificado cientos de veces, lo que ha proporcionado a los científicos una visión reveladora de las antiguas reacciones químicas que podrían haber dado origen a la vida. Cabe imaginar, por ejemplo, que las toxinas que se encuentran en las fuentes hidrotermales del fondo de los océanos habrían proporcionado los elementos básicos necesarios para crear las primeras sustancias químicas de la vida, y que estos respiraderos volcánicos podrían haber suministrado después la energía para convertir esas sustancias en los aminoácidos necesarios para la vida. De hecho, algunas de las células más primitivas de la Tierra se encuentran cerca de estos respiraderos volcánicos submarinos.

Hoy sabemos lo fácil que es crear los componentes básicos de la vida. Se han encontrado aminoácidos en lejanas nubes de gas a muchos años luz de distancia, o en el interior de meteoritos procedentes del espacio exterior. Los aminoácidos, basados en el carbono, pueden formar las semillas de la vida en todo el universo. Y todo ello gracias a las sencillas propiedades de enlace del hidrógeno, el carbono y el oxígeno, tal y como predice la ecuación de Schrödinger.

Así, debería ser posible aplicar la mecánica cuántica para hallar, paso a paso, los procesos a nivel atómico que originaron la vida en la Tierra. La teoría cuántica elemental nos ayuda a entender por qué el experimento de Miller tuvo tanto éxito, y puede señalar el camino hacia descubrimientos más sustanciales en el futuro.

En primer lugar, utilizando la mecánica cuántica se puede calcular la energía necesaria para romper los enlaces químicos del metano, el amoniaco, etc., y crear así aminoácidos. Las ecuaciones de la misma evidencian que la energía de una chispa eléctrica como la del experimento de Miller basta para lograrlo. Además, nos muestra que, si la energía de activación necesaria para romper estos enlaces químicos fuera, de alguna manera, mucho mayor, entonces la vida nunca habría surgido.

En segundo lugar, vemos que el carbono tiene seis electrones. Dos se sitúan en el orbital de primer nivel y los cuatro restantes se sitúan individualmente en los cuatro espacios de los orbitales de segundo nivel. Esto deja espacio para cuatro enlaces químicos. Un elemento con cuatro enlaces es raro en la tabla periódica. Pero las normas de la mecánica cuántica permiten que esta estructura cree largas y complejas cadenas de carbono, oxígeno e hidrógeno, dando lugar así a los aminoácidos.

En tercer lugar, estas reacciones químicas tienen lugar en el agua, H_2O, que actúa como un crisol donde las diferentes moléculas se encuentran y forman sustancias químicas más complejas. Según la mecánica cuántica, la molécula de agua tiene forma de L y se puede calcular que los dos átomos de hidrógeno forman entre sí un ángulo de 104,5 grados. Esto significa, a su vez, que la molécula de agua tiene una carga eléctrica neta distribuida de manera desigual a su alrededor. Esta carga basta para romper los enlaces débiles de otras sustancias químicas, por lo que el agua puede disolver muchas de ellas.

Así, vemos que la mecánica cuántica básica puede crear las condiciones para la vida. Pero la siguiente pregunta es: ¿podemos ir más allá del experimento de Miller y ver si la teoría cuántica puede crear ADN? Y, aún más allá, ¿pueden aplicarse los ordenadores cuánticos al genoma humano para descifrar los secretos de la enfermedad y el envejecimiento?

¿QUÉ ES LA VIDA?

El segundo avance procedió directamente de la mecánica cuántica. En 1944, Erwin Schrödinger, ya famoso por su ecuación de onda, escribió un libro fundamental, *¿Qué es la vida?* En él hacía la asombrosa afirmación de que la vida era un subproducto de la mecánica cuántica y que su esquema estaba codificado en una molécula desconocida. En una época en que muchos científicos seguían creyendo que una misteriosa fuerza vital animaba toda la materia viva, afirmó que la vida podía explicarse aplicando la física cuántica. Al examinar las soluciones de su ecuación de onda, conjeturó que la vida podía surgir de la pura matemática, en forma de un código transmitido a través de esta molécula misteriosa.

Era una idea escandalosa. Pero dos jóvenes científicos, el físico Francis Crick y el biólogo James Watson, lo vieron como un reto. Si la base de la vida podía hallarse en una molécula, su misión sería encontrarla y demostrar que contenía el código de la vida.

«Desde el momento en que leí *¿Qué es la vida?*, de Schrödinger, me orienté hacia la búsqueda del secreto del genoma», recordaba Watson.[25]

Su razonamiento era que la molécula de la vida, tal como la imaginaba Schrödinger, debía estar oculta en el material genético del núcleo de la célula, gran parte del cual está compuesto por una sustancia química llamada ADN. Pero las moléculas orgánicas como la del ADN son tan diminutas (incluso más pequeñas que la longitud de onda de la luz visible) que resultan invisibles, por lo que parecía una tarea titánica. Optaron por un método indirecto, utilizando el proceso de la cristalografía de rayos X, basado en la teoría cuántica, para encontrar esta mítica molécula.

Los rayos X, a diferencia de la luz visible, pueden tener una longitud de onda tan pequeña como un átomo. Si se disparan a través de un cristal formado por billones y billones de moléculas dispuestas en un entramado, los rayos X dispersados dan lugar a un patrón de interferencia característico, que se puede fotografiar. Tras un examen meticuloso, un físico cualificado puede estudiar las placas fotográficas para determinar qué patrón cristalizado creó estas imágenes.

Al observar las fotografías de rayos X del ADN tomadas por Rosalind Franklin, Crick y Watson identificaron un patrón que debía estar creado por una doble hélice. Sabiendo que la estructura general del ADN era una doble hélice, como dos escaleras que se enrollan una alrededor de la otra, pudieron reconstruirla por entero, átomo por átomo.

La mecánica cuántica les proporcionó los ángulos formados por los enlaces que contienen átomos de carbono, hidrógeno y oxígeno. Así, como niños que construyen con un juego de Lego, fueron capaces de reproducir la estructura atómica completa del ADN y de explicar cómo es capaz de hacer copias de sí mismo y proporcionar las instrucciones para todo el desarrollo biológico.

Esto, a su vez, ha alterado la naturaleza misma de la biología y la medicina. En el siglo anterior, Charles Darwin había sido capaz de esbozar el árbol de la vida, cuyas ramas representaban la rica diversidad de formas. Este, si bien enorme, lo puso en movimiento una sola molécula. Y, tal y como lo concibió Schrödinger, todo esto puede deducirse como consecuencia de las matemáticas.

Cuando desentrañaron la molécula de ADN, descubrieron que estaba formada por cuatro grupos de átomos, llamados «ácidos nucleicos». Estos, denominados A, C, T y G, están dispuestos en una secuencia lineal de dos largas líneas paralelas, que luego se entrelazan como una escalera para crear una molécula de ADN. (Un filamento del mismo es invisible, pero, si se desplegara, una única molécula mediría casi dos metros de largo). Cuando llega el momento de la reproducción, los dos filamentos de ADN se desenrollan y se separan en dos filamentos de ácidos nucleicos. Entonces, cada uno de ellos actúa como una plantilla, captando otros átomos en el orden correcto para que cada filamento se convierta de nuevo en uno doble. De este modo, la vida puede reproducirse.

Ahora disponíamos de la arquitectura necesaria para crear la molécula de ADN utilizando las matemáticas de la teoría cuántica. Pero determinar su forma básica fue, en cierto modo, la parte fácil. Lo difícil es descifrar los miles de millones de códigos ocultos en la molécula.

Es como si intentara entender la música y por fin aprendiera a sacarle algunas notas al teclado de un piano. Pero esto no lo convertiría en un Mozart. Aprender unas pocas notas no es más que el principio de un largo viaje.

FÍSICA Y BIOTECNOLOGÍA

Una de las personas que encabezó este esfuerzo por secuenciar todos nuestros genes fue el bioquímico de Harvard y premio Nobel Walter Gilbert. Cuando lo entrevisté, me confesó que este campo no entraba en sus planes originales. De hecho, empezó a trabajar en Harvard como profesor de Física, estudiando el comportamiento de las partículas subatómicas creadas en potentes aceleradores. Trabajar en biología no se le había pasado por la cabeza.

Pero empezó a cambiar su forma de pensar. En primer lugar, se dio cuenta de lo difícil que sería en Harvard, con tanta competencia, conseguir la titularidad. En el campo de la física de partículas había muchos investigadores brillantes con los que tendría que medirse. Resulta que su mujer trabajaba para James Watson, a quien había conocido en la Universidad de Cambridge, así que se familiarizó con el innovador trabajo que se estaba realizando en el nuevo campo de la biotecnología, que era una explosión de ideas y descubrimientos. Intrigado, acabó dividiendo su tiempo entre las arcanas ecuaciones de las partículas elementales y ensuciarse las manos con la biología.

De manera que hizo la mayor apuesta de su carrera.

Como catedrático de Física, dio un gran salto al pasar de la teoría de las partículas elementales a la biología. Pero la apuesta le salió bien, porque en 1980 ganó el Premio Nobel de Química. Entre otros logros, fue uno de los primeros en desarrollar una técnica rápida para leer la molécula de ADN, gen por gen.

En realidad, su formación en Física lo ayudó. Tradicionalmente, la mayoría de los departamentos de Biología estaban formados por especialistas en un animal o una planta. Algunos se pasaban la vida buscando y dando nombre a especies recién descubiertas. Pero, de repente, los físicos cuánticos hacían grandes avances utilizando cálculo avanzado. Dominar el abstruso lenguaje de la mecánica cuántica le facilitó el descubrimiento que alteró nuestra comprensión de la vida a nivel molecular.

Después ayudó a impulsar el Proyecto Genoma Humano. En 1986, en una conferencia en Cold Spring Harbor (Nueva York), dio una estimación del coste de esta ambiciosa empresa sin precedentes: tres mil millones de dólares. «El público se quedó atónito», recuerda Robert Cook-Deegan, autor de *The Gene Wars*. «Los cálculos de Gilbert provocaron un alboroto». A muchos les pareció una cifra imposiblemente baja. Cuando hizo esa sorprendente predicción, solo se habían secuenciado un puñado de genes. Muchos científicos habían incluso llegado a pensar que el genoma humano estaría para siempre fuera de su alcance.

Pero esa cifra se convirtió en el presupuesto que el Congreso aprobó para el Proyecto Genoma Humano. La tecnología avanzaba tan deprisa que el plan se completó antes de lo previsto y por debajo del presupuesto, algo inaudito en Washington. (Le pregunté cómo había llegado a esa cifra. Hay tres mil millones de pares de bases en nuestro ADN, así que calculó que al final costaría un dólar secuenciar cada uno). Gilbert llegó incluso a predecir que, en el futuro, «podrá ir a una farmacia y obtener su propia secuencia de ADN en un CD, que podrá analizar en casa en su Macintosh [...]. Podrá sacarse un disco del bolsillo y decir: "Aquí hay un ser humano: ¡yo!"».

Una persona que se vio profundamente influida por todo esto es Francis Collins, antiguo director de los Institutos Nacionales de Salud. Es uno de los médicos más influyentes de la medicina actual. Millones de personas le han visto en televisión hablando de los últimos progresos sobre la pandemia de la COVID-19.

Le pregunté a Collins cómo empezó a interesarse por la biología, a pesar de haber estudiado Química. Me confesó que la biología siempre le había parecido «desordenada», con muchos nombres arbitrarios para otros tantos animales y plantas. Pensaba que no había organización alguna. En la química veía orden, disciplina y patrones que podían estudiarse y reproducirse. Así que enseñaba Química física, utilizando la ecuación de Schrödinger para explicar el funcionamiento interno de las moléculas.

Sin embargo, acabó dándose cuenta de que se había equivocado de campo. La química física ya estaba bien establecida, con principios y conceptos conocidos.

Entonces empezó a replantearse la biología. Mientras que aquí los científicos daban extraños nombres griegos a oscuros bichos y otros animales, el campo de la biotecnología estaba a rebosar de nuevas ideas y conceptos. Era un territorio inexplorado y virgen para los recién llegados.

Consultó a otras personas, entre ellas Walter Gilbert, que le contó cómo había hecho el cambio de la física de partículas elementales a la secuenciación del ADN y animó a Collins a hacer lo mismo.

Así que el susodicho se lanzó al abismo y nunca se arrepintió. «Me di cuenta de que era la época dorada», recordaba. «Me preocupaba enseñar Termodinámica a un grupo de estudiantes que odiaban la asignatura, mientras que lo que estaba ocurriendo en biología era como la mecánica cuántica en los años veinte. [...] Estaba alucinado».

Collins no tardó en hacerse un nombre. En 1989 reveló la mutación genética responsable de la fibrosis quística. Descubrió que está causada por la supresión de solo tres pares de bases en el ADN (de ATCTTT a ATT).

Con el tiempo, se convirtió en el principal administrador médico del país. Pero llevó su propio estilo personal a Washington. Iba a trabajar en moto. Y nunca ha abandonado sus creencias religiosas. Incluso escribió un best seller: *¿Cómo habla Dios? La evidencia científica de la fe.*

LAS TRES ETAPAS DE LA BIOTECNOLOGÍA

Gilbert y Collins, en cierto sentido, representan algunas de las etapas en el desarrollo de este campo.

Primera etapa: trazar el genoma

En la primera etapa, Walter Gilbert y el resto de su equipo lograron completar el Proyecto Genoma Humano, una de las proezas científicas más importantes de todos los tiempos. Sin embargo, el catálogo del genoma humano es como un diccionario con veinte mil entradas y ninguna definición. En sí mismo, es un logro monumental, pero también inútil.

Segunda etapa: determinar la función de los genes

En la segunda etapa, Francis Collins y otros trataron de completar las definiciones de dichos genes. Mediante la secuenciación de enfermedades, tejidos, órganos, etc., somos capaces de recopilar tediosamente el funcionamiento de estos genes. Es un proceso penosamente lento, pero, poco a poco, el diccionario se va completando.

Tercera etapa: modificar y mejorar el genoma

Con todo, ahora estamos entrando gradualmente en la tercera etapa, en la que podemos aprovechar este diccionario para convertirnos nosotros mismos en escritores. Esto implica utilizar ordenadores cuánticos para descifrar cómo funcionan estos genes a nivel molecular, de modo que podamos idear nuevas terapias e inventar herramientas para atacar enfermedades incurables. Cuando comprendamos cómo infligen su daño a nivel molecular, podremos utilizar ese conocimiento para desarrollar nuevas técnicas con que neutralizar o curar estas enfermedades.

LA PARADOJA DE LA VIDA

Al intentar averiguar el origen de la vida, seguimos enfrentándonos a una paradoja flagrante. ¿Cómo es posible que acontecimientos químicos aleatorios crearan las exquisitamente complejas moléculas de la vida en tan breve periodo de tiempo?

Los geólogos creen que la Tierra tiene cuatro mil seiscientos millones de años. Durante casi mil millones de años, el planeta fue una masa fundida, demasiado caliente para albergar vida. Debido a los reiterados impactos de meteoritos y a las erupciones volcánicas, los antiguos océanos probablemente hirvieron en diversas ocasiones, por lo que era imposible la vida. Pero hace tres mil ochocientos millones de años la Tierra se fue enfriando lo suficiente como para permitir la formación de océanos. Dado que se cree que el ADN se originó hace unos tres mil setecientos millones de años, esto significa que, en un par de cientos de millones de años, el ADN despegó de repente, con los procesos químicos que le permiten utilizar la energía y reproducirse.

Algunos científicos han admitido considerar esto como imposible. Fred Hoyle, uno de los grandes pioneros de la cosmología, creía que, dada la rapidez con la que parece haber surgido el ADN, simplemente no hubo tiempo suficiente para que se formara la vida en la Tierra, por lo que debió de venir del espacio exterior. Se sabe que las rocas y las nubes de gas del cosmos profundo contienen aminoácidos, por lo que tal vez la vida se originó en otro lugar.

Es lo que se denomina «la teoría de la panspermia» y, recientemente, nuevas pruebas han reavivado el interés por ella. Al examinar el contenido mineral y las diminutas burbujas de aire atrapadas en el interior de los meteoritos, se encuentra una coincidencia exacta con las rocas halladas en Marte por nuestras sondas espaciales. De los sesenta mil meteoritos descubiertos hasta ahora, al menos ciento veinticinco se han identificado de forma concluyente como procedentes de Marte.

Por ejemplo, un meteorito llamado ALH 84001 cayó en el Polo Sur hace trece mil años. Probablemente fue lanzado al espacio por el impacto de un meteoro hace dieciséis millones de años y luego fue a la deriva hasta aterrizar finalmente en la Tierra. El análisis microscópico del interior del meteorito reveló pruebas de ciertas estructuras en forma de gusano. (Aún hoy se debate si son antiguas criaturas multicelulares fosilizadas o un fenómeno natural). Si las rocas pueden viajar de Marte a la Tierra, ¿por qué no el ADN?

Ahora se cree que puede haber decenas de meteoros a la deriva entre Marte, Venus, la Luna y la Tierra, cuyos impactos serían lo bastante grandes como para enviar rocas al espacio que acabaran aterrizando en otro planeta. No se puede descartar que el ADN proceda de otro lugar que no sea la Tierra.

Sin embargo, hay otra explicación para este enigma.

Como hemos visto, según la teoría cuántica, existen diversos mecanismos que pueden acelerar enormemente un proceso químico. El método de la integral de caminos que se ha comentado con anterioridad suma todas las trayectorias posibles en una reacción química, incluso las más improbables. Los caminos prohibidos por las reglas habituales de Newton serían posibles con la mecánica cuántica. Algunos de ellos podrían conducir a la creación de estructuras moleculares complejas.

También sabemos que las enzimas aceleran los procesos químicos. Son capaces de reunir sustancias para que reaccionen rápidamente y, a continuación, reducir el umbral de energía para que puedan atravesar por efecto túnel la barrera energética. Esto significa que pueden producirse incluso reacciones químicas muy improbables. Así, aquellas que aparentemente vulneran la conservación de la energía serían posibles con la teoría cuántica.

En otras palabras, la mecánica cuántica podría ser la razón por la que la vida comenzó tan pronto en el planeta Tierra. Con la llegada de los ordenadores cuánticos, se espera poder resolver muchas de las lagunas de nuestra comprensión de la vida.

QUÍMICA COMPUTACIONAL Y BIOLOGÍA CUÁNTICA

Los vertiginosos avances de los ordenadores cuánticos están dando origen a nuevas ciencias, la química computacional y la biología cuántica. Por fin, esos sistemas están haciendo posible la creación de modelos realistas de moléculas, lo que permite a los científicos ver, átomo por átomo, nanosegundo a nanosegundo, cómo se producen las reacciones químicas.

Piense, por ejemplo, en el uso de recetarios para preparar comidas. Es cómodo limitarse a seguir las instrucciones paso a paso, pero eso no nos da la menor idea de cómo interactúan los sabores y los ingredientes para crear un plato delicioso. Si se desvía del libro de cocina, todo es ensayo y error y conjeturas. Lleva mucho tiempo y a muchos callejones sin salida, pero así es como se hace química hoy en día.

Ahora imagine que puede analizar todos los ingredientes a nivel molecular. En principio, sería posible crear recetas nuevas y deliciosas a partir de principios básicos al saber cómo interactúan las moléculas entre sí. Esta es la esperanza que se alberga con los ordenadores cuánticos: poder comprender la interacción de genes, proteínas y sustancias químicas a nivel molecular.

La investigadora Jeannette M. Garcia, de IBM, afirmaba: «A medida que las moléculas se agrandan, escapan muy rápidamente del ámbito de lo que se puede simular con los ordenadores clásicos».[26]

Garcia ha escrito también que «predecir con total exactitud el comportamiento incluso de moléculas sencillas sobrepasa las capacidades de los ordenadores más potentes. Aquí es donde la computación cuántica ofrece la posibilidad de obtener avances significativos en los próximos años».[27] Señalaba que los ordenadores digitales solo pueden calcular con fiabilidad el comportamiento de un par de electrones. Más allá de eso, el cálculo desborda a cualquier sistema clásico, a menos que se hagan aproximaciones drásticas.

Y añadía: «Los ordenadores cuánticos se encuentran ahora en un punto en el que pueden empezar a simular las energías y las propiedades de moléculas pequeñas, como el hidruro de litio, lo cual ofrece la posibilidad de crear modelos que proporcionarán vías de descubrimiento más claras que las que tenemos ahora».

Linghua Zhu, de Virginia Tech, afirmaba: «Los átomos son cuánticos, el ordenador es cuántico; estamos utilizando lo cuántico para simular lo cuántico. Cuando se emplean métodos clásicos, siempre se usan aproximaciones, pero con un ordenador cuántico es posible saber exactamente cómo interactúa cada átomo con los demás».[28]

Piense, por ejemplo, en un artista que intenta copiar la *Mona Lisa*. Si solo le damos palillos de dientes, el resultado será una burda figura de palo. Las líneas rectas no pueden captar la complejidad de la forma humana. Pero, si se le da al artista una pluma con diferentes colores, entonces se puede crear multitud de formas curvas con que producir una copia razonable de la famosa pintura. En otras palabras, se necesitan líneas curvas para simular líneas curvas. Del mismo modo, solo un ordenador cuántico puede captar la complejidad de los sistemas cuánticos, como las sustancias químicas y los componentes básicos de la vida.

Para ver cómo funciona esto, volvamos a la ecuación de onda de Schrödinger, mencionada en el capítulo tres. Recordemos que introdujimos una cantidad llamada H (el hamiltoniano), que representa la energía total del sistema estudiado. Esto quiere decir que, para moléculas grandes, esa cantidad consiste en la suma de un gran número de términos, tales como:

- La energía cinética de cada electrón y núcleo
- La energía electrostática de cada partícula
- La interacción entre todas las partículas
- Los efectos del espín

Si estudiamos el sistema más simple posible (el átomo de hidrógeno, con solo un electrón y un protón), esto puede resolverse exactamente en el primer año de cualquier carrera en Física. La derivación requiere poco más que cálculo de tercer curso. Aun así, para un sistema tan simple, obtenemos una auténtica profusión de resultados, como el conjunto completo de niveles de energía del átomo de hidrógeno.

Pero con solo dos electrones, que sería el átomo de helio, las cosas se complican enseguida, ya que ahora tenemos interacciones complejas entre ambas partículas. Con tres electrones o más, la situación se descontrola rápidamente para los ordenadores digitales. Por tanto, hay que hacer un gran número de aproximaciones para obtener resultados con la suficiente precisión. Los ordenadores cuánticos pueden ser útiles en este caso.

Por ejemplo, en 2020 se anunció que el ordenador Sycamore, de Google, estableció un récord: fue capaz de simular con precisión una cadena de doce átomos de hidrógeno utilizando doce cúbits.

«Estamos entusiasmados por el resultado, porque duplica con creces el número de cúbits y de electrones de cualquier simulación anterior en química cuántica, y con el mismo nivel de precisión», afirmó Ryan Babbush, que formaba parte del equipo que estableció el récord.[29]

El ordenador cuántico también fue capaz de simular una reacción química entre el hidrógeno y el nitrógeno, incluso si se cambiaba la posición de uno de los átomos del primero. Babbush añadió: «Esto demuestra que, de hecho, este dispositivo es un ordenador cuántico digital programable por completo y que puede utilizarse para cualquier tarea».

Garcia concluyó: «Sencillamente, los ordenadores de arquitectura clásica no pueden manejar el nivel de complejidad de sustancias tan cotidianas como la cafeína». En su opinión, el futuro es cuántico.

Pero estos logros iniciales no han hecho más que estimular el apetito de los científicos cuánticos, que están ansiosos por abordar proyectos aún más ambiciosos, como la fotosíntesis, la cual es la base de la vida en la Tierra. Puede que algún día los ordenadores cuánticos desentrañen el secreto de cómo tomar la luz del Sol y crear la diversidad de frutas y verduras que vemos a nuestro alrededor. Así que el próximo objetivo puede ser la fotosíntesis, uno de los procesos cuánticos más importantes del planeta.

7

Ecologizar el mundo

Cuando camino por un bosque espeso en un luminoso día de primavera, no puedo evitar sentirme sobrecogido por el verdor exuberante de la vegetación que me rodea y la explosión de delicadas flores allá donde miro. En todas partes veo un arcoíris de vivos colores, la vida brotando en todas direcciones, las plantas absorbiendo ansiosamente la luz del Sol y convirtiendo de algún modo esa energía en toda esta abundancia.

Pero también me siento sobrecogido al darme cuenta de que estoy presenciando un espectáculo que se ha desarrollado durante más de tres mil millones de años, un mecanismo que, literalmente, hace posible la vida compleja en la Tierra. Lo que impulsa la vida en este planeta es la fotosíntesis, el proceso aparentemente sencillo por el que las plantas convierten el dióxido de carbono, la luz solar y el agua en azúcar y oxígeno. Es impresionante darse cuenta de que la fotosíntesis crea quince mil toneladas de biomasa por segundo, las cuales se encargan de cubrir la tierra de vegetación.

Si bien la vida sería inimaginable sin la fotosíntesis, a pesar de todos nuestros avances científicos, los biólogos aún no están del todo seguros de cómo se produce este esencial proceso. Algunos creen que, dado que la captura de un fotón de energía mediante la fotosíntesis tiene una eficiencia próxima al 100 por ciento, en ella debe de intervenir la mecánica cuántica (pero, si se calcula la eficiencia global para convertir la luz en el producto final que son el combustible y la biomasa, lo que exige una serie de pasos complejos e intrincadas reacciones químicas, entonces el resultado desciende hasta el 1 por ciento). De ser algún día los ordenadores cuánticos capaces de resolver el secreto de la fotosíntesis, sería posible fabricar células fotovoltaicas con una eficiencia casi perfecta, lo cual haría realidad la era solar. También podríamos aumentar el rendimiento de los cultivos para alimentar a un planeta hambriento. Tal vez se podría modificar la fotosíntesis para que las plantas prosperasen incluso en entornos hostiles o incluso, si algún día iniciamos la colonización de Marte, alterar este proceso para que la vegetación pueda prosperar en el planeta rojo.

Una sorprendente vía de investigación es la llamada «fotosíntesis artificial», con la que algún día podríamos obtener una «hoja artificial», una forma más versátil de fotosíntesis que podría hacer que las plantas fueran en general más eficientes. A veces olvidamos que este proceso es el producto último de miles de millones de años de interacciones químicas completamente aleatorias y caóticas, y que ha desarrollado estas extraordinarias propiedades por pura casualidad. Por eso, una vez que los ordenadores cuánticos desvelen el misterio de la fotosíntesis a nivel cuántico, quizá seríamos capaces de mejorar y modificar la forma en que crecen las plantas. Miles de millones de años de evolución vegetal podrían comprimirse en unos pocos meses en un ordenador cuántico.

Por ejemplo, Graham Fleming, del Instituto Kavli de Nanociencia Energética, de la Universidad de Berkeley, afirmaba: «Tengo muchas ganas de saber cómo funciona la naturaleza en los primeros pasos de la fotosíntesis. Entonces podríamos utilizar ese conocimiento para crear sistemas artificiales que tengan todas las características positivas de los sistemas naturales sin el bagaje de tener que producir semillas, conservar la vida o defenderse de las plagas que se las comen».[30]

A lo largo de la historia, las plantas han sido un misterio. Parecían prosperar por sí solas, y solo requerían agua de vez en cuando.

Desde la Antigüedad, se creía que las plantas crecían alimentándose, de algún modo, de la tierra. Esta opinión no cambió hasta mediados del siglo XVII. Jan van Helmont, un científico belga, midió el peso de una planta y de su suelo. Para su sorpresa, descubrió que el de la tierra no cambiaba en absoluto con el tiempo. Llegó a la conclusión de que las plantas crecían gracias al agua.

Más adelante, el químico Joseph Priestley llevó a cabo experimentos más detallados, como uno en el que colocó una planta en un tarro de cristal junto con una vela. Comprobó que esta se consumía rápidamente si se dejaba sola, pero que seguía ardiendo en presencia de la planta, ya que esta consumía el dióxido de carbono del aire y suministraba oxígeno a la vela.

A principios del siglo XIX, los biólogos empezaron a encajar todas las piezas al darse cuenta de que las plantas necesitaban luz solar, agua y dióxido de carbono, así como que desprendían oxígeno durante ese proceso.

La fotosíntesis es tan vital para la Tierra que literalmente remodeló la atmósfera del planeta. Cuando se formó este, su atmósfera en los primeros tiempos constaba sobre todo de dióxido de carbono, liberado principalmente por los antiguos volcanes. Lo vemos en las atmósferas de Marte y Venus, que están formadas casi en su totalidad por dióxido de carbono debido a sus volcanes.

Pero, cuando la fotosíntesis apareció en la Tierra, convirtió el dióxido de carbono en el oxígeno que ahora respiramos. Cada vez que cojo aire, recuerdo esta transición trascendental, que tuvo lugar hace miles de millones de años.

En la década de 1950, los científicos descifraron el llamado «ciclo de Calvin», el complejo proceso químico por el que el dióxido de carbono y el agua se convierten en carbohidratos. Gracias a diversas técnicas, como el análisis del carbono-14, pudieron rastrear el movimiento de sustancias químicas específicas a lo largo de la planta.

A través de estos medios, los biólogos fueron comprendiendo poco a poco la historia vital del mundo vegetal. Pero siempre se les escapaba un paso. Para empezar, ¿cómo captan las plantas la energía de los fotones? ¿Qué es lo que pone en marcha esta larga cadena de acontecimientos que comienza con la captación de la energía de la luz solar? Hoy sigue siendo un misterio. Pero los ordenadores cuánticos pueden ayudar a desentrañarlo.

LA MECÁNICA CUÁNTICA DE LA FOTOSÍNTESIS

Muchos científicos creen que la fotosíntesis es un proceso cuántico. Comienza cuando los fotones, paquetes discretos de luz, golpean una hoja que contiene clorofila. Esta molécula especial absorbe la luz roja y la azul, pero no la verde, que se dispersa en el entorno. Por tanto, el color de las plantas se debe a que no absorben el verde (si la naturaleza hubiera creado vegetales que absorbieran toda la luz posible, las plantas serían negras, en lugar de verdes).

Cuando la luz incide en una hoja, lo esperable sería que se dispersase en todas direcciones y se perdiera para siempre. Pero aquí es donde ocurre la magia cuántica. El fotón incide en la clorofila, lo que crea unas vibraciones energéticas en la hoja llamadas «excitones», que de algún modo atraviesan la superficie de la misma. Finalmente, estos penetran lo que se denomina un «centro de reacción», en la superficie de la hoja, donde la energía del excitón se utiliza para convertir el dióxido de carbono en oxígeno.

Según la segunda ley de la termodinámica, cuando la energía se transforma de una forma a otra, gran parte de ella se pierde en su entorno. Así que es de esperar que buena parte de la energía del fotón se disipe al chocar con la molécula de clorofila y, por tanto, se pierda durante este proceso en forma de calor residual.

En cambio, milagrosamente, la energía del excitón es transportada al centro de reacción sin apenas pérdida alguna. Por razones que aún no se comprenden, este proceso tiene una eficiencia de casi el 100 por ciento.

Este fenómeno por el que los fotones crean excitones que se agrupan en centros de reacción sería como un torneo de golf en el que cada participante lanza una bola al azar en todas direcciones. Entonces, como por arte de magia, todas ellas cambiarían de dirección de alguna manera y lograrían un hoyo en uno cada vez. Aunque esto no tendría que ocurrir, puede realmente medirse en el laboratorio.

Una teoría es que el viaje del excitón es posible gracias a las integrales de camino, que, como hemos visto anteriormente, fueron introducidas por Richard Feynman. Recordemos que el estadounidense reescribió las leyes de la teoría cuántica en términos de caminos. Cuando un electrón se desplaza de un punto a otro, de alguna manera escudriña todos los trayectos posibles entre ambos y luego calcula una probabilidad para cada ruta. Por tanto, se podría decir que el electrón es «consciente» de todos los caminos posibles que conectan dichos puntos, lo cual significa que «elige» el trayecto más eficiente.

También hay aquí un segundo misterio. El proceso de fotosíntesis tiene lugar a temperatura ambiente, donde los movimientos aleatorios de los átomos en el entorno deberían destruir cualquier coherencia entre los excitones. Normalmente, los ordenadores cuánticos tienen que enfriarse hasta casi el cero absoluto para minimizar estos movimientos caóticos, pero las plantas funcionan a la perfección a temperaturas normales. ¿Cómo es posible?

FOTOSÍNTESIS ARTIFICIAL

Una forma de probar o refutar experimentalmente la existencia de efectos cuánticos es buscar indicios de coherencia, el revelador indicio de los mismos cuando los átomos vibran al unísono. Por lo general, se esperaría encontrar un revoltijo caótico de vibraciones individuales, sin ton ni son, pero, si se detectan algunas en fase, esto indicaría de inmediato la presencia de efectos cuánticos.

En 2007, Graham Fleming informó de que había sido testigo de este escurridizo fenómeno. Pudo anunciar el descubrimiento de coherencia en la fotosíntesis porque utilizaba un espectroscopio multidimensional ultrarrápido especial, capaz de generar pulsos de luz que duraban un femtosegundo (una millonésima de la milmillonésima parte de un segundo). Necesitaba estos láseres excepcionalmente rápidos para detectar haces de luz que vibraran a la vez antes de que las colisiones aleatorias con el entorno destruyeran esta coherencia. Desde el punto de vista del láser, los átomos del entorno se encontraban casi congelados en el tiempo, por lo que podían ignorarse en gran medida. Fleming consiguió demostrar que las ondas luminosas podían existir simultáneamente en dos o más estados cuánticos. Esto significaba que la luz exploraba al mismo tiempo múltiples caminos hacia el centro de reacción, lo cual explicaría por qué los excitones lo encontraban casi el cien por cien de las veces.

K. Birgitta Whaley, colega de Fleming en Berkeley, añadió: «En la práctica, la excitación "elige" la ruta más eficiente [...] a partir de un menú cuántico de caminos posibles. Esto requiere que todos los estados posibles de la partícula en desplazamiento se superpongan en un estado cuántico único y coherente durante décimas de femtosegundo».[31]

Esto también podría explicar cómo la fotosíntesis puede funcionar a temperatura ambiente, sin todas las tuberías que se encuentran en un laboratorio de física.

Los ordenadores cuánticos son ideales para realizar estos cálculos a nivel atómico. Si el enfoque basado en las integrales de camino es válido, eso quiere decir que ahora podemos alterar la dinámica de la fotosíntesis para resolver diversos problemas. En lugar de realizar miles de experimentos con plantas, lo que requiere un tiempo desmesurado, estos podrían hacerse virtualmente.

Por ejemplo, sería posible cultivar cosechas más eficientes o producir más frutas y verduras, aumentando el rendimiento para los agricultores.

Además, la dieta humana depende sobre todo de un puñado de cereales, como el arroz y el trigo, por lo que una plaga repentina que los atacase podría alterar toda la cadena alimentaria. Estaríamos indefensos si uno solo de nuestros alimentos básicos se viera de pronto perturbado.

La nueva apuesta de los científicos por la creación de una hoja con fotosíntesis artificial nos ayudaría a depender menos de este importante proceso natural.

LA HOJA ARTIFICIAL

Cuando hablamos de los mayores problemas del mundo, el CO_2 suele describirse como uno de los malos de la historia. El dióxido de carbono capta energía solar y provoca el calentamiento de la Tierra. Pero ¿y si pudiéramos reciclar este gas de efecto invernadero para hacerlo inofensivo? Entonces también podríamos crear productos químicos de valor comercial a partir del CO_2 reciclado. Los científicos sugieren que la luz solar podría hacer precisamente eso. Esta nueva tecnología tomaría el dióxido de carbono del aire y lo combinaría con luz solar y agua para crear tanto combustible como otros valiosos productos químicos, de forma similar a lo que hace una hoja, pero fabricados artificialmente. Al quemar este combustible se crearía más CO_2, que podría recombinarse con la luz solar y el agua para crear más combustible, en un proceso incesante de reciclaje sin ganancia neta de CO_2. De este modo, este gas, que era el villano de la película, se convierte en un recurso útil.

Para que este reciclaje funcione, procedería en dos pasos.

En primer lugar, se utilizaría la luz solar para descomponer el agua en hidrógeno y oxígeno. Aquel podría almacenarse en pilas de combustible para propulsar coches de hidrógeno, que no contaminan. Uno de los problemas de los coches eléctricos es que utilizan baterías que, a su vez, obtienen su energía sobre todo de centrales térmicas de carbón y petróleo. Aunque la batería eléctrica no contamina, la electricidad procede originalmente de centrales que consumen petróleo, que sí lo hacen. Por tanto, en la actualidad, el uso de baterías eléctricas tiene un coste oculto. Sin embargo, las pilas de combustible queman hidrógeno y oxígeno, lo que produce agua como residuo. Esto es, funcionan de forma limpia, sin necesidad de centrales de petróleo y carbón. Sin embargo, la infraestructura industrial basada en pilas de combustible está mucho menos desarrollada que la de las baterías eléctricas.

En segundo lugar, el hidrógeno producido por la división del agua puede combinarse con CO_2 para producir combustible e hidrocarburos valiosos. Este combustible, a su vez, puede quemarse para volver a producir CO_2, pero también recombinarse con hidrógeno y, por tanto, reciclarse. Esto crearía un nuevo ciclo en el que este gas de efecto invernadero podría reutilizarse continuamente para que no se acumule en la atmósfera, estabilizando así su cantidad y proporcionando energía al mismo tiempo.

«Nuestro objetivo es cerrar el ciclo del combustible de carbono», dijo Harry Atwater, director del Centro Conjunto para la Fotosíntesis Artificial (JCAP, por sus siglas en inglés), una rama del Departamento de Energía que financia la investigación en este campo. «Es un concepto audaz».[32]

Si se lograse, supondría un cambio de paradigma en la lucha contra el calentamiento global. El CO_2 pasaría a ser un engranaje más de una rueda mayor que mantiene a la sociedad en movimiento. Los ordenadores cuánticos podrían desempeñar un papel crucial en el reciclaje del carbono. En la revista *Forbes*, el investigador cuántico Ali El Kaafarani afirmaba que «los ordenadores cuánticos podrían acelerar el descubrimiento de nuevos catalizadores de CO_2 que garantizarían un reciclaje eficaz del dióxido de carbono al tiempo que producirían gases útiles como hidrógeno y monóxido de carbono».[33]

Aunque pueda parecer un sueño, el primer avance en este ámbito se produjo en 1972, cuando Akira Fujishima y Ken'ichi Honda demostraron que se podía utilizar la luz para dividir el agua en hidrógeno y oxígeno, utilizando un electrodo de dióxido de titanio y otro de platino. Aunque su eficiencia era de solo el 0,1 por ciento, esta prueba conceptual demostró que era posible crear una hoja artificial.

Desde entonces, los químicos han intentado modificar este experimento para reducir el coste, ya que el platino es muy caro. En el JCAP, por ejemplo, pudieron utilizar la luz para separar el agua con una eficiencia del 10 por ciento utilizando un electrodo hecho de un material semiconductor y catalizadores de níquel.

Lo complicado ahora es completar el último paso y encontrar una forma barata de combinar hidrógeno con CO_2 para crear combustible. La dificultad estriba en que el dióxido de carbono es una molécula extraordinariamente estable. El químico de Harvard Daniel Nocera cree haber encontrado una forma viable de lograr dicho proceso: utiliza una bacteria, *Ralstonia eutropha*, que puede combinar hidrógeno con CO_2 para crear combustible y biomasa con una eficacia del 11 por ciento. Según afirmó: «Logramos una fotosíntesis artificial de diez a cien veces mejor que en la naturaleza. [...] Ya no es necesariamente un problema de química. Ni siquiera un problema tecnológico».[34] En su opinión, el gran obstáculo ya está resuelto. Ahora, es una cuestión económica, es decir, de si la industria y el Gobierno apoyarán el reciclaje de CO_2, dado su coste.

Pamela Silver, que trabaja en este proyecto en Harvard, señalaba que utilizar microbios para completar el ciclo del carbono puede sonar extraño al principio, pero estos organismos ya se emplean a escala industrial para fermentar azúcar en el sector vinícola.

Mientras, Peidong Yang, químico de la Universidad de California en Berkeley, también utiliza bacterias a las que se ha aplicado bioingeniería, pero de forma diferente. Emplea la luz para dividir el agua en hidrógeno y oxígeno mediante minúsculos nanohilos semiconductores, y luego en ellos cultiva bacterias que, a continuación, utilizan el hidrógeno para crear diversos productos químicos útiles, como butanol y gas natural.

Los ordenadores cuánticos pueden llevar la tecnología al siguiente nivel. Hasta ahora, gran parte de los avances en este campo se han realizado por ensayo y error, y han requerido cientos de experimentos con sustancias químicas exóticas. Por ejemplo, utilizar hidrógeno para convertir el CO_2 en combustible es un proceso molecular complejo que requiere la transferencia de muchos electrones y la ruptura de muchos enlaces. Los ordenadores cuánticos podrían reproducir estos procesos químicos en una simulación y permitir a los químicos crear rutas cuánticas alternativas. Por ejemplo, el CO_2 es el producto final de una serie de reacciones de oxidación. Los ordenadores cuánticos simularían formas de romper los enlaces de esta molécula para que puedan recombinarse con el hidrógeno y producir combustible.

Si los ordenadores cuánticos permiten llegar al paso final para crear la fotosíntesis y la hoja artificiales, podrían abrirse industrias completamente nuevas que proporcionarían otros tipos de placas solares eficientes, formas alternativas de cultivos y fotosíntesis de distintas clases. En el proceso, podrían utilizarse ordenadores cuánticos para hallar maneras de reciclar el CO_2, lo que supondría un gran avance en la lucha contra el cambio climático.

Así, los ordenadores cuánticos desempeñarían un papel fundamental en el aprovechamiento de la potencia de la fotosíntesis, que convierte la energía de la luz solar en alimentos y nutrientes. Pero, para crear alimentos abundantes, el siguiente paso es disponer de fertilizantes que nutran los cultivos y los ayuden a prosperar. Una vez más, los ordenadores cuánticos pueden desempeñar un papel decisivo en la realización de este último paso crucial para alimentar el planeta.

Por irónico que parezca, a la persona pionera en este último paso, que hizo posible alimentar a miles de millones de personas y el avance hacia la civilización moderna, se la describe a veces no como a uno de los más grandes científicos de todos los tiempos, sino como a un criminal de guerra.

8

Alimentar al planeta

En la historia moderna, un hombre es responsable de salvar más vidas que ninguna otra persona en el mundo, pero su nombre es en gran parte desconocido para el público en general. Se calcula que aproximadamente la mitad de la humanidad vive hoy gracias a los descubrimientos de este hombre, y, sin embargo, no hay biografías ni documentales que canten sus alabanzas. Fritz Haber, químico alemán, marcó la vida de todos los seres humanos del planeta. Él fue quien descubrió cómo fabricar fertilizantes artificiales. Si bien el 50 por ciento de los alimentos que comemos están directamente relacionados con sus investigaciones pioneras, su contribución apenas es reconocida por los historiadores.

Haber inició la revolución verde al desvelar los secretos de la naturaleza para fabricar cantidades casi ilimitadas de fertilizantes que hoy ayudan a alimentar al planeta. Cambió la historia del mundo al descubrir el crucial proceso químico por el que podía tomarse nitrógeno del aire para crear fertilizantes. Donde antes los campesinos tenían que trabajar duro para ganarse miserablemente la vida, hoy tenemos kilómetros de verdes cultivos hasta donde alcanza la vista. En lugar de naciones hambrientas con campos estériles y sin vida, tenemos exuberantes explotaciones agrícolas con una enorme producción.

Pero el papel de Haber en la historia se ve empañado por el hecho de que su asombroso avance también puede utilizarse para crear armas químicas devastadoras, incluidos explosivos de alta energía y gas venenoso. Aunque miles de millones de personas en este planeta deben su misma existencia a este hombre, el trabajo del alemán también mató a otros miles, que perecieron a causa de los estragos que estos descubrimientos desataron en el campo de batalla.

Además, tenemos que convivir con el hecho de que el proceso Haber-Bosch, como se denomina la técnica que desarrolló, consume tanta energía que ejerce una enorme presión sobre el suministro energético, agravando la contaminación e incluso el cambio climático.

El problema, sin embargo, es que nadie ha sido capaz de mejorar el proceso Haber-Bosch en cien años porque es muy complicado a nivel molecular. La esperanza, por tanto, es que los ordenadores cuánticos nos den alternativas mejoradas o modificaciones del mismo para que podamos alimentar al planeta sin consumir tanta energía ni provocar problemas medioambientales.

Pero, para apreciar el trabajo pionero de Haber y la importancia de que los ordenadores cuánticos mejoren sus descubrimientos, primero hay que valorar la enorme contribución de este hombre en la huida del funesto destino que había predicho Malthus.

SUPERPOBLACIÓN Y HAMBRUNA

En 1798, Thomas Robert Malthus había predicho que un día la población humana superaría el suministro de alimentos, lo que provocaría hambrunas y muertes masivas. Según él, todos los animales estaban en una eterna lucha entre la vida y la muerte, y, cuando superaban en número la capacidad de su hábitat, muchos morían de hambre. Los humanos no somos diferentes. También nosotros estamos sujetos a esta ley de hierro: la humanidad solo puede prosperar mientras haya comida suficiente. Pero, dado que las poblaciones pueden crecer exponencialmente, mientras que el suministro de alimentos progresa poco a poco, la población podría llegar a superar la cantidad de sustento disponible. Esto se traduciría en disturbios y hambrunas masivas, seguidos de guerras brutales en las que las naciones lucharían por los recursos.

En el siglo XIX, era cada vez más evidente que esta temida profecía podía hacerse realidad. Aunque la población humana había sido relativamente estable, con menos de un millón de personas durante miles de años, estaba experimentando una explosión de proporciones sin precedentes. La llegada de la Revolución Industrial y la era de las máquinas hicieron posible un rápido crecimiento de la población.

(Cuando estaba en la escuela primaria pude ver una ilustración gráfica de esto. En un experimento, tomamos una placa de Petri llena de nutrientes y pusimos unas bacterias en el centro. Al cabo de unos días, vimos que estas se expandían exponencialmente y creaban una gran colonia circular de células, pero de repente dejaron de hacerlo. Me pregunté por qué habían parado de crecer las bacterias. Y entonces empecé a darme cuenta de que la colonia había crecido rápidamente consumiendo todos los nutrientes y luego murió como consecuencia del agotamiento del suministro de alimentos. Así que esta lucha a vida o muerte por la comida y el crecimiento era una lucha maltusiana en una placa de Petri).

Hoy en día, el suministro mundial de alimentos depende en gran medida de los fertilizantes, el ingrediente esencial de los cuales es el nitrógeno, que se encuentra en nuestras moléculas de proteínas y ADN. El nitrógeno, paradójicamente, es la sustancia química más abundante en el aire que respiramos, ya que constituye alrededor del 80 por ciento del mismo. Por alguna misteriosa razón, unas bacterias simples que pueden crecer en las raíces de las leguminosas (por ejemplo, en los cacahuetes y las judías) son capaces de extraer nitrógeno del aire y «fijarlo» a moléculas de carbono, oxígeno e hidrógeno para crear amoniaco, el ingrediente esencial para fabricar fertilizantes.

Estas bacterias han logrado dominar un enigmático proceso químico. Aunque las bacterias comunes pueden extraer sin esfuerzo el nitrógeno del aire para crear vivificadores fertilizantes, los químicos aún no saben cómo emular a la madre naturaleza con tanta eficacia.

La razón es que el nitrógeno que respiramos en el aire es, en realidad, N_2, es decir, dos átomos de nitrógeno unidos muy estrechamente por tres enlaces químicos covalentes. Estos son tan fuertes que los procesos químicos normales no pueden romperlos. Así pues, los químicos se enfrentan a este persistente dilema. El aire que respiramos está lleno de nitrógeno, que es esencial y, en principio, hace posible el fertilizante, pero su forma es errónea y, por tanto, inútil.

Es como el consabido hombre que se muere de sed en el océano, que está lleno de agua salada. Está rodeado de agua, pero no hay ni una gota para beber.

Podemos ver fácilmente el problema observando el átomo de Schrödinger. El nitrógeno tiene siete electrones, que pueden llenar los dos espacios disponibles en los orbitales 1S del primer nivel de energía, y cinco electrones en el segundo nivel. Para llenar todos los orbitales de los dos primeros niveles se necesitan diez electrones (recordemos que estas partículas orbitan de dos en dos, así como que el primer piso del hotel tiene una habitación ocupada por dos electrones y el segundo tiene cuatro habitaciones con dos electrones cada una). Esto significa que, en el segundo nivel, dos electrones están en el orbital 2S y los tres restantes se encuentran individualmente en los orbitales Px, Py y Pz. Por tanto, hay tres electrones no emparejados. Cuando el átomo de nitrógeno se combina con un segundo, tenemos tres electrones compartidos entre dos átomos, alcanzando así los diez electrones necesarios para llenar los dos primeros orbitales y, lo que es más importante, tenemos un enlace triple, que es extremadamente fuerte.

CIENCIA PARA LA GUERRA Y LA PAZ

Aquí es donde entra en juego la obra de Fritz Haber. Ya de niño le fascinaba la química y a menudo realizaba experimentos por su cuenta. Su padre era un próspero comerciante que importaba tintes y pigmentos, y él a veces lo ayudaba en la fábrica. Formó parte de una nueva generación de judíos europeos que triunfaron en los negocios y la ciencia, aunque acabó convirtiéndose al cristianismo. Pero, por encima de todo, era un nacionalista, con el firme deseo de ayudar a Alemania con sus conocimientos de química.

Se centró en una serie de misterios químicos, entre ellos cómo aprovechar el nitrógeno que se encuentra en el aire para convertirlo en productos útiles, como fertilizantes y explosivos. Se dio cuenta de que la única manera de separar los dos átomos de nitrógeno era aplicar una presión y una temperatura enormes. Según sus teorías, los enlaces podrían romperse a base de fuerza bruta. Hizo historia al encontrar la combinación mágica en el laboratorio. Si se calentaba el nitrógeno del aire a 300 grados Celsius y se comprimía a una presión de entre doscientas y trescientas veces la presión atmosférica, era posible romper por fin la molécula de nitrógeno y recombinarla con hidrógeno para formar amoniaco, que es NH_3. Por primera vez en la historia, se pudo utilizar la química para alimentar a la creciente población mundial.

Haber obtendría el Premio Nobel en 1918 por este innovador trabajo. Hoy en día, aproximadamente la mitad de las moléculas de nitrógeno de nuestro cuerpo son consecuencia directa de su descubrimiento, por lo que su legado perdura en nuestros átomos. La población mundial actual supera los ocho mil millones de personas, y no podríamos alimentarla sin su obra.

Pero este proceso consume muchísima energía, ya que requiere comprimir y calentar el nitrógeno a enormes presiones y temperaturas, tanta como el 2 por ciento de la producción mundial.

Haber no solo pensaba en fertilizantes. Nacionalista alemán, apoyó con entusiasmo al ejército de su país durante la Primera Guerra Mundial, y la energía almacenada en la molécula de nitrógeno podía aprovecharse para crear vitales fertilizantes, pero también letales explosivos. (Incluso los terroristas aficionados conocen este proceso. Una bomba de abono, capaz de arrasar todo un edificio de apartamentos, consiste en fertilizantes ordinarios saturados de fueloil). Así, Haber utilizó otro subproducto de su proceso, los nitratos, para contribuir a la vasta maquinaria bélica alemana, creando con ello armas químicas explosivas, además del gas venenoso que acabaría con muchas vidas inocentes.

Así que, irónicamente, el hombre cuyo dominio de la química amplió la población mundial también condenó a miles de inocentes. También se le conoce como el padre de la guerra química.

Pero hay además un aspecto trágico en su vida. Su esposa, pacifista, se suicidaría, quizá debido a su oposición a las investigaciones de Haber sobre la guerra química y los gases venenosos. A pesar de sus décadas de trabajo apoyando al Gobierno y al ejército alemanes, sufrió la ola de antisemitismo que recorrió el país en la década de 1930. Aunque se había convertido del judaísmo al cristianismo, abandonó el país para buscar refugio en otro lugar y, en 1934, murió por problemas de salud. Durante la Segunda Guerra Mundial, el ejército nazi utilizaría el Zyklon B, un gas venenoso desarrollado y perfeccionado por Haber, para matar a muchos de sus propios parientes en los campos de concentración.

ATP: LA BATERÍA DE LA NATURALEZA

Los científicos ansiosos por aplicar los ordenadores cuánticos al problema de sustituir el ineficiente proceso Haber-Bosch han comprendido que necesitan entender cómo fija el nitrógeno la madre naturaleza.

El método de Haber rompía los enlaces del nitrógeno aplicando altas temperaturas y una enorme presión desde el exterior. Esto es lo que lo hace tan ineficiente. Pero la naturaleza lo logra a temperatura ambiente, sin hornos ni compresores de alta temperatura. ¿Cómo puede una humilde planta de cacahuetes hacer lo que normalmente requiere una enorme central química?

En la naturaleza, la fuente fundamental de energía se encuentra en una molécula llamada ATP (trifosfato de adenosina), que es el caballo de batalla de la vida, la batería de la naturaleza. Cada vez que flexionamos los músculos, respiramos o digerimos un alimento, estamos utilizando la energía del ATP para poner en marcha los tejidos. La molécula de este compuesto es tan fundamental que se encuentra en casi todas las formas de vida, lo que indica que evolucionó hace miles de millones de años. Sin el ATP, la mayor parte de la vida en la Tierra moriría.

La clave para comprender el secreto del ATP es analizar su estructura. Su molécula consta de tres grupos fosfato dispuestos en cadena, cada uno de los cuales está formado por un átomo de fósforo rodeado de oxígeno y carbono. La energía de la molécula se almacena en un electrón situado en el último grupo fosfato y el cuerpo la utiliza cuando necesita energía para realizar sus funciones biológicas.

Al analizar el proceso de fijación del nitrógeno en las plantas, los químicos descubrieron que se necesitan doce moléculas de ATP para suministrar la energía con que romper una sola molécula de N_2. Podemos ver el problema de inmediato. Por lo general, los átomos chocan unos contra otros. Si tenemos varios átomos que chocan con tantos más, vemos que esto debe ocurrir por etapas, porque los átomos chocan entre sí secuencialmente, no todos a la vez. Por tanto, el proceso de descomposición del ATP en N_2 pasa por muchísimas etapas intermedias.

En la naturaleza, sacar partido de la energía de doce moléculas de ATP a partir de colisiones aleatorias podría llevar años. Es un proceso demasiado lento para hacer posible la vida, así que se necesitan una serie de atajos para acelerarlo en gran medida.

Los ordenadores cuánticos podrían ayudar a resolver este enigma, al desentrañar este proceso a nivel molecular y, tal vez, mejorar el mecanismo de fijación del nitrógeno o encontrar uno alternativo.

Como señalaba la revista *CB Insights*, «utilizar los superordenadores actuales con el fin de identificar las mejores combinaciones catalíticas para fabricar amoniaco llevaría siglos. Sin embargo, podría utilizarse un potente ordenador cuántico para analizar de forma mucho más eficiente distintas combinaciones de catalizadores [otra aplicación de la simulación de reacciones químicas] e intentar encontrar un método mejor de producir amoniaco».[35]

CATÁLISIS: EL ATAJO DE LA NATURALEZA

La clave, según creen los científicos, está en algo llamado «catálisis», que puede analizarse con ordenadores cuánticos. Un catalizador es como un espectador: no participa directamente en un proceso químico, pero de algún modo facilita la reacción con su presencia.

Normalmente, las reacciones químicas que se producen en el organismo son bastante lentas y, a veces, se prolongan durante largos periodos de tiempo. En ocasiones ocurre algo mágico que acelera estos procesos para que se produzcan en una fracción de segundo. Aquí es donde entran en juego los catalizadores. Para el proceso de fijación del nitrógeno, existe un catalizador llamado «nitrogenasa». Como un director de orquesta, su propósito es organizar los numerosos pasos necesarios para combinar doce moléculas de ATP con nitrógeno y romper así el triple enlace. Así pues, la nitrogenasa es la clave para una segunda revolución verde. Pero, por desgracia, nuestros ordenadores digitales son demasiado primitivos para desentrañar sus secretos. Un ordenador cuántico, sin embargo, podría ser perfectamente adecuado para esta importante tarea.

Los catalizadores como la nitrogenasa funcionan en dos etapas. En primer lugar, unen dos reactivos. El catalizador y los reactivos encajan como un rompecabezas, permitiendo que estos dos últimos se unan. En segundo lugar, la energía necesaria para que se produzca una reacción, denominada «energía de activación», es a veces demasiado alta para que los reactivos interactúen entre sí. Sin embargo, el catalizador logra reducirla para que este proceso pueda producirse.

Entonces, los reactivos se combinan para crear una nueva sustancia química y dejan intacto el catalizador.

Para entender cómo funciona un catalizador, piense en un casamentero que intenta unir a dos personas que viven en ciudades distintas. Por lo general, las posibilidades de un encuentro puramente aleatorio entre ambas son en extremo reducidas, ya que se mueven en círculos muy distintos a muchos kilómetros de distancia. Pero un casamentero puede ponerse en contacto con ambas partes y reunirlas, aumentando enormemente las posibilidades de que ocurra algo entre ellas. Casi todos los procesos químicos importantes del organismo están mediados por algún catalizador.

Ahora vamos a presentar a un casamentero cuántico, que entiende que a veces hay que dar un empujoncito a la pareja para que se compenetren. Por ejemplo, quizá una de las personas sea tímida, reticente o nerviosa. Algo les impide romper el hielo. En otras palabras, tienen que superar una barrera de activación antes de poder iniciar su relación. Eso es lo que hace el casamentero cuántico, romper el hielo o ayudarlos a atravesar la barrera que los separa. Esto se llama «efecto túnel», una inusitada característica de la teoría cuántica que permite penetrar barreras aparentemente impenetrables. Y es, además, la razón por la que elementos como el uranio pueden emitir radiación, porque esta atraviesa una barrera nuclear para llegar al exterior. El proceso de desintegración radiactiva, que calienta el centro de la Tierra e impulsa la deriva continental, se debe al efecto túnel. Así que la próxima vez que vea estallar un volcán gigantesco, estará presenciando el poder del efecto túnel cuántico. Del mismo modo, las moléculas de ATP pueden «crear un túnel» mágicamente en esta barrera energética y completar la reacción química.

Veremos, además, que casi todas las reacciones esenciales que hacen posible la vida precisan de catalizadores, y el propio origen de la misma, podrían deberse a la mecánica cuántica.

Lamentablemente, la nitrogenasa y la fijación del nitrógeno son tan complejas que los avances, aunque constantes, han sido lentos.

A pesar de que los científicos disponen ahora de un diagrama completo del aspecto de la molécula de nitrogenasa, esta es tan compleja que nadie sabe con exactitud cómo funciona. Todo este proceso resulta tan confuso que es imposible para un ordenador digital desentrañar sus secretos. Aquí es donde los ordenadores cuánticos pueden sobresalir, completando todos los pasos que lo hacen posible.

Una empresa que está investigando este ambicioso proyecto es Microsoft. Tras su éxito en diseños comerciales como la Xbox, ha estado estudiando otros más arriesgados pero potencialmente lucrativos. Ya en 2005, Microsoft se interesó por asuntos tan fantasiosos como los ordenadores cuánticos. Por aquel entonces, creó una empresa llamada Station Q para investigar problemas como la fijación del nitrógeno y la computación cuántica.

«Creo que nos hallamos en un punto de inflexión en el que estamos preparados para pasar de la investigación al desarrollo», afirmaba Todd Holmdahl, vicepresidente corporativo del programa cuántico de Microsoft. «Hay que asumir riesgos para causar un gran impacto, y creo que ahora tenemos la oportunidad de hacerlo».[36]

A Holmdahl le gusta hacer la comparativa con la invención del transistor. Por aquel entonces, los físicos se devanaban los sesos tratando de encontrar aplicaciones prácticas para su invento. Algunos pensaban que el transistor solo servía para enviar señales a los barcos en el mar. Del mismo modo, la creación del ordenador cuántico de Microsoft, que *The New York Times* calificó de «ciencia ficción», también puede transformar la sociedad de formas inesperadas.

Microsoft no ve la hora de resolver el problema de la fijación del nitrógeno. De hecho, ya está utilizando ordenadores cuánticos de primera generación para tratar de desentrañar el misterio de este proceso. Las implicaciones son profundas, con el potencial de crear una segunda revolución verde y alimentar a una población mundial en rápido crecimiento con menores costes energéticos. De lo contrario, como hemos visto, los efectos secundarios podrían ser desastrosos y desembocar en disturbios, hambrunas y guerras.

Recientemente, Microsoft sufrió un revés cuando algunos resultados experimentales sobre cúbits topológicos no salieron bien, aunque para los verdaderos creyentes en los ordenadores cuánticos eso no es más que un bache.

De hecho, el consejero delegado de Google, Sundar Pichai, afirmó recientemente que cree que dichos sistemas podrían mejorar el proceso Haber-Bosch en una década.[37]

Los ordenadores cuánticos serán esenciales para analizar este importante proceso químico en varios sentidos:

• Podrían ayudar a dilucidar este complejo proceso, átomo por átomo, resolviendo la ecuación de onda de los diversos componentes de la nitrogenasa. Esto permitiría esclarecer todos los pasos que faltan en el proceso de fijación del nitrógeno.

• Podrían probar de manera virtual distintas formas de romper el enlace del N_2, aparte de la fuerza bruta o la catálisis.

• Podrían simular lo que ocurriría si sustituyéramos varios átomos y proteínas por otros, para ver si se puede hacer que el proceso de fijación del nitrógeno sea más eficiente, consuma menos energía y contamine menos, empleando diferentes sustancias químicas.

• Podrían probar diversos catalizadores nuevos para ver si son capaces de acelerar el proceso.

• Podrían probar distintas versiones de la nitrogenasa, con diferentes disposiciones de las cadenas proteicas, para ver si se pueden mejorar sus propiedades catalíticas.

De modo que, si Microsoft y los demás resolvieran el misterio de la fijación del nitrógeno, esto podría tener un enorme impacto en nuestro suministro de alimentos. Pero los científicos tienen otros sueños para los ordenadores cuánticos. No solo quieren resolver el problema de la producción energéticamente eficiente de alimentos, sino también comprender la naturaleza de la propia energía. ¿Podrán los ordenadores cuánticos resolver la crisis energética?

9

Dar energía al mundo

A primera vista, uno podría sospechar que los titanes de la industria del siglo xx, Thomas Edison y Henry Ford, eran rivales acérrimos. Después de todo, Edison fue la fuerza incansable que impulsó la electrificación de la industria y la sociedad. Con sus 1.093 patentes, revolucionó nuestra forma de vida con numerosos inventos impulsados por la electricidad que ahora damos por sentados. Ford, por su parte, se hizo millonario con el Modelo T, que funcionaba con combustibles fósiles. Además, contribuyó a crear la moderna infraestructura industrial basada en el petróleo; para él, la combustión tanto de este como de gasolina era el agente impulsor del futuro.

En realidad, Edison y Ford eran amigos íntimos. De hecho, de joven, el primero idolatraba al segundo. Durante años pasaron juntos las vacaciones y disfrutaron de su mutua compañía. Quizá se hicieron muy amigos porque ambos crearon empresas de nivel mundial por pura fuerza de voluntad.

Edison y Ford pasaban el tiempo apostando sobre cuál sería la fuente de energía que daría entrada al futuro. El primero estaba a favor de la batería eléctrica, mientras que el segundo creía en la gasolina. Para cualquiera que escuchara esta apuesta, no había ninguna duda: seguro que llegaría a la conclusión de que Edison ganaría cómodamente. Las baterías eléctricas eran silenciosas y seguras. El petróleo, por el contrario, era ruidoso, nocivo e incluso peligroso.

La idea de tener una gasolinera cada pocas manzanas se consideraba descabellada.

En muchos aspectos, los detractores del petróleo tenían razón. Los humos emitidos por el motor de combustión interna provocan enfermedades respiratorias y aceleran el calentamiento global, y los coches de gasolina siguen siendo ruidosos.

Pero fue Ford quien finalmente ganó la apuesta.

¿Por qué?

Por un lado, la energía contenida en una batería es una fracción minúscula de la energía contenida en un litro de gasolina (las mejores pueden almacenar unos doscientos vatios-hora por kilogramo, mientras que la gasolina llega a almacenar doce mil).

Y, cuando se descubrieron enormes yacimientos de petróleo en Oriente Próximo, Texas y otros lugares, el precio de la gasolina cayó en picado, lo cual puso el automóvil al alcance de los estadounidenses de clase obrera.

La gente empezó a olvidarse del sueño de Edison. Ineficiente, tosca y frágil, la batería eléctrica no podía competir con un combustible barato y de alto octanaje para una población hambrienta de energía.

Como la ley de Moore revolucionó la economía mundial con ordenadores baratos, se tiende a suponer que todo obedece a esta norma. Por eso nos extraña que la eficiencia energética de las baterías se haya rezagado tantas décadas. Olvidamos que la ley de Moore solo se aplica a los chips de ordenador, y que las reacciones químicas como aquellas con que funcionan las baterías son notablemente difíciles de predecir. Prever nuevas reacciones químicas que aumenten la eficiencia de una batería es un empeño ingente.

En lugar de ensayar tediosamente cientos de sustancias químicas distintas para comprobar su rendimiento en una batería, en el futuro será mucho más rápido y barato simular su funcionamiento mediante un ordenador cuántico. Al igual que los modelos que podrían ayudar a desvelar los secretos de la fotosíntesis o la fijación natural del nitrógeno, quizá la «química virtual» sustituya algún día al arduo proceso de ensayo y error de los laboratorios.

¿REVOLUCIÓN SOLAR?

Este desafío de aumentar el rendimiento de las baterías tiene enormes implicaciones económicas. En la década de 1950, los futuristas proclamaban que, algún día, nuestras casas funcionarían con energía solar. Enormes conjuntos de células fotoeléctricas, complementados con potentes aerogeneradores, captarían la energía del sol y del viento para proporcionar energía barata y fiable. Energía gratis. Ese era el sueño.

Sin embargo, la realidad ha sido otra. El coste de las energías renovables se ha reducido a lo largo de las décadas, pero a un ritmo angustiosamente lento. La era solar ha llegado más despacio de lo que se esperaba.

En parte, el problema radica en las limitaciones de las baterías modernas. Cuando el Sol no brilla y el viento no sopla, la potencia de las energías renovables cae a cero. El eslabón débil de esta cadena de suministro es el método de almacenamiento de la energía para los tiempos de escasez. Mientras que la velocidad de los ordenadores crece de manera exponencial a medida que miniaturizamos sistemáticamente los chips de silicio, la potencia de las baterías solo aumenta cuando descubrimos nuevas eficiencias o incluso nuevos compuestos químicos. En nuestros días, se siguen utilizando reacciones químicas que ya se conocían en el siglo pasado. Si fuéramos capaces de construir una superbatería, con mayor eficiencia y potencia, se podría acelerar enormemente la transición hacia un futuro energético libre de carbono y frenar el calentamiento global.

LA HISTORIA DE LA BATERÍA

Echando la vista atrás, vemos que la historia de la batería ha avanzado al ritmo de un glaciar a lo largo de los siglos. En la Antigüedad, era bien sabido que, si caminabas sobre una alfombra, podías recibir una descarga eléctrica al tocar el pomo de una puerta. Pero esto no fue más que una curiosidad, hasta que, en 1786, el físico Luigi Galvani frotó un trozo de metal contra las patas cortadas de una rana, y la curiosidad se convirtió en historia. Se dio cuenta, para su sorpresa, de que las patas se movían solas.

Fue un descubrimiento fundamental, porque los científicos demostraron así que la electricidad podía impulsar el movimiento de nuestros músculos. En un instante, se dieron cuenta de que no era necesario apelar a una mítica «fuerza vital» para explicar cómo los objetos inanimados podían animarse. La electricidad era la clave para entender que nuestro cuerpo se movía sin necesidad de espíritus. Pero estos estudios pioneros sobre la electricidad también inspiraron a uno de los intrépidos colegas de Galvani.

En 1799, Alessandro Volta construyó la primera pila y demostró que podía crear una reacción química para reproducir aquel efecto. Producir electricidad en el laboratorio a demanda fue un descubrimiento sensacional. Rápidamente se difundió la noticia de que ahora se podía generar esta extraña fuerza a voluntad.

Pero, por desgracia, la pila no ha cambiado mucho en más de doscientos años. La más sencilla comienza con dos varillas metálicas o electrodos colocados en dos recipientes que contienen una sustancia química llamada «electrolito», la cual permite que se produzca una reacción química. Los dos vasos están conectados por un tubo por el que pueden pasar iones de uno al otro.

Debido a la reacción química en el electrolito, los electrones abandonan uno de los electrodos, llamado «ánodo», y pasan al otro, llamado «cátodo». El movimiento de las cargas eléctricas tiene que ser equilibrado, de modo que, mientras los electrones cargados negativamente pasan del ánodo al cátodo, también hay un movimiento de iones positivos a través del tubo que conecta el electrolito. Este flujo de cargas crea electricidad.

Este diseño básico no ha cambiado en varios siglos. Lo que ha cambiado es, principalmente, la composición química de los distintos componentes. Los químicos llevaron a cabo monótonos experimentos con diversos metales y electrolitos a fin de maximizar la tensión eléctrica o aumentar su contenido energético.

La creencia generalizada de que no existía un mercado para el coche eléctrico hizo que se ejerciera poca presión para mejorar esta tecnología.

LA REVOLUCIÓN DEL LITIO

En la posguerra, la tecnología de las baterías era un campo estancado. La producción se paralizó porque había una demanda relativamente escasa de vehículos eléctricos y aparatos electrónicos portátiles. Sin embargo, la creciente inquietud por el calentamiento global y la explosión del mercado de la electrónica han dado alas a nuevas investigaciones en este campo.

Ante la amenaza de la contaminación y el calentamiento global, la opinión pública ha exigido que se actúe al respecto. A medida que aumentaba la presión sobre el sector automovilístico para pasar a los coches eléctricos, los inventores se apresuraron a crear baterías más potentes. Poco a poco, estas empezaron a poder competir con la gasolina.

Uno de los éxitos ha sido la introducción de las baterías de iones de litio, que han arrasado en el mercado. Se encuentran en casi todos los aparatos electrónicos, teléfonos móviles, ordenadores e incluso grandes aviones de pasajeros. Lo que las hace tan omnipresentes es el hecho de que poseen la mayor capacidad energética de todas las baterías disponibles y, sin embargo, son portátiles, compactas, fiables y eficientes. Es el producto final de décadas de investigación, durante las cuales se han analizado minuciosamente cientos de sustancias químicas diferentes para determinar sus propiedades eléctricas.

Lo que las hace tan adecuadas es la naturaleza del átomo de litio. Si examinamos la tabla periódica de los elementos, vemos que se trata del más ligero de todos los metales, lo cual es importante cuando queremos baterías ligeras para coches y aviones.

También vemos que tiene tres electrones orbitando alrededor del núcleo. Los dos primeros ocupan el nivel de energía más bajo del átomo, la capa 1S, por lo que el tercer electrón, en una órbita superior, está ligado débilmente, lo que facilita su extracción y el funcionamiento de la batería. Esta es una de las razones por las que es tan fácil generar una corriente eléctrica con la batería de litio.

En resumen, la batería de iones de litio tiene un ánodo de grafito, un cátodo de óxido de litio y cobalto, y un electrolito de éter. Su impacto ha sido tan revolucionario que se concedió el Premio Nobel de Química a varios científicos que la perfeccionaron: John B. Goodenough, M. Stanley Whittingham y Akira Yoshino.

Sin embargo, una característica peligrosa de las baterías de iones de litio es que, aunque tienen la mayor densidad energética de todas las baterías del mercado, siguen acumulando solo el 1 por ciento de la energía que contiene la gasolina. Si queremos entrar en una era sin carbono, necesitamos una batería con una densidad energética que se aproxime a la de su rival entre los combustibles fósiles.

Más allá de la batería de iones de litio

Debido al enorme éxito comercial de la batería de iones de litio, ubicua en la sociedad moderna, se está buscando febrilmente un sustituto o una mejora para la próxima generación. Sin embargo, una vez más, los ingenieros se ven limitados por el método de ensayo y error.

Uno de los candidatos es la batería de litio-aire. A diferencia de otras, que están completamente selladas, esta permite la entrada de aire. El oxígeno interactúa con el litio, liberando en el proceso los electrones de la pila (y creando peróxido de litio).

La gran ventaja de la batería de litio-aire es que su densidad energética es diez veces superior a la de la batería de iones de litio, por lo que se acerca a la de la gasolina (esto se debe a que el oxígeno procede gratuitamente del aire, en lugar de tener que almacenarse dentro de la propia batería).

A pesar del enorme aumento de la densidad energética de las baterías de litio-aire, una serie de problemas técnicos han impedido que este extraordinario dispositivo funcione en la práctica. En concreto, su vida útil es muy corta, de apenas dos meses. Los científicos que confían en esta tecnología creen que, experimentando con decenas de sustancias químicas diferentes, se podrían resolver muchos de estos problemas técnicos.

En 2022, el Instituto Nacional Japonés de Ciencia de Materiales, en colaboración con la empresa de inversiones SoftBank, anunció un nuevo y prometedor tipo de batería de litio-aire con una densidad energética mucho mayor que la batería de iones de litio estándar. Sin embargo, aún no se dispone de detalles para saber si han superado los diversos problemas a los que se enfrenta esta prometedora tecnología.

Uno de los constantes estorbos de tener un coche eléctrico es el tiempo que se tarda en cargar la batería, que puede ser de entre varias horas y un día. Así que otra tecnología en la que se está trabajando es la SuperBattery, un sistema híbrido creado por Skeleton Technologies y el Instituto de Tecnología de Karlsruhe (Alemania), que ofrece la promesa de poder cargar un vehículo eléctrico en tan solo quince segundos.

Por un lado, la SuperBattery utiliza una batería de iones de litio estándar, pero la novedad es que la combina con un condensador para reducir el tiempo de carga. (Un condensador almacena electricidad estática. En su versión más simple, consiste en dos placas paralelas, una con carga positiva y la otra con carga negativa. La gran ventaja de estos dispositivos es que pueden almacenar energía eléctrica y liberarla muy rápidamente). El uso de supercondensadores para aumentar la velocidad de carga también ha atraído a otras empresas. Tesla ha adquirido hace poco Maxwell Technologies para seguir este camino. Así que esta tecnología híbrida ya está en el mercado y podría mejorar enormemente la comodidad de los coches eléctricos.

Dado que los posibles incentivos son enormes, varios grupos de empresas trabajan con ahínco en el sucesor de las baterías de iones de litio. Entre ellos figuran las siguientes tecnologías experimentales:

• NAWA Technologies afirma que su electrodo de carbono ultrarrápido, que utiliza nanotecnología, puede multiplicar por diez la potencia de la batería y por cinco su vida útil. Asegura que la autonomía de un coche eléctrico podría llegar a ser de mil kilómetros, con un tiempo de carga de solo cinco minutos para alcanzar el 80 por ciento de su capacidad.

• Científicos de la Universidad de Texas afirman que son capaces de eliminar de sus baterías uno de los componentes menos deseables, el cobalto. Este es caro y tóxico, y aseguran poder sustituirlo por manganeso y aluminio.

• El fabricante chino de pilas SVOLT ha anunciado que también pueden reemplazar el cobalto en sus baterías. Afirman ser capaces de aumentar la autonomía de los vehículos eléctricos hasta ochocientos kilómetros y mejorar la vida útil de las baterías.

• Científicos de la Universidad de Finlandia Oriental han desarrollado una batería de iones de litio con un ánodo híbrido, que utiliza nanotubos de silicio y carbono, lo que, según afirman, aumenta el rendimiento del dispositivo.

• Otro grupo que estudia el silicio son los científicos de la Universidad de California en Riverside. Utilizan la batería básica de iones de litio, pero sustituyen el ánodo de grafito por silicio.

• Científicos de la Universidad de Monash, en Australia, han reemplazado la batería de iones de litio por una de litio-azufre. Afirman que su dispositivo puede alimentar un smartphone durante cinco días o un vehículo eléctrico durante mil kilómetros.

• IBM Research y otras empresas están estudiando sustituir elementos tóxicos como el cobalto y el níquel, e incluso la propia batería de iones de litio, por agua de mar. IBM afirma que un dispositivo de este tipo sería más barato y tendría mayor densidad energética.

Aunque la batería de iones de litio se va perfeccionando poco a poco, sigue vigente la estrategia básica introducida por Volta hace doscientos años. Existe la esperanza de que los ordenadores cuánticos permitan a los científicos sistematizar este proceso para hacerlo más barato y eficiente, de modo que puedan realizarse millones de experimentos de forma virtual.

El problema es que las complejas reacciones químicas que se dan en el interior de una batería no obedecen a ninguna ley sencilla, como la mecánica de Newton. Pero los ordenadores cuánticos podrían llevar a cabo este pesado trabajo, simulando reacciones químicas complicadas sin, de hecho, llegar a realizarlas.

No es de extrañar que el sector de la automoción esté invirtiendo en ordenadores cuánticos para ver si es posible diseñar una superbatería utilizando matemáticas puras. Una batería supereficiente podría eliminar el principal obstáculo que impide el inicio de la era solar: el almacenamiento de electricidad.

EL SECTOR DEL AUTOMÓVIL Y LOS ORDENADORES CUÁNTICOS

Una de las empresas que ven el potencial de los ordenadores cuánticos para revolucionar su sector es el gigante automovilístico Daimler, propietario de Mercedes-Benz. Ya en 2015, creó la Iniciativa de

Computación Cuántica para mantenerse al corriente de este campo en rápida evolución.

Ben Boeser, que forma parte del grupo de Investigación y Desarrollo de Mercedes-Benz en Estados Unidos, afirmaba: «Es una actividad muy orientada a la investigación y que contempla cosas que ocurrirán dentro de diez o quince años, pero queremos comprender los fundamentos a medida que se crea un nuevo universo, del cual nosotros, como empresa, queremos formar parte».[38] Daimler ve la computación cuántica no solo como una curiosidad científica, sino como parte de su cuenta de resultados.

Holger Mohn, editor de la revista online de Daimler, señaló otras ventajas de la computación cuántica, aparte de hallar nuevos diseños de baterías: «Podría convertirse en la mejor forma de descubrir tecnologías inéditas y más eficientes, simular formas aerodinámicas para mejorar la capacidad del combustible y suavizar la conducción, u optimizar procesos de fabricación con innumerables variables».[39] En 2018, Daimler creó una red de ingenieros de alto nivel para trabajar en estrecha colaboración con Google e IBM con el fin de desarrollar la tecnología necesaria para resolver algunos de estos apremiantes problemas. Dichos ingenieros ya están escribiendo código y subiéndolo a la nube para familiarizarse con la computación cuántica.

Por ejemplo, las ecuaciones básicas de la aerodinámica son conocidas. Pero, en lugar de realizar costosas pruebas en túneles de viento para reducir la fricción del aire en sus coches, es mucho más barato y cómodo meterlos en un «túnel de viento virtual», es decir, probar la eficiencia del diseño del vehículo en la memoria de un ordenador cuántico, lo que permitirá un análisis rápido para reducir la resistencia aerodinámica.

Airbus ya está utilizando un ordenador cuántico para crear un túnel de viento virtual y calcular la trayectoria de ascenso y descenso más eficiente en términos de consumo de combustible de sus aviones. Y Volkswagen también emplea esta tecnología para calcular la ruta óptima de autobuses y taxis en una ciudad congestionada.

Desde 2018, BMW ha estado tanteando los ordenadores cuánticos para resolver una gran cantidad de problemas al utilizar el más avanzado de Honeywell. Entre las diversas vías que han investigado están:

• Crear una batería más eficiente para coches.
• Determinar los mejores lugares donde instalar estaciones de recarga eléctrica.
• Hallar formas más eficientes de adquirir los diversos componentes de los coches BMW.
• Aumentar el rendimiento aerodinámico y la seguridad.

En concreto, BMW busca en los ordenadores cuánticos una ayuda para los programas de optimización, es decir, para reducir costes al tiempo que aumenta el rendimiento.

Pero los ordenadores cuánticos no solo sirven para crear baterías y coches más nuevos, baratos y potentes sin destruir el medioambiente. Con el tiempo, estos sistemas también podrían librarnos de temibles enfermedades incurables, que han afectado a la humanidad desde el principio de los tiempos. Veamos ahora cómo los ordenadores cuánticos pueden revolucionar la medicina.

La fuente de la perpetua juventud, en lugar de ser un manantial de vida eterna legendario, podría resultar ser un ordenador cuántico.

Tercera parte

Medicina cuántica

10

Salud cuántica

¿Cuánto tiempo puede vivir una persona?

Durante la mayor parte de la historia de la humanidad, la esperanza media de vida de la gente oscilaba entre los veinte y los treinta años. Con frecuencia, era una existencia breve y desdichada. Las personas vivían con el miedo constante a la próxima plaga o hambruna.

Los relatos de la Biblia y otros textos antiguos están llenos de historias de peste y enfermedades. Más tarde, estuvieron repletas de huérfanos y madrastras malvadas porque los padres a menudo no vivían lo suficiente para criar a sus propios hijos.

Por desgracia, a lo largo de la historia, los médicos han sido poco más que charlatanes que dispensaban pomposamente «curas» que a menudo empeoraban al paciente. Los ricos podían permitirse médicos privados, los cuales protegían con celo sus inútiles pociones, mientras que los pobres morían a menudo en la miseria, en hospitales mugrientos y abarrotados. (Todo esto fue parodiado por el dramaturgo francés Molière en la divertidísima obra *El médico a palos*, en la que un pobre campesino es confundido con un prominente doctor, que a continuación engaña a todo el mundo utilizando grandes y rebuscadas palabras latinas inventadas para ofrecer estúpidos consejos médicos).

Sin embargo, se produjeron varios avances históricos que alargaron nuestra esperanza de vida. El primero fue la llegada de un mejor saneamiento. Las ciudades de la Antigüedad solían ser pozos negros de comida podrida y desechos humanos. Las personas arrojaban la basura a la calle, que parecían una carrera de obstáculos malolientes, un caldo de cultivo para las enfermedades. Pero, en el siglo XIX, los ciudadanos denunciaron estas condiciones insalubres, lo que llevó a la creación de un sistema de alcantarillado y a la mejora del saneamiento, cosa que eliminó decenas de enfermedades mortales transmitidas por el agua y sumó quizá entre quince y veinte años a nuestra esperanza de vida.

La siguiente revolución se produjo a causa de las sangrientas guerras que asolaron el continente europeo durante el siglo XIX. Eran tantos los soldados que morían debido a las heridas abiertas sufridas en combate que reyes y monarcas decretaron que los remedios que realmente funcionaran serían recompensados de manera espléndida. De repente, los ambiciosos médicos, en lugar de tratar de impresionar a sus acaudalados clientes con brebajes inútiles, empezaron a publicar artículos sobre terapias que sí ayudaban a los pacientes. Las revistas médicas comenzaron a prosperar y a documentar avances basados en pruebas experimentales, no solo en la reputación del autor.

Esta nueva orientación de médicos y científicos preparó el terreno para avances revolucionarios como los antibióticos y las vacunas, que acabarían por derrotar un compendio de enfermedades mortales y añadiendo quizá entre diez y quince años a la esperanza media de vida. Entre otros factores, la mejora de la nutrición, la cirugía y la Revolución Industrial también contribuyeron a este aumento.

Así que la esperanza media de vida actual en muchos países ronda los ochenta años.

Por desgracia, muchos de estos avances de la medicina moderna se debieron a la suerte, no a un diseño cuidadoso. La búsqueda de remedios para dichas enfermedades, que se hallaron sobre todo a través de accidentes fortuitos, no tuvo nada de sistemático.

Por ejemplo, en 1928, cuando Alexander Fleming observó en un descuido que las partículas de moho del pan podían matar las bacterias que crecían en una placa de Petri, desencadenó una revolución en la atención sanitaria. Los médicos, en lugar de contemplar impotentes cómo sus pacientes morían a causa de las enfermedades más comunes, podían ahora administrar antibióticos como la penicilina, que, por primera vez en la historia de la humanidad, curaban realmente al paciente. Pronto hubo antibióticos contra el cólera, el tétanos, la fiebre tifoidea, la tuberculosis y muchas otras enfermedades. Pero la mayoría de estos tratamientos se encontraron por ensayo y error.

EL AUGE DE LOS GÉRMENES RESISTENTES A LOS MEDICAMENTOS

Los antibióticos han sido tan eficaces y se han recetado con tanta frecuencia que ahora los gérmenes están contraatacando. No se trata de una cuestión académica, pues los microbios patógenos resistentes a los medicamentos son uno de los principales problemas sanitarios a los que se enfrenta la sociedad actual. Enfermedades mortales que en su día fueron desterradas, como la tuberculosis, están reapareciendo lentamente de forma virulenta e incurable. Estos «superbichos» suelen ser inmunes a los antibióticos más recientes, lo que deja a la población indefensa frente a ellos.

Además, a medida que la humanidad se expande a zonas antes inexploradas y despobladas, nos vemos constantemente expuestos a nuevas enfermedades contra las que no tenemos inmunidad. Por tanto, existe una enorme reserva de enfermedades desconocidas a la espera de hacer acto de presencia e infectar a la humanidad.

Algunos creen que el uso a gran escala de antibióticos en animales ha acelerado esta tendencia. Las vacas, por ejemplo, se convierten en un caldo de cultivo de gérmenes farmacorresistentes porque a veces los ganaderos les administran antibióticos en exceso para aumentar la producción de leche y alimentos.

Ante la amenaza de que estas enfermedades reaparezcan con más fuerza que nunca, urge encontrar una nueva generación de antibióticos lo bastante baratos como para justificar su coste. Por desgracia, en los últimos treinta años no se han desarrollado nuevas clases. Los que utilizaban nuestros padres son prácticamente los mismos que tomamos hoy. Uno de los problemas es que hay que probar miles de sustancias químicas para aislar un puñado de fármacos prometedores. Desarrollar una nueva clase de antibióticos mediante estos métodos cuesta entre dos mil y tres mil millones de dólares.

Cómo funcionan los antibióticos

Gracias a la tecnología moderna, los científicos han ido deduciendo cómo funcionan determinados tipos de antibióticos. La penicilina y la vancomicina, por ejemplo, interfieren en la producción de una molécula llamada peptidoglucano, que es esencial para crear y reforzar la pared celular de las bacterias. Por tanto, dichos fármacos provocan el desmoronamiento de la misma.

Hay otro tipo de fármacos, las quinolonas, que perturban la química reproductiva de las bacterias, de modo que su ADN no funciona correctamente y, por tanto, no pueden reproducirse.

Otro tipo, que incluye la tetraciclina, interfiere en la capacidad de las bacterias para sintetizar una proteína esencial. Y otro aún impide que las células produzcan ácido fólico, lo que a su vez altera la capacidad de las bacterias para controlar las sustancias químicas que fluyen a través de la pared celular.

Teniendo en cuenta estos avances, ¿dónde está el problema?

Por un lado, estos nuevos antibióticos tardan mucho tiempo en desarrollarse, con frecuencia más de diez años. Deben someterse a pruebas minuciosas para garantizar su seguridad, lo que supone un proceso largo y costoso. Y, después de una década de arduo trabajo, a menudo el producto final no puede pagar las facturas. Lo esencial para muchas empresas farmacéuticas es que las ventas compensen el coste de fabricación de estos medicamentos.

El papel de la medicina cuántica

El problema es que, al igual que con los diseños de baterías desde los tiempos de Volta, la estrategia básica de la medicina no ha cambiado demasiado desde la época de Fleming. Básicamente, seguimos probando a ciegas varios candidatos contra gérmenes dentro de una placa de Petri. Hoy en día, gracias a la automatización, la robótica y las líneas mecanizadas, miles de estos recipientes con distintos tipos de enfermedades se pueden exponer a prometedores fármacos de una sola vez, imitando el enfoque básico iniciado por Fleming hace cien años.

Desde entonces, nuestra estrategia ha sido la siguiente:

Probar una sustancia prometedora → Determinar si mata bacterias → Identificar el mecanismo

Los ordenadores cuánticos podrían dar un vuelco total a este proceso al acelerar la búsqueda de nuevos fármacos que salven vidas. Son tan potentes que algún día podrían guiarnos de manera sistemática hacia formas inéditas de destruir bacterias. En lugar de pasarnos décadas probando distintos fármacos, diseñaríamos rápidamente nuevos medicamentos en la memoria de un ordenador cuántico.

Esto implica invertir el orden de la estrategia:

Identificar el mecanismo → Determinar si mata bacterias → Probar la sustancia prometedora

Si, por ejemplo, se desentraña a nivel molecular el mecanismo básico por el que estos antibióticos acaban con los gérmenes, se podría utilizar ese conocimiento para crear nuevos fármacos. Esto significa que, en primer lugar, se parte del mecanismo deseado, como romper la pared celular de la bacteria, y luego se utilizan ordenadores cuánticos para determinar que se logra hacer esto encontrando puntos débiles en dicha capa. A continuación, se prueban distintos fár-

173

macos que puedan llevar a cabo esta función y, por último, se centra la atención en el puñado que realmente sirva contra la bacteria.

Por ejemplo, simular la molécula de penicilina con un ordenador convencional supone un enorme desafío. Para ello se necesitarían 10^{86} bits de memoria, una capacidad muy superior a la de cualquier ordenador digital. Sin embargo, esto sí está al alcance de uno cuántico. Así que intentar descubrir nuevos fármacos analizando su comportamiento molecular puede ser un objetivo primordial para los ordenadores cuánticos.

VIRUS MORTALES

Del mismo modo que con las bacterias, la ciencia moderna ha sido capaz de atacar a los virus mediante vacunas, pero solo hasta cierto punto. Las vacunas actúan de modo indirecto, estimulando el sistema inmunitario del organismo, en lugar de atacar directamente al virus, por lo que los avances para curar las enfermedades víricas han sido lentos.

Uno de los mayores asesinos de la historia es la viruela, que solo desde 1910 ha matado a trescientos millones de personas. Esta ya se conocía en la Antigüedad, y también se sabía que, si alguien padecía la enfermedad y se recuperaba, sus costras podían convertirse en polvo y administrarse a una persona sana a través de incisiones en la piel. Así, quedaría inoculada contra la enfermedad.

En 1796, esta técnica se perfeccionó y se utilizó con éxito en Inglaterra. El médico Edward Jenner tomó pus de ordeñadoras que se habían recuperado de la viruela bovina, que es parecida a su homónima. Luego inyectó el pus en individuos sanos y estos desarrollaron inmunidad contra la viruela.

Desde entonces, se han utilizado vacunas contra un gran número de enfermedades antes incurables, como la poliomielitis, la hepatitis B, el sarampión, la meningitis, las paperas, el tétanos y la fiebre amarilla, entre otras muchas. Existen miles de vacunas potenciales que podrían tener valor terapéutico, pero, sin una comprensión de cómo funciona el sistema inmunitario del cuerpo a la escala más diminuta, es imposible probarlas todas.

En lugar de probar cada vacuna experimentalmente, se podrían «probar» en un ordenador cuántico. Lo bueno de este método es que la búsqueda de nuevos antígenos se realizaría de forma rápida, barata y eficaz, sin recurrir a engorrosos, largos y costosos ensayos.

En el próximo capítulo, exploraremos cómo los ordenadores cuánticos podrían modificar y reforzar nuestro sistema inmunitario, protegiéndonos contra el cáncer y quizá enfermedades actualmente incurables, como el alzhéimer y el párkinson. Pero antes hay otra forma en que los ordenadores cuánticos pueden ayudarnos a defendernos contra la próxima pandemia vírica.

La pandemia de la COVID

Una forma de ver el poder de los ordenadores cuánticos es evaluar la tragedia de la pandemia de la COVID-19, que ha matado a cerca de un millón de personas en Estados Unidos hasta el momento y ha sumido a miles de millones de individuos en todo el mundo en auténticas dificultades económicas. Sin embargo, los ordenadores cuánticos pueden proporcionarnos un sistema de alerta precoz para detectar virus emergentes antes de que generen una pandemia mundial.

Se cree que el 60 por ciento de todas las enfermedades proceden originalmente del reino animal. Por tanto, existe una enorme reserva de gérmenes distintos capaces de generar multitud de nuevas enfermedades. Y, a medida que la civilización humana se expande hacia zonas anteriormente no desarrolladas, nos exponemos a nuevos animales y a sus enfermedades.

Por ejemplo, mediante análisis genéticos se puede determinar que el virus de la gripe se originó principalmente en las aves. Muchas de sus cepas surgen en Asia, donde los granjeros practican lo que se denomina «ganadería polifacética», que implica vivir en estrecha proximidad con cerdos y aves. Aunque el virus se origina en estas últimas, los cerdos suelen comerse los excrementos de sus vecinas, y los humanos se comen a los cerdos. Así que estos actúan como un tazón de mezcla, donde se combinan el ADN de aves y cerdos para crear nuevos virus.

Del mismo modo, el sida se ha rastreado hasta el virus de la inmunodeficiencia simia (SIV, por sus siglas en inglés), que infecta a los primates. Mediante la genética, los científicos han conjeturado que alguien en África consumió la carne de un primate en algún momento entre 1884 y 1924, y que luego el virus simio se mezcló con el ADN de un humano para crear el VIH, una versión mutada del SIV que puede afectar a las personas.

Con los avances en el transporte, el incremento de los viajes por todo el mundo aceleró la propagación de enfermedades como la peste durante la Edad Media. Los historiadores han rastreado las rutas seguidas por los antiguos navegantes cuando iban de ciudad en ciudad, propagando así la peste a costas lejanas. Comparando el momento en que los barcos atracaban en un determinado puerto con la fecha del brote de la enfermedad, se puede ver cómo se extendió la peste por Oriente Próximo y Asia, saltando de ciudad en ciudad. Hoy en día, disponemos de aviones de pasajeros que pueden propagar una enfermedad de un continente a otro en cuestión de horas.

Así pues, es solo cuestión de tiempo que otra pandemia, transmitida por los viajes internacionales en avión, se apodere del mundo.

Pero, gracias a los notables avances de la genómica, en 2020 los científicos lograron secuenciar el material genético del virus de la COVID-19 en tan solo unas semanas, lo cual les permitió crear vacunas que estimularan el sistema inmunitario del organismo para atacar al virus. Pero esto no era más que corregir el propio sistema inmunitario del cuerpo para que fuera capaz de defenderse. Lo que faltaba era una forma sistemática de derrotar a este virus mortal.

Un sistema de alerta precoz

Los ordenadores cuánticos pueden ayudar a detener la próxima pandemia de varias maneras. Como mínimo, necesitamos un sistema de alerta precoz que detecte el virus en tiempo real. Desde el momento en que aparece una nueva cepa de la COVID-19, pasan semanas antes de que pueda emitirse una alerta. Durante ese periodo, el virus puede infiltrarse en el ecosistema humano sin ser detectado. Un retraso de unas pocas semanas permitiría que se propague a millones de personas.

Un método para efectuar el seguimiento de las epidemias consiste en colocar sensores en los sistemas de alcantarillado de todo el mundo. Los virus pueden identificarse con facilidad analizando las aguas residuales, especialmente en zonas urbanas muy pobladas. Las pruebas rápidas de antígenos detectan el brote de un virus en unos quince minutos. Sin embargo, los datos procedentes de millones de sistemas de alcantarillado pueden desbordar fácilmente a los ordenadores digitales. Sus parientes cuánticos, en cambio, destacan en el análisis de grandes masas de datos para encontrar la aguja en el pajar. Algunos municipios de Estados Unidos ya están introduciendo sensores en sus sistemas de alcantarillado como sistema de alerta precoz.

La eficacia de otro de estos sistemas fue demostrada por la empresa Kinsa, que fabrica termómetros conectados a internet. Mediante el examen de brotes de fiebre en todo el país, se pueden detectar anomalías importantes. Por ejemplo, en marzo de 2020, los hospitales del sur de Estados Unidos se vieron inundados de extraños informes sobre miles de personas afectadas por un nuevo virus. Muchas murieron. Los hospitales se vieron desbordados.

Una teoría es que durante la celebración del Mardi Gras, a finales de febrero de 2020, en Nueva Orleans la propagación fue masiva y expuso a cientos de miles de personas desprevenidas al virus. En efecto, al analizar las lecturas de los termómetros justo después del Mardi Gras, se observa un repentino incremento de las temperaturas de los pacientes en el sur. Por desgracia, como los médicos no tenían experiencia en el tratamiento de este nuevo virus mortal, pasaron semanas desde dicha celebración hasta que se alertó a los médicos de la pandemia. Muchos pacientes murieron a causa de este retraso crítico en la identificación del virus, cuya aparición tomó al estamento médico totalmente por sorpresa.

En el futuro, con una vasta red de dispositivos médicos, como termómetros y sensores conectados a internet, se podría tener una lectura instantánea de temperatura en todo el país, analizada por ordenadores cuánticos. Con un simple vistazo al mapa, se verían los epicentros de otro potencial evento de propagación masiva.

Otra forma de crear un sistema de alerta precoz es utilizar las redes sociales, que nos dan el pulso de lo que ocurre en el país en tiempo real mejor que ningún otro procedimiento. Por ejemplo, los algoritmos del futuro estarían preparados para buscar publicaciones anómalas en internet, como si la gente empezase a decir cosas del tipo «no puedo respirar» o «he perdido el olfato», frases insólitas que los ordenadores cuánticos captarían. Entonces, el personal sanitario podría hacer un seguimiento de estos incidentes para ver si están causados por una enfermedad contagiosa.

Del mismo modo, los ordenadores cuánticos podrían ser capaces de detectar brotes del virus en el momento en que se producen. Quizá se desarrollen sensores capaces de localizar aerosoles del patógeno flotando en el aire. Al principio de la epidemia, las autoridades afirmaban que para prevenir la propagación del virus bastaba con mantenerse a dos metros de distancia de los demás, y que la transmisión se producía sobre todo a través de gotas expulsadas con la tos y los estornudos.

Ahora se cree que esto era probablemente incorrecto. Los estudios reales del virus muestran que las partículas de aerosol después de un estornudo, por ejemplo, pueden transportar el virus seis metros o más. De hecho, ahora se cree que una de las principales vías de propagación de la COVID-19 son los aerosoles generados simplemente al hablar. Sentarse junto a personas que cantan y charlas en voz alta en interiores durante más de quince minutos son una forma de acelerar la propagación del virus.

Así, en el futuro, una red de sensores colocados en interiores podría ser capaz de detectar aerosoles en el aire y enviar los resultados a ordenadores cuánticos, que analizarían este enorme conjunto de información en busca de señales de alerta precoz de la próxima pandemia.

DESCIFRAR EL SISTEMA INMUNITARIO

Las vacunas han demostrado que nuestro propio sistema inmunitario es una defensa potente contra las enfermedades infecciosas, pero los científicos saben muy poco sobre su funcionamiento real.

Aún estamos aprendiendo aspectos nuevos y sorprendentes sobre el sistema inmunitario. Por ejemplo, ahora los científicos saben que muchas enfermedades no atacan de manera directa al organismo. La epidemia de gripe de 1918 mató a más personas que todas las que murieron en la Primera Guerra Mundial. Lamentablemente, no se conservaron muestras del virus, así que resulta difícil analizarlo y determinar cómo mataba. Pero hace varios años un equipo científico visitó el Ártico, donde examinó los cuerpos de personas que murieron por este virus y se conservaron en el permafrost.

Lo que descubrieron fue interesante. La enfermedad no mataba directamente a su víctima, sino que sobreestimulaba su propio sistema inmunitario, el cual empezaba a inundar el cuerpo con sustancias químicas peligrosas con la esperanza de matar el virus. Esta tormenta de citoquinas es lo que finalmente acababa con la vida del paciente. Así, el principal asesino era en realidad el propio sistema inmunitario del cuerpo, que estaba desquiciado.

Algo parecido se descubrió con la COVID-19. Cuando una persona ingresa en el hospital, su situación inicial puede no parecer grave. Pero en las últimas fases de la enfermedad, cuando se desencadena la tormenta de citoquinas, las peligrosas sustancias químicas que inundan el cuerpo terminan por provocar el fallo de los órganos. Si no se trata, a menudo se produce la muerte.

En el futuro, los ordenadores cuánticos podrían proporcionar una visión sin precedentes de la biología molecular del sistema inmunitario. Esto presentaría numerosas formas de desactivarlo o reducir su actividad para que no nos mate en caso de infección grave. Hablaremos del sistema inmunitario con más detalle en el próximo capítulo.

EL VIRUS ÓMICRON

Los ordenadores cuánticos también pueden resultar fundamentales para determinar las propiedades de un virus a medida que muta. Por ejemplo, la variante ómicron de la COVID-19 apareció en noviembre de 2021. Se secuenció su genoma y la alarma saltó de inmediato. Tenía cincuenta mutaciones, lo que la hacía más contagiosa que el virus delta. Pero los científicos fueron incapaces de determinar con precisión el grado de peligrosidad de estas mutaciones. ¿Permitirían que las espículas virales entraran en las células humanas mucho más rápido que antes y, por tanto, causaran estragos en la raza humana? Solo les quedaba esperar. En el futuro, los ordenadores cuánticos podrían determinar la letalidad de un virus analizando las mutaciones de sus espículas virales, en lugar de esperar durante semanas cruzando los dedos.

Quizá podamos predecir el curso de este y otros virus en cuanto conozcamos su estructura. Los ordenadores digitales actuales son demasiado primitivos para simular cómo un virus como la variante ómicron ataca el cuerpo humano. Pero, una vez que conozcamos la estructura molecular exacta de un patógeno, podríamos utilizar ordenadores cuánticos para simular los efectos específicos del virus en el cuerpo, de modo que sepamos de antemano lo peligroso que es y cómo combatirlo.

Por suerte, también tenemos a la evolución de nuestro lado. Muchas enfermedades antiguas que mataron a una gran parte de la raza humana, como el virus de la gripe española de 1918, probablemente sigan con nosotros, pero en una forma mutada, como enfermedad endémica y no como pandemia. Según la teoría de la evolución, las distintas cepas de un virus compiten entre sí. Por tanto, existe una presión evolutiva para volverse más infeccioso y superar a la competencia. Así, cada generación de mutaciones puede ser más infecciosa que la anterior. Pero, si el patógeno mata a demasiada gente, entonces no dispone de huéspedes suficientes para seguir propagándose. Por tanto, también existe una presión evolutiva para ser menos letal.

En otras palabras, a fin de mantenerse en circulación, muchos virus evolucionan para ser más infecciosos, si bien menos letales. Así que quizá tengamos que aprender a vivir con la COVID, pero en una forma menos mortífera.

El futuro

Los antibióticos y las vacunas son la base de la medicina moderna. Pero los primeros suelen hallarse por ensayo y error, y las segundas se limitan a estimular el sistema inmunitario para que cree anticuerpos con que combatir un virus. Así que uno de los objetivos de la medicina moderna es desarrollar nuevos antibióticos, y el otro, comprender la respuesta inmunitaria del organismo, que es nuestra primera línea de defensa contra los virus y también contra uno de los mayores asesinos de todos los tiempos, el cáncer. Si el misterio que rodea a nuestro sistema inmunitario pudiese resolverse utilizando ordenadores cuánticos, entonces también conseguiríamos la forma de atacar algunas de las mayores enfermedades incurables, como ciertas formas de cáncer, el alzhéimer, el párkinson y la ELA. Estas causan unos daños a nivel molecular que solo los ordenadores cuánticos pueden desentrañar y ayudar a combatir. En el próximo capítulo investigaremos cómo estos sistemas tendrían la capacidad de revelar nuevos conocimientos sobre nuestro sistema inmunitario y, con el tiempo, reforzarlo.

11

Edición genética y curación del cáncer

En 1971, el presidente Richard Nixon anunció a bombo y platillo la guerra contra el cáncer. La medicina moderna, según declaró, acabaría por fin con este gran azote de la humanidad.

Pero, años más tarde, cuando los historiadores evaluaron este esfuerzo, el veredicto fue claro: el cáncer había ganado. Sí, se produjeron avances graduales en la lucha mediante cirugía, quimioterapia y radioterapia, pero el número de muertes por esta enfermedad continuaba resultando obstinadamente alto. El cáncer sigue siendo la segunda causa de muerte en Estados Unidos, después de las enfermedades cardiovasculares. A nivel mundial, mató a 9,5 millones de personas en 2018.

El problema fundamental de la guerra contra el cáncer era que los científicos no sabían de qué se trataba este realmente. Había un intenso debate sobre si esta temida enfermedad estaba causada por un único factor o por un confuso conjunto de ellos, como la dieta, la contaminación, la genética, los virus, la radiación, el tabaquismo o simplemente la mala suerte.

Varias décadas más tarde, los avances en genética y biotecnología han revelado por fin la respuesta. En el nivel más básico, el cáncer es una enfermedad de nuestros genes, pero puede desencadenarse por tóxicos ambientales, radiación y otros factores, o por simple mala suerte. De hecho, el cáncer no es en absoluto una sola enfermedad, sino miles de tipos diferentes de mutaciones en nuestros genes. En la actualidad existen enciclopedias de los distintos tipos de cáncer que hacen que las células sanas proliferen de repente y maten al huésped.

El cáncer es una enfermedad increíblemente diversa y extendida. De hecho, se ha encontrado en momias de miles de años de antigüedad y la referencia médica más antigua se remonta al año 3000 a. e. c. en Egipto. Pero no solo afecta a los humanos, sino que está presente en todo el reino animal. En cierto sentido, es el precio que pagamos por tener formas de vida compleja en la Tierra.

Para crear una forma de vida compleja, con billones de células que llevan a cabo complicadas reacciones químicas en serie, algunas células tienen que morir mientras otras nuevas ocupan su lugar, lo que permite que el cuerpo crezca y se desarrolle. Muchas de las células de un bebé deben acabar muriendo para preparar el camino a las del adulto. Esto significa que las células están programadas genéticamente para morir por necesidad, para sacrificarse con el fin de crear nuevos tejidos y órganos complejos. Esto se denomina «apoptosis».

Aunque esta muerte celular programada forma parte del desarrollo saludable del organismo, a veces los errores pueden desactivar estos genes accidentalmente, de modo que la célula continúa reproduciéndose y prolifera de forma descontrolada. No puede dejar de multiplicarse y, en ese sentido, las células cancerosas son inmortales. De hecho, esa es la razón por la que pueden matarnos, al crecer de manera incontrolada y crear tumores que acaban por paralizar las funciones corporales vitales.

En otras palabras, las células cancerosas son células ordinarias que han olvidado cómo morir.

A menudo, el cáncer tarda muchos años o décadas en formarse. Por ejemplo, si de niño sufrió una quemadura solar grave, puede padecer cáncer de piel en ese mismo lugar décadas más tarde. Esto se debe a que se necesita más de una mutación para desarrollar cáncer. Muchas veces, se precisan años o décadas de mutaciones acumuladas, las cuales terminarán por inhabilitar la capacidad de la célula para controlar su reproducción.

Pero, si el cáncer es tan mortal, ¿por qué la evolución no se deshizo de estos genes defectuosos hace millones de años mediante selección natural? La respuesta es que, por lo general, el cáncer se propaga una vez superada nuestra edad reproductiva, por lo que la presión evolutiva para eliminar los genes cancerígenos es menor.

A veces olvidamos que la evolución avanza mediante la selección natural y el azar. Por tanto, por muy maravillosos que sean los mecanismos moleculares que hacen posible la vida, son el subproducto de mutaciones aleatorias a lo largo de miles de millones de años de ensayo y error. De ahí que no podamos esperar que nuestro cuerpo organice una defensa perfecta contra las enfermedades mortales. Dado el abrumador número de mutaciones que intervienen en el cáncer, puede que hagan falta ordenadores cuánticos para cribar esta montaña de información e identificar las causas profundas de la enfermedad, pues estos sistemas son ideales para atacar una enfermedad que se manifiesta de tantas y tan confusas formas. Puede que, con el tiempo, ofrezcan un campo de batalla completamente nuevo en el que enfrentarnos a enfermedades incurables como el cáncer, el alzhéimer, el párkinson y la ELA, entre otras.

BIOPSIAS LÍQUIDAS

¿Cómo sabemos si tenemos cáncer? Por desgracia, muchas veces no lo sabemos. Los signos del cáncer son a veces ambiguos o difíciles de detectar. En el momento en que se forma un tumor, por ejemplo, puede haber miles de millones de células cancerosas creciendo en el cuerpo. Si se detecta un tumor maligno, casi de inmediato el médico puede recomendar cirugía, radioterapia o quimioterapia. A veces, sin embargo, ya es demasiado tarde.

Pero ¿y si se pudiera detener la propagación del cáncer mediante la detección de células anómalas antes de que se forme el tumor? Los ordenadores cuánticos pueden desempeñar un papel crucial en este empeño.

Hoy en día, en una visita rutinaria a la consulta del médico, nos hacemos un análisis de sangre y puede que den el visto bueno a nuestra salud. Sin embargo, más adelante podrían aparecer signos reveladores de cáncer. Así que cabe preguntarse por qué un simple análisis de sangre no puede detectar esta enfermedad.

Esto se debe a que nuestro sistema inmunitario no suele poder detectar las células cancerosas, que pasan desapercibidas al no ser invasores extraños fácilmente reconocibles por nuestras defensas. Se trata de nuestras propias células que se han averiado y, por tanto, pueden eludir ser descubiertas. Así, los análisis de sangre que examinan la respuesta inmunitaria no pueden reconocer la presencia de cáncer.

Pero se sabe desde hace más de cien años que los tumores cancerosos desprenden células y moléculas en los fluidos corporales. Por ejemplo, estas pueden detectarse en la sangre, la orina, el líquido cefalorraquídeo e incluso la saliva.

Por desgracia, esto solo es posible si ya hay miles de millones de células cancerosas proliferando en el organismo. Para entonces, suele ser necesaria cirugía para extirpar el tumor. Pero, recientemente, la ingeniería genética nos ha proporcionado por fin medios para detectar células cancerosas flotando en nuestro torrente sanguíneo u otros fluidos corporales. Algún día, puede que este método llegue a ser lo bastante sensible como para detectar unos pocos cientos de células cancerosas, lo que nos dará años para actuar antes de que se forme un tumor.

Aun así, solo en los últimos años ha sido posible crear un sistema de alerta precoz de los cánceres: la prometedora vía de investigación denominada «biopsia líquida», una forma rápida, cómoda y versátil de detectar esta enfermedad y que puede suponer una revolución en este campo.

«En los últimos años, el desarrollo clínico de las biopsias líquidas para el cáncer, una revolucionaria herramienta de diagnóstico, ha generado un gran optimismo», escribieron Liz Kwo y Jenna Aronson en la revista *American Journal of Managed Care*.[40]

En la actualidad, las biopsias líquidas detectan hasta cincuenta tipos distintos de cáncer. En una visita normal al médico se podrían llegar a hallar cánceres años antes de que sean mortíferos.

En el futuro, incluso el inodoro de su cuarto de baño podría ser lo bastante sensible como para detectar los signos de células cancerosas, enzimas y genes circulando en sus fluidos corporales, de modo que esta enfermedad no sería más letal que el resfriado común. Cada vez que fuera al baño, se sometería de forma inconsciente a una prueba de detección del cáncer. El «inodoro inteligente» podría ser nuestra primera línea de defensa.

Aunque miles de mutaciones diferentes pueden causar cáncer, los ordenadores cuánticos aprenderían a identificarlas, de modo que un simple análisis de sangre fuera capaz de detectar decenas de posibles cánceres. Tal vez nuestro genoma sería leído diaria o semanalmente y explorado por distantes ordenadores cuánticos en busca de indicios de mutaciones nocivas. Esto no es una cura para el cáncer, pero permitiría evitar que se extienda para que no sea más peligroso que un simple catarro.

Muchas personas se hacen una sencilla pregunta: «¿Por qué no podemos curar el resfriado común?». En realidad, sí podemos. Pero, como hay más de trescientos rinovirus capaces de causar un catarro, y estos mutan constantemente, no tiene sentido desarrollar trescientas vacunas para dar con este fugaz blanco. Nos limitamos a convivir con él.

Este puede ser el futuro de la investigación sobre el cáncer. En lugar de ser una sentencia de muerte, podría llegar a considerarse una molestia y nada más. Son tantos los genes cancerígenos que quizá resultara poco práctico desarrollar tratamientos para todos ellos, pero si podemos detectarlos con ordenadores cuánticos años antes de que se extiendan, cuando no son más que una pequeña colonia de unos pocos cientos de células cancerosas, entonces sería posible detener su progresión.

En otras palabras, puede que en el futuro sigamos teniendo cáncer, pero quizá solo en raras ocasiones mate a alguien.

OLFATEAR CÁNCERES

Otra forma de detectar el cáncer en sus primeras fases podría ser el uso de sensores para identificar los débiles olores que desprenden las células cancerosas. Algún día, tal vez su teléfono móvil cuenta con accesorios de detección y esté conectado a un ordenador cuántico en la nube, de manera que podría ayudarle a defenderse no solo del cáncer, sino de otras muchas enfermedades. Los ordenadores cuánticos analizarían los datos de millones de «narices robóticas» en todo el país para detener el cáncer en seco.

Analizar el olor es una técnica de diagnóstico de eficacia probada. Por ejemplo, se están utilizando perros para detectar el coronavirus en los aeropuertos. Mientras que una prueba PCR típica para este virus tarda varios días en dar un resultado, los perros especialmente adiestrados lo identifican con una exactitud del 95 por ciento en unos diez segundos. Esto ya se está utilizando para examinar a los pasajeros en el aeropuerto de Helsinki y en otros lugares.

Se ha adiestrado a perros para identificar el cáncer de pulmón, mama, ovario, vejiga y próstata. De hecho, estos animales tienen un 99 por ciento de éxito en la detección del cáncer de próstata olfateando una muestra de orina del paciente. En un estudio, los perros detectaron el cáncer de mama con un 88 por ciento de precisión, y el de pulmón, con un 99 por ciento.

La razón es que los perros tienen doscientos veinte millones de receptores olfativos, mientras que los humanos solo tenemos cinco millones. Por tanto, su sentido del olfato es mucho más preciso que el nuestro, tanto que pueden localizar concentraciones de una parte por billón, lo que equivale a detectar una sola gota de líquido en veinte piscinas olímpicas. Y la zona de su cerebro dedicada a analizar los olores es mucho mayor que la equivalente en el cerebro humano.

Sin embargo, uno de los inconvenientes es que se tarda unos meses en adiestrar a un perro para que reconozca el coronavirus o el cáncer, y la oferta de perros especialmente entrenados es limitada. ¿Podríamos realizar estos análisis con nuestra propia tecnología, a una escala que pudiera salvar millones de vidas?

Poco después del 11-S, una empresa de televisión me invitó a un almuerzo para hablar de las tecnologías del futuro. Tuve el privilegio de sentarme junto a un funcionario de la Agencia de Proyectos de Investigación Avanzada de Defensa (DARPA, por sus siglas en inglés), una rama del Pentágono famosa por inventar la tecnología del futuro. DARPA tiene un largo historial de éxitos espectaculares, como la NASA, internet, el coche sin conductor y el bombardero furtivo.

Así que le hice una pregunta que siempre me había preocupado: ¿por qué no desarrollamos sensores que detecten explosivos? Los perros pueden realizar fácilmente tareas que ni nuestras mejores máquinas son capaces de hacer.

El funcionario hizo una pausa y luego me explicó lentamente la diferencia entre los perros y nuestros sensores más avanzados. En efecto, DARPA había estudiado con atención esta cuestión y había observado que los nervios olfativos de los perros son tan sensibles que pueden incluso captar moléculas individuales de ciertos olores. Los sensores artificiales desarrollados en nuestros mejores laboratorios no pueden ni acercarse a esa sensibilidad.

Años después de aquella conversación, DARPA patrocinó un concurso para ver si algún laboratorio era capaz de crear una nariz robótica como la de un perro.

Una de las personas que se enteró de ese reto fue Andreas Mershin, del MIT. Le fascinaba la capacidad cuasimilagrosa de los perros para detectar diversas enfermedades y dolencias. De hecho, había empezado a interesarse por esta cuestión cuando estudiaba la detección del cáncer de vejiga. Un perro diagnosticaba de forma sistemática a un paciente concreto con esta enfermedad, a pesar de que se le habían realizado numerosas pruebas y se había descartado el cáncer. Algo iba mal. El perro no cambiaba de opinión. En última instancia, el paciente accedió a someterse a nuevas pruebas y se descubrió que tenía cáncer de vejiga en una fase muy temprana, antes de que pudiera detectarse mediante las pruebas de laboratorio estándar.

Mershin quería imitar este asombroso éxito. Su objetivo era crear una «nanonariz» con microsensores capaces de detectar cánceres y otras afecciones y alertar al usuario a través del teléfono móvil. Hoy, científicos del MIT y la Universidad Johns Hopkins han desarrollado microsensores doscientas veces más sensibles que la nariz de un perro.

Pero esta tecnología aún es experimental, por lo que cuesta unos mil dólares analizar una sola muestra de orina en busca de cáncer. Aun así, Mershin imagina el día en que esta tecnología sea tan común como la cámara de un móvil. Debido a la enorme cantidad de datos que podrían llegar de cientos de millones de teléfonos y sensores, solo los ordenadores cuánticos serían capaces de procesar tal profusión. A continuación, podrían utilizar inteligencia artificial para analizar las señales, localizar marcadores cancerosos y enviar la información al usuario, quizá años antes de que se forme un tumor.

En el futuro, puede haber diversas formas de detectar el cáncer sin esfuerzo y con discreción, antes de que suponga una grave amenaza. Las biopsias líquidas y los detectores de olores enviarían los datos a un ordenador cuántico, que identificaría decenas de tipos distintos de cáncer. De hecho, quizá la palabra «tumor» desapareciera del lenguaje común, del mismo modo que ya no hablamos de «sangrías» o de «sanguijuelas».

Pero ¿qué ocurre si el cáncer ya se ha formado? ¿Pueden los ordenadores cuánticos ayudar a curar un tumor una vez que ha empezado a atacar al organismo?

INMUNOTERAPIA

En la actualidad, existen al menos tres formas principales de atacar el cáncer una vez detectado: la cirugía (para extirpar el tumor), la radiación (para destruir las células cancerosas con rayos X o haces de partículas) y la quimioterapia (para envenenar las células cancerosas). Pero, con la aparición de la ingeniería genética, se está generalizando el uso de una nueva forma de tratamiento: la inmunoterapia. Hay varias versiones, pero, en general, todas tratan de lograr obtener la ayuda del propio sistema inmunitario.

Por desgracia, este no puede identificar las células cancerosas con facilidad. Los linfocitos T y B de nuestro organismo, por ejemplo, están programados para identificar y luego eliminar un gran número de antígenos extraños, pero las células cancerosas no forman parte de la biblioteca que los glóbulos blancos son capaces de reconocer. Por tanto, pasan desapercibidas para nuestro sistema inmunitario. El truco consiste en potenciar artificialmente nuestras defensas para que reconozcan y ataquen el cáncer.

Uno de los métodos consiste en secuenciar el genoma del cáncer para que los médicos sepan con exactitud de qué tipo es y cómo se está desarrollando. A continuación, se extraen glóbulos blancos de la sangre y se procesa el ADN del cáncer. La información genética obtenida se inserta en los glóbulos blancos a través de un virus (que previamente se ha hecho inocuo). De este modo, se reprograman los glóbulos blancos para identificar dichas células cancerosas. Por último, estos se inyectan de nuevo en el organismo.

Hasta ahora, este método ha resultado ser muy prometedor para atacar formas incurables de cáncer, incluso en fases avanzadas, cuando ya se ha extendido por todo el cuerpo. Algunos pacientes a los que se había dicho que su caso era irremediable han visto desaparecer sus tumores de forma repentina y espectacular.

La inmunoterapia se ha utilizado para el cáncer de vejiga, cerebro, mama, cuello uterino, colon, recto, esófago, riñón, hígado, pulmón, linfa, piel, ovario, páncreas, próstata, huesos, estómago y la leucemia, todos ellos con distintos grados de éxito.

Pero hay inconvenientes. Este método solo está disponible para algunos tipos de cáncer, y hay miles diferentes. Además, la genética de los glóbulos blancos se altera artificialmente, de manera que a veces la modificación no es perfecta, lo que puede provocar efectos secundarios no deseados. De hecho, hay ocasiones en que estos pueden ser mortales.

Sin embargo, los ordenadores cuánticos podrían ayudar a perfeccionar este tratamiento. Con el tiempo, quizá sean capaces de analizar esta masa de datos en bruto para identificar la genética de cada célula cancerosa. Una tarea tan monumental desbordaría a un ordenador clásico. Se leería el genoma de todos los habitantes del país, discreta y eficientemente, varias veces al mes a través de un análisis de sus fluidos corporales. Se secuenciaría todo su genoma, catalogando más de veinte mil genes por persona. Luego se compararía con los miles de posibles genes cancerosos que se han estudiado. Se necesitaría una enorme infraestructura de ordenadores cuánticos para analizar este volumen de datos, pero los beneficios serían enormes: la disminución de este temible asesino.

LA PARADOJA DEL SISTEMA INMUNITARIO

El sistema inmunitario ha sido durante mucho tiempo un misterio. A fin de que el organismo pueda destruir los antígenos invasores, primero debe ser capaz de identificarlos. Dado que existe un número ilimitado de posibles virus y bacterias, ¿cómo distingue el sistema inmunitario entre los peligrosos y los beneficiosos? ¿Cómo puede reconocerlos si nunca se ha enfrentado a una enfermedad concreta? Es como si la policía supiera a quién detener entre una multitud de gente que no ha visto nunca.

En principio, parece imposible. Hay un número infinito de enfermedades diferentes, por lo que no está claro cómo el sistema inmunitario encontraría, mediante algún método mágico, las correctas.

Pero la evolución ha desarrollado una forma inteligente de resolver este problema. El leucocito B, por ejemplo, contiene receptores de antígeno en forma de Y que sobresalen de su pared celular. El objetivo de este glóbulo blanco es enganchar los extremos de sus receptores a un antígeno peligroso para poder destruirlo o marcarlo para su posterior eliminación. Así es como identifica las amenazas.

Cuando nace un glóbulo blanco, los códigos genéticos de los extremos de los receptores Y que se unen a los receptores de antígenos específicos están mezclados al azar. Esta es la clave. Así que, en principio, casi todos los códigos que el organismo encuentre alguna vez ya están contenidos dentro de los diversos receptores Y aleatorios, tanto los beneficiosos como los perjudiciales. (Para apreciar cómo un pequeño número de aminoácidos puede crear una cantidad enorme de códigos genéticos, piense en un ejemplo hipotético. Partimos del hecho de que hay veinte aminoácidos diferentes en el cuerpo humano. Digamos que creamos una cadena de diez de ellos, cada ranura de la cual puede albergar uno de esos veinte aminoácidos. Entonces hay $20 \times 20 \times 20 \times \ldots = 20^{10}$ posibles disposiciones aleatorias de aminoácidos. Compárelo con el número real de receptores viables de linfocitos B, que tienen alrededor de 10^{12} combinaciones potenciales diferentes. Este número astronómico contiene casi todos los antígenos que pueden existir).

Sin embargo, una vez distribuidos todos los receptores Y, aquellos que contienen los códigos genéticos de los propios aminoácidos del organismo se eliminan gradualmente. Así, quedan receptores Y que solo contienen el código genético de antígenos peligrosos. De este modo, pueden atacar patógenos aunque nunca se hayan encontrado con ellos.

Es como si la policía tratara de encontrar a un delincuente entre una multitud. Primero, los agentes dejan de lado a todas las personas que saben previamente que son inocentes. Entonces, deducen que los criminales podrían estar entre los que quedan.

Como vivimos en un océano invisible de miles de millones de bacterias y virus, este sistema funciona sorprendentemente bien. Sin embargo, a veces produce un efecto indeseado. Por ejemplo, en ocasiones, al eliminar los códigos genéticos que se encuentran en el cuerpo, este no los desecha todos. Algunos de los códigos buenos se quedan atrás, de manera que son atacados por el sistema inmunitario. En otras palabras, si la policía no elimina a todos los sospechosos inocentes, accidentalmente quedan atrás algunas de estas personas y, cuando llega el momento de interrogar a los sospechosos, también se duda de algunos inocentes.

Esto significa que el organismo se atacará a sí mismo, creando una serie de enfermedades autoinmunes. Quizá por eso tenemos artritis reumatoide, lupus, diabetes de tipo 1, esclerosis múltiple, etc.

A veces, ocurre lo contrario. El sistema inmunitario no solo elimina los códigos genéticos beneficiosos, sino que también se deshace de algunos códigos perjudiciales por accidente. En ese caso, no es capaz de identificar los peligrosos, que pueden causar enfermedades.

Esto es lo que ocurre a veces con algunos tipos de cáncer, cuando el organismo es incapaz de detectar los antígenos como genes nocivos.

Todo el proceso de identificación de antígenos peligrosos es puramente cuántico. Los ordenadores digitales son incapaces de reproducir la compleja secuencia de acontecimientos que deben producirse a nivel molecular para que el sistema inmunitario funcione correctamente. Pero los ordenadores cuánticos serían lo bastante potentes para desentrañar, molécula por molécula, cómo hace su magia el sistema inmunitario.

CRISPR

Las aplicaciones terapéuticas de los ordenadores cuánticos aumentarán si se combinan con una nueva tecnología llamada CRISPR (siglas en inglés de repeticiones palindrómicas cortas, agrupadas y regularmente interespaciadas), que permite a los científicos cortar y pegar genes. Los ordenadores cuánticos se utilizarían para identificar y aislar enfermedades genéticas complejas, y CRISPR podría emplearse para curarlas.

En la década de 1980, el entusiasmo por la terapia génica, es decir, reparar los genes defectuosos, era enorme. Se conocen al menos diez mil enfermedades genéticas que afectan a la raza humana. Se creía que la ciencia nos permitiría reescribir el código de la vida para corregir los errores de la madre naturaleza. Incluso se habló de que la terapia génica podría potenciar también la raza humana, mejorando nuestra salud e inteligencia a nivel genético.

Gran parte de las primeras investigaciones se centraron en un objetivo fácil: atacar enfermedades genéticas causadas por errores en unas pocas letras del genoma humano. Por ejemplo, esto ocurre en el caso de la anemia falciforme (que afecta a muchos afroamericanos), la fibrosis quística (que afecta a muchos europeos del norte) y la enfermedad de Tay-Sachs (que afecta a los judíos). Existía la esperanza de que los médicos pudieran curar estas enfermedades simplemente con solo reescribir nuestro código genético.

(Debido a la endogamia, las enfermedades genéticas eran tan frecuentes en las familias reales de Europa que los historiadores han escrito que incluso afectaron a la historia mundial. El rey Jorge III de Inglaterra padecía una enfermedad genética que lo volvió loco. Los historiadores especulan con la posibilidad de que su estado provocara la Revolución estadounidense. Asimismo, el hijo de Nicolás II de Rusia padecía hemofilia, que la familia real creía que solo podía ser tratada por el místico Rasputín. Esto paralizó la monarquía y retrasó las necesarias reformas, lo que podría haber contribuido a la Revolución rusa, en 1917).

Dichos ensayos de ingeniería genética se realizaron de forma similar a los de inmunoterapia. Primero se insertaba el gen deseado en un virus inocuo, modificado para que no pudiera atacar a su huésped. A continuación, el virus se inyectaba en el paciente, de modo que este quedaba infectado con el gen deseado.

Por desgracia, pronto surgieron complicaciones. Por ejemplo, el organismo solía reconocer el virus y atacarlo, provocando efectos secundarios no deseados para el paciente. Muchas de las esperanzas en la terapia génica se desvanecieron en 1999, cuando un paciente murió tras un ensayo. Los fondos empezaron a escasear, los programas de investigación se redujeron de forma drástica y los ensayos se reevaluaron o se interrumpieron.

Pero más recientemente los investigadores lograron un gran avance cuando empezaron a estudiar con detenimiento cómo ataca la madre naturaleza a los virus. A veces olvidamos que estos no solo afectan a las personas, sino también a las bacterias. Así que los médicos se plantearon una pregunta sencilla: ¿cómo se defienden estas de la agresión vírica? Para su sorpresa, descubrieron que, a lo largo de millones de años, las bacterias han ideado formas de cortar los genes del virus invasor. Si alguno intenta atacar a una bacteria, esta puede contraatacar liberando un aluvión de sustancias químicas que dividen los genes del virus en puntos precisos, deteniendo así la infección. Este potente mecanismo se aisló y se utilizó para cortar códigos genéticos virales en los puntos deseados. Emmanuelle Charpentier y Jennifer Doudna recibieron el Premio Nobel en 2020 por su trabajo pionero en el perfeccionamiento de esta revolucionaria tecnología.

Este mecanismo se ha comparado con el procesamiento de textos. Antaño, con las máquinas de escribir se tenía que teclear cada letra sucesivamente, lo que suponía una práctica penosa y plagada de errores. Pero con los procesadores de texto fue posible escribir un programa que permitía editar manuscritos enteros eliminando y reordenando sus partes. Del mismo modo, tal vez algún día la tecnología CRISPR pueda aplicarse a la ingeniería genética, que ha tenido un éxito desigual a lo largo de los años. Esto abriría las puertas a esta disciplina.

Un objetivo concreto de la terapia génica podría ser el gen p53. Cuando este muta, está implicado en aproximadamente la mitad de los cánceres comunes, como los de mama, colon, hígado, pulmón y ovarios. Quizá una de las razones de su predisposición a volverse canceroso es que se trata de un gen excepcionalmente largo y, por tanto, tiene muchos lugares donde pueden producirse mutaciones. Es un gen supresor de tumores, lo que lo hace crucial para detener el crecimiento de los cánceres. Por eso se le suele llamar «el guardián del genoma».

Pero, cuando muta, se convierte en uno de los genes subyacentes más comunes en los cánceres humanos. De hecho, las mutaciones en lugares concretos suelen estar relacionadas con cánceres específicos. Por ejemplo, los fumadores empedernidos enferman a menudo debido a tres mutaciones específicas a lo largo del gen p53, lo que puede utilizarse para demostrar que el cáncer de pulmón de esta persona procede probablemente del humo del tabaco.

En el futuro, gracias a los avances en terapia génica y CRISPR, se podrían corregir los errores en el gen p53 mediante inmunoterapia y ordenadores cuánticos, y curar así muchas formas de cáncer.

Recordemos que la inmunoterapia tiene efectos secundarios, incluyendo en raras ocasiones la muerte del paciente. Esto se debe, en parte, a que el corte y pegado de los genes del cáncer es impreciso. El p53, por ejemplo, es un gen muy largo, por lo que los errores al editarlo pueden ser frecuentes. Los ordenadores cuánticos ayudarían a reducir estos fatales efectos secundarios. Potencialmente, podrían descifrar y trazar las moléculas de los genes de una determinada célula cancerosa. A continuación, CRISPR cortaría el código en puntos precisos. Así pues, la combinación de terapia génica, ordenadores cuánticos y CRISPR podría permitir cortar y empalmar genes con la máxima precisión, reduciendo el problema de los efectos secundarios letales.

Terapia génica con CRISPR

Clara Rodríguez Fernández escribió en *Labiotech*: «En teoría, CRISPR podría permitirnos editar cualquier mutación genética a voluntad para curar cualquier enfermedad de origen genético». Aquellas que implican una única mutación son el primero de los objetivos. Y añadía: «Con más de diez mil enfermedades causadas por mutaciones en un solo gen humano, CRISPR ofrece la esperanza de curarlas todas reparando cualquier error genético subyacente».[41] En el futuro, a medida que se desarrolle esta tecnología, podrían estudiarse enfermedades genéticas causadas por mutaciones múltiples en varios genes.

Por ejemplo, esta es una lista de algunas de las enfermedades genéticas que se están tratando actualmente con CRISPR:

1. *Cáncer*
En la Universidad de Pennsylvania, los científicos lograron utilizar CRISPR para eliminar tres genes que permiten a las células cancerosas eludir el sistema inmunitario del organismo. A continuación, añadieron otro gen que puede ayudar a nuestras defensas a reconocer tumores. Los científicos comprobaron que el método era seguro, incluso cuando se utilizaba en pacientes con cáncer avanzado.

Además, CRISPR Therapeutics está realizando una prueba en ciento treinta pacientes con leucemia. Estos están siendo tratados con inmunoterapia, que utiliza CRISPR para modificar su ADN.

2. *Anemia falciforme*

CRISPR Therapeutics también está extrayendo células madre de la médula ósea de pacientes con anemia falciforme. Entonces, utiliza CRISPR para alterarlas, de manera que produzcan hemoglobina fetal. Las células tratadas se introducen de nuevo en el organismo.

3. *Sida*

Un pequeño número de individuos nacen con una inmunidad natural al sida debido a una mutación en su gen CCR5. Normalmente, la proteína producida por este crea un punto de entrada para que el virus penetre en una célula. Sin embargo, en estas singulares personas, el gen CCR5 está mutado, por lo que el sida no puede infectar el organismo. En el caso de las personas sin esta mutación, los científicos están editando de modo deliberado el gen CCR5 con CRISPR para que el virus no pueda entrar en sus células.

4. *Fibrosis quística*

La fibrosis quística es una enfermedad respiratoria relativamente frecuente; las personas que la padecen rara vez superan los cuarenta años. Está causada por una mutación en el gen CFTR. En los Países Bajos, los médicos lograron utilizar CRISPR para reparar este gen sin provocar efectos secundarios. Otros grupos, como Editas Medicine, CRISPR Therapeutics y Beam Therapeutics, también planean tratar la fibrosis quística con esta tecnología génica.

5. *Enfermedad de Huntington*

Esta enfermedad genética suele causar demencia, trastornos mentales, alteraciones cognitivas y otros síntomas debilitantes. Se cree que algunas de las mujeres procesadas en los juicios por brujería de Salem, en 1692, padecían esta enfermedad. Es el resultado de una repetición del gen de Huntington a lo largo del ADN. Científicos del Hospital Infantil de Filadelfia están utilizando CRISPR para tratar esta enfermedad.

Mientras que las enfermedades causadas por mutaciones mínimas son objetivos relativamente fáciles para CRISPR, otras como la esquizofrenia pueden implicar un gran número de mutaciones, aparte de interacciones con el entorno. Esta es otra de las razones por la que pueden ser necesarios los ordenadores cuánticos.

Comprender cómo estas mutaciones provocan una enfermedad a nivel molecular puede requerir toda la potencia de los ordenadores cuánticos. Una vez que conozcamos el mecanismo molecular por el que determinadas proteínas causan enfermedades genéticas, podremos modificarlas o encontrar tratamientos más eficaces.

LA PARADOJA DE PETO

Pero esto también plantea una paradoja sobre el cáncer. El biólogo Richard Peto, de Oxford, observó algo extraño en los elefantes. Debido a su enorme tamaño, cabría esperar que desarrollaran más tipos de cáncer que animales mucho más pequeños. Al fin y al cabo, una masa mayor implica que haya más células en constante división, lo que introduce la posibilidad de errores genéticos, como dicha enfermedad. Pero lo sorprendente es que la tasa de cáncer en los elefantes es relativamente baja. Esto se conoce como la paradoja de Peto.

Al analizar el reino animal, observamos esto de manera ubicua. La tasa de cáncer no suele corresponderse con el peso corporal. Más tarde se descubrió que los elefantes tienen veinte copias del gen p53, mientras que los seres humanos solo tenemos una. Se cree que estas colaboran con otro gen llamado LIF para dar a los elefantes la ventaja contra el cáncer. Así pues, se sospecha que los genes como el p53 y el LIF actúan para suprimir los cánceres en los animales grandes.

Pero las cosas podrían no terminar aquí. Por ejemplo, las ballenas solo tienen una copia del gen p53 y una versión del LIF, y, sin embargo, su tasa de cáncer es baja. Esto significa que estos animales probablemente tengan otros genes que aún no han sido observados por los científicos y que los protegen contra el cáncer. De hecho, se cree que podría haber numerosos genes que impidan que los animales grandes sean víctimas de altas tasas de cáncer. Es posible que ciertos tiburones también hayan desarrollado alguna ventaja genética a lo largo de la evolución. Los tiburones de Groenlandia pueden vivir hasta quinientos años, lo que quizá sea posible gracias a un gen aún desconocido.

«La esperanza es que, viendo cómo la evolución ha encontrado una forma de prevenir el cáncer, podamos traducirla en una mejor prevención. Cada uno de los organismos que desarrollaron un gran tamaño corporal tiene una solución diferente a la paradoja de Peto. Nos deparan numerosos descubrimientos en la naturaleza, la cual nos está mostrando la forma de prevenir el cáncer», afirmaba Carlo Maley, que ha estudiado el gen p53 en el reino animal.[42] Y los ordenadores cuánticos pueden ser decisivos para encontrar estos misteriosos genes anticancerígenos.

Los ordenadores cuánticos servirían de muchas maneras en la lucha contra el cáncer. Algún día, las biopsias líquidas podrán detectar células cancerosas años o décadas antes de que se formen los tumores. De hecho, un día los ordenadores cuánticos podrían hacer posible un gigantesco depósito nacional de datos genómicos actualizados al minuto, utilizando nuestros cuartos de baño para estudiar a toda la población en busca de los primeros signos de células cancerosas.

Pero, si el cáncer termina por formarse, los ordenadores cuánticos permitirían modificar nuestro sistema inmunitario para que este atacara cientos de tipos diferentes de cáncer. Una combinación de terapia génica, inmunoterapia, ordenadores cuánticos y CRISPR podría cortar y pegar genes cancerígenos con una precisión molecular, ayudando así a reducir los efectos secundarios, a menudo mortales, de la inmunoterapia. Además, es posible que un puñado de genes, como el p53, estén implicados en la inmensa mayoría de estos cánceres, por lo que la terapia génica combinada con los nuevos conocimientos obtenidos mediante los ordenadores cuánticos podría detenerlos en seco.

Todos estos avances en el tratamiento del cáncer, como las biopsias líquidas y la inmunoterapia, impulsaron al presidente Joseph Biden a anunciar en 2022 la Misión contra el Cáncer, un objetivo nacional para reducir la tasa de mortalidad por esta enfermedad en al menos un 50 por ciento en los próximos veinticinco años. Dados los rápidos avances de la biotecnología, se trata sin duda de un objetivo alcanzable.

Aunque gracias a esta tecnología podamos curar por completo un número cada vez mayor de cánceres, probablemente seguiremos padeciendo algunas formas de esta enfermedad, porque puede formarse de muchas maneras. Pero quizá en el futuro podamos tratar el cáncer como el resfriado común, como una molestia que se pueda prevenir. Con todo, otra potente combinación de nuevas tecnologías, que exploraremos en el siguiente capítulo, podría darnos una línea de defensa contra las enfermedades. La IA y los ordenadores cuánticos también nos ofrecerían la capacidad de crear proteínas (las moléculas que constituyen nuestro cuerpo) de diseño. Juntos, podrían permitirnos curar enfermedades incurables y remodelar la vida misma.

12

IA y ordenadores cuánticos

¿Piensan las máquinas?

Esta fue la cuestión que dominó, en 1956, la histórica Conferencia de Dartmouth, que dio origen a un campo completamente nuevo de la ciencia, bautizado como «inteligencia artificial». Comenzó con una audaz propuesta que decía: «Se intentará descubrir cómo hacer que las máquinas utilicen el lenguaje, formen abstracciones y conceptos, resuelvan problemas hasta ahora reservados a los humanos y se mejoren a sí mismas». Predijeron que «se pueden lograr avances significativos [...] si un grupo de científicos cuidadosamente seleccionados trabajan juntos en ello durante un verano».[43]

Muchos veranos después, algunos de los científicos más brillantes del mundo siguen trabajando con tenacidad en este problema.

Uno de los líderes de aquella conferencia fue el profesor del MIT Marvin Minsky, al que se ha llamado el «padre de la inteligencia artificial».

Cuando le pregunté por aquella época, me dijo que fueron tiempos de euforia. Parecía que en pocos años sería posible igualar la inteligencia de un ser humano a la de una máquina. Quizá solo fuera cuestión de tiempo que los robots pudieran superar la prueba de Turing.

Parecía que cada año se producían nuevos avances en el campo de la IA. Por primera vez, los ordenadores digitales podían jugar a las damas e incluso ganar a los humanos en juegos sencillos. Había algunos que resolvían problemas de álgebra como un escolar. Se diseñaron brazos mecánicos capaces de identificar y luego recoger bloques. En el Instituto de Investigación de Stanford, los científicos construyeron Shakey, un miniordenador en forma de caja montado sobre orugas y con una cámara en la parte superior. Se podía programar para que deambulase por una habitación e identificara los objetos que encontraba a su paso. Se desplazaba solo y evitando los obstáculos. (Su nombre se debía al ruido que hacía al desplazarse por el suelo).

Los medios de comunicación se volvieron locos. Clamaban que el hombre mecánico estaba naciendo ante nuestros propios ojos. Los titulares de las revistas científicas anunciaban la llegada del robot doméstico, que podría aspirar el suelo, fregar los platos y aliviarnos de las tareas del hogar. Los robots se convertirían algún día en niñeras o hasta en miembros de confianza de la familia. Incluso el ejército abría el talonario de cheques y financiaba robots para usarlos en el campo de batalla, como el Smart Truck, que algún día podría desplazarse para realizar reconocimientos tras las líneas enemigas y rescatar soldados heridos e informar a la base él solo.

Los historiadores empezaron a escribir que estábamos a punto de cumplir un antiguo sueño. El dios griego Vulcano creó una flota de robots para realizar tareas en su castillo. Pandora, que abrió una caja mágica y, sin saberlo, desencadenó la desgracia sobre la raza humana, era en realidad uno de sus robots. E incluso el erudito Leonardo da Vinci construyó en 1495 un caballero mecánico que podía mover los brazos, ponerse de pie, sentarse y levantarse la visera, accionado por una serie de cables y poleas ocultos.

Pero entonces llegó el «invierno de la IA». A pesar del entusiasmo en las notas de prensa, esta tecnología había sido exagerada ante los medios de comunicación y aparecieron oscuras nubes de pesimismo. Los científicos empezaron a darse cuenta de que sus dispositivos de IA no eran capaces de hacer más que una tarea sencilla cada uno. Los robots seguían siendo aparatos torpes que apenas podían desplazarse por una habitación. La idea de crear una máquina polivalente capaz de igualar la inteligencia de un ser humano parecía imposible.

El ejército empezó a perder interés. La financiación se agotó y los inversores lo perdieron todo. Desde entonces, la IA ha pasado por varios inviernos, en los que el ciclo de auge y caída generaba un enorme entusiasmo y una descarada publicidad para luego venirse abajo. Los científicos tuvieron que enfrentarse a la dura realidad de que la IA era más difícil de desarrollar de lo que pensaban.

Dado que Marvin Minsky había visto pasar tantos inviernos de la IA, le pregunté si tenía alguna predicción sobre cuándo podría un robot igualar o superar la inteligencia humana. Él sonrió y me dijo que ya no hacía predicciones de ese tipo. Ya no se dedicaba a mirar en bolas de cristal. Demasiadas veces, según admitió, la gente se deja llevar por el entusiasmo.

Me aseguró que el problema es que los investigadores de IA padecen lo que él llamó «envidia de la física», el deseo de encontrar un tema único, unificador y global para su campo. Los físicos buscan una teoría del campo unificado que ofrezca una imagen coherente y elegante del universo, pero la IA es diferente. Es un mosaico desordenado con demasiados caminos divergentes e incluso contradictorios debidos a la evolución.

Hay que explorar nuevas ideas y estrategias. Un camino prometedor podría ser unir la IA y los ordenadores cuánticos, fusionar la potencia de estas dos disciplinas para abordar el problema de la inteligencia artificial. En el pasado, la IA estaba ligada a los ordenadores digitales, por lo que había frustrantes límites a lo que estos podían hacer. Pero la IA y los ordenadores cuánticos se complementan. La primera tiene la capacidad de aprender tareas nuevas y complejas, mientras que los segundos le proporcionarían el músculo computacional que necesita.

Un ordenador cuántico puede tener una potencia formidable, pero no necesariamente aprende de sus errores. En cambio, si está equipado con redes neuronales podrá mejorar sus cálculos con cada iteración, de modo que resolverá problemas con más rapidez y eficacia hallando nuevas soluciones. Del mismo modo, quizá los sistemas de IA estén equipados para aprender de sus errores, pero su capacidad total de cálculo puede ser demasiado pequeña para resolver problemas muy complejos. Así que una IA respaldada por la potencia de cálculo de un ordenador cuántico abordaría problemas más difíciles.

Al final, la unión de la IA y los ordenadores cuánticos puede abrir vías de investigación completamente novedosas. Quizá la clave de la inteligencia artificial radique en la teoría cuántica. De hecho, quizá la fusión de ambas revolucione todas las ramas de la ciencia, altere nuestro estilo de vida y cambie radicalmente la economía. La IA nos dará la capacidad de crear máquinas de aprendizaje que puedan empezar a imitar las habilidades humanas, mientras que los ordenadores cuánticos nos proporcionarían la potencia de cálculo para crear finalmente una máquina inteligente.

Como ha dicho el CEO de Google, Sundar Pichai: «Creo que la IA puede acelerar la computación cuántica, y la computación cuántica puede acelerar la IA».[44]

MÁQUINAS DE APRENDIZAJE

Un científico que ha reflexionado largo y tendido sobre el futuro de la IA es Rodney Brooks, antiguo director del Laboratorio de Inteligencia Artificial del MIT, fundado por Marvin Minsky.

Brooks cree que la idea de la IA puede haberse concebido de forma demasiado limitada. Por ejemplo, me dijo, pensemos en una mosca. Esta puede realizar milagrosas proezas de navegación que superan a nuestras mejores máquinas. Por sí sola, vuela con destreza por una habitación, maniobra, evita obstáculos, localiza comida, encuentra pareja y se esconde, todo ello con un cerebro no más grande que la punta de un alfiler. Es una auténtica maravilla de la ingeniería biológica.

¿Cómo es posible? ¿Cómo puede la madre naturaleza crear una máquina voladora que avergüenza a nuestros mejores aviones?

Brooks empezó a darse cuenta de que, en 1956, el campo de la IA se planteaba preguntas equivocadas. Por aquel entonces, se suponía que el cerebro era una especie de máquina de Turing, un ordenador digital. Se escribían las reglas completas del ajedrez, la marcha, el álgebra, etc., en un software gigantesco, que se introducía en el ordenador digital y, de repente, este empezaba a pensar. Su «pensamiento» se reducía a un programa informático y, por tanto, la estrategia básica estaba clara: escribir algoritmos cada vez más sofisticados para guiar a la máquina.

Recordemos que una máquina de Turing tiene un procesador que ejecuta las órdenes que se le introducen. Es tan inteligente como la programación que implementa. Así, un robot que camina debe tener programadas todas las leyes del movimiento de Newton para guiar sus extremidades, microsegundo a microsegundo. Esto requiere gigantescos programas informáticos, con millones de líneas de código, simplemente para caminar por una habitación.

Según Brooks, hasta entonces las máquinas de IA se basaban en programar todas las leyes de la lógica y el movimiento desde el principio, lo que resultaba una tarea compleja. Era lo que se llamaba el «enfoque descendente», en el que los robots se programaban para dominar cada actividad desde el principio. Pero aquellos diseñados de esta forma eran lamentables. Si nos fijamos en Shakey o en un robot militar avanzado de la época y lo ponemos en el bosque, ¿qué hará? Lo más probable es que se pierda o se caiga. Sin embargo, el más pequeño de los insectos, con su minúsculo cerebro, puede zumbar por la zona, encontrar comida, pareja y refugio, mientras nuestro robot se agita indefenso sobre sus espaldas.

Pero la madre naturaleza no ha diseñado a sus criaturas de esta manera.

En la naturaleza, Brooks se dio cuenta de que los animales no están programados para caminar desde el principio. Aprenden por las malas, poniendo una pata delante de la otra, cayéndose y volviéndose a levantar. El ensayo y error es el método natural.

Esto nos remite al consejo que todo profesor de música da a su prometedor alumno. ¿Cómo se llega al Carnegie Hall? Respuesta: practicando, practicando y practicando.

En otras palabras, la madre naturaleza diseña criaturas que son máquinas de aprender patrones, que utilizan el ensayo y error para desplazarse por el mundo. Cometen errores, pero, con cada iteración, se acercan más al éxito.

Se trata de un enfoque ascendente, que empieza simplemente chocando con cosas. Por ejemplo, los bebés aprenden imitando a los adultos. Si pone una grabadora en una cuna por la noche, oirá al bebé balbucear constantemente. En realidad, lo que hacen es practicar sin cesar los sonidos que oyen, una y otra vez, hasta que pueden duplicarlos correctamente.

Así que, guiado por esta idea, Brooks creó una flota de insectoides o «bichobots» que aprenden a andar como manda la madre naturaleza, chocando con cosas. Pronto, unos diminutos robots parecidos a insectos se arrastraban por el suelo del MIT, chocando con todo, pero superando a los robots tradicionales, más torpes, pues siguen reglas estrictas, si bien rayan el papel pintado a su paso. ¿Por qué reinventar la rueda?

Brooks me dijo: «Cuando era niño, tenía un libro que describía el cerebro como una red de conmutación telefónica. Los libros anteriores lo describían como un sistema hidrodinámico o una máquina de vapor. Luego, en la década de 1960, se convirtió en un ordenador digital. En la de 1980, pasó a ser un procesador masivamente paralelo. Es probable que haya por ahí un libro para niños que diga que el cerebro es como la red informática mundial».

Puede que el cerebro sea en realidad una máquina de aprendizaje de patrones basada en las llamadas redes neuronales. En informática, estas últimas sacan partido de la denominada «regla de Hebb». Una versión de la misma afirma que, repitiendo constantemente una tarea y aprendiendo de los errores anteriores, cada iteración se acerca más al camino correcto. En otras palabras, las vías eléctricas correctas para esa tarea se refuerzan en el cerebro del sistema de IA tras repetidas iteraciones.

Por ejemplo, cuando una máquina de aprendizaje trata de identificar un gato, no se le da la descripción matemática de las características básicas del animal. Lo que se hace es mostrarle decenas de imágenes de gatos en todo tipo de situaciones: durmiendo, arrastrándose, cazando, saltando, etc. A continuación, el ordenador averigua por sí mismo el aspecto de un gato en diferentes entornos mediante ensayo y error. Esto se llama «aprendizaje profundo».

Los éxitos de este método son bastante notables. AlphaGo, de Google, una IA diseñada para jugar al antiguo juego de mesa go, fue capaz de vencer al campeón del mundo en 2017. Fue una hazaña notable, ya que en el go hay 10^{170} posiciones posibles en un tablero de 19 × 19 casillas, más que todos los átomos del universo conocido. AlphaGo aprendió a jugar no solo enfrentándose a los mejores jugadores humanos, sino también jugando contra sí misma, lo que le permitió realizar las partidas casi a la velocidad de la luz.

EL PROBLEMA DEL SENTIDO COMÚN

Las máquinas de aprendizaje o redes neuronales pueden acabar resolviendo uno de los problemas más pertinaces de la inteligencia artificial: el del sentido común. Aquello que los humanos damos por sentado, y que hasta un niño puede entender, está más allá de la capacidad de nuestros ordenadores más avanzados. Hasta que un robot no pueda resolver el problema del sentido común, será incapaz de funcionar en la sociedad humana.

Por ejemplo, es posible que un ordenador digital no entienda un simple conjunto de observaciones, como:

- El agua es húmeda, no seca.
- Las madres son mayores que sus hijas.

• Las cuerdas tiran, pero no pueden empujar.
• Los palos empujan, pero no pueden tirar.

En una tarde es fácil anotar decenas de estos hechos «obvios» sobre nuestro mundo que escapan a la comprensión de los ordenadores digitales. Esto se debe a que dichos sistemas no experimentan el mundo como nosotros.

Los niños aprenden sentido común porque se tropiezan con ellos. Aprenden con la práctica. Saben que las madres son mayores que sus hijas porque las han visto a través de su experiencia. Pero un robot es una pizarra en blanco, sin conocimiento previo de su entorno.

Como hemos visto en el enfoque descendente, los científicos han tratado de programar el sentido común en el software de un ordenador. Así, al instante, este sabría cómo desenvolverse en la sociedad humana. Sin embargo, todos estos intentos han acabado fracasando. Hay simplemente demasiadas nociones de sentido común, nociones que hasta un niño de cuatro años entiende, que están fuera del alcance de nuestros ordenadores digitales.

Así pues, quizá la fusión de los enfoques descendente y ascendente, así como la combinación de la IA con los ordenadores cuánticos, haga realidad el sueño de los primeros investigadores de IA y allane el camino hacia el futuro.

A medida que la ley de Moore se ralentice, como hemos visto, debido a que los transistores se acercan al tamaño de los átomos, los microchips serán inevitablemente sustituidos por ordenadores más avanzados, como los cuánticos.

La IA, por su parte, se ha estancado debido a la falta de potencia informática. Por esto, ha visto restringidas sus capacidades en el aprendizaje automático, el reconocimiento de patrones, los motores de búsqueda y la robótica. Los ordenadores cuánticos pueden acelerar enormemente el progreso en cada una de estas áreas, ya que son capaces de procesar grandes cantidades de información de manera simultánea. Mientras que los ordenadores digitales computan bit a bit, los cuánticos lo hacen sobre un enorme conjunto de cúbits al mismo tiempo, lo que aumenta exponencialmente su potencia.

La IA y los ordenadores cuánticos pueden beneficiarse mutuamente. Estos últimos aprovecharían la capacidad de aprender nuevas tareas, como en una red neuronal, y la IA, la enorme potencia de cálculo de los ordenadores cuánticos.

Plegamiento de proteínas

Los sistemas de aprendizaje profundo de IA se enfrentan ahora a uno de los mayores problemas de la biología y la medicina: descifrar el secreto de las moléculas de proteínas. Aunque el ADN contiene las instrucciones para la vida, son las proteínas las que tienen a su cargo hacer que el cuerpo funcione. Si comparamos nuestro cuerpo con una obra de construcción, el ADN contiene los planos, pero las proteínas hacen las tareas pesadas de los capataces y los obreros. Los planos son inútiles sin un ejército de trabajadores que los lleven a cabo.

Las proteínas son los caballos de batalla de la biología. No solo conforman los músculos que impulsan nuestro cuerpo, sino que también digieren los alimentos, atacan a los gérmenes, regulan las funciones corporales y realizan muchas otras tareas fundamentales. Así que los biólogos se preguntan: ¿cómo lleva a cabo la molécula de proteína todas estas funciones milagrosas?

En las décadas de 1950 y 1960, los científicos utilizaron la cristalografía de rayos X para esbozar la forma de una serie de moléculas de proteínas, que están formadas por exactamente veinte aminoácidos dispuestos en largas cadenas configuradas en complejos ovillos. Para su sorpresa, descubrieron que es la forma de la molécula de proteína la que hace posible su magia. Los científicos dicen que en este caso «la función sigue a la forma», es decir, que es la forma de una molécula de proteína, con todos sus intrincados nudos y giros, la que establece las propiedades características de esa proteína.

Por ejemplo, consideremos el virus de la COVID-19, del que sabemos que tiene la forma de la corona solar, con muchas espículas de proteínas que irradian desde su superficie. Estas son como llaves que abren las «cerraduras» específicas situadas en la capa externa de nuestras células pulmonares. Al hacerlo, la proteína puede inyectar su material genético en nuestras células pulmonares, donde rápidamente las espículas hacen numerosas copias de sí mismas. Entonces la célula muere y libera estos virus mortales para infectar aún más células pulmonares sanas. Estas espículas son la razón por la que la economía mundial estuvo a punto de caer entre los años 2020 y 2022.

Así, es la forma de la proteína, más que cualquier otra cosa, la que determina cómo se comporta dicha molécula. Si se conociera la forma de cada molécula de proteína, estaríamos un paso de gigante más cerca de comprender su funcionamiento.

Se trata del «problema del plegamiento de las proteínas», la tarea de esbozar la forma de todas las proteínas importantes, y podría desvelar el secreto de muchas enfermedades incurables.

La cristalografía de rayos X ha sido la clave para determinar la forma de una molécula de proteína, pero el proceso es largo y tedioso. Los científicos empiezan por aislar y purificar químicamente las proteínas que quieren analizar y que luego tienen que cristalizar. Una vez hecho esto, se introducen en un difractómetro, que dispara rayos X a través del cristal y forma un patrón de interferencia en la película fotográfica. Al principio, la radiografía parece un amasijo ininteligible de puntos y líneas. Pero, mediante la intuición, la suerte y la física, los científicos tratan de descifrar la estructura de la proteína a partir de las imágenes de rayos X.

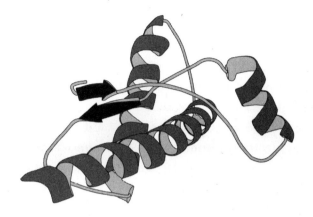

Figura 10: plegamiento de proteínas
Las proteínas están constituidas por una larga cadena de veinte aminoácidos que puede plegarse de maneras complejas. La forma de la molécula de proteína plegada determina su funcionamiento. Los ordenadores cuánticos podrían permitir a los científicos analizar y luego generar proteínas totalmente nuevas con propiedades extrañas pero útiles, creando así una nueva rama de la biología.

NACIMIENTO DE LA BIOLOGÍA COMPUTACIONAL

Por eso, uno de los objetivos del campo emergente de la biología computacional es utilizar ordenadores para desvelar la estructura tridimensional de una proteína con solo observar sus componentes químicos. Quizá todos los años de arduo trabajo para comprender la estructura de una molécula de proteína puedan realizarse pulsando un botón en un ordenador que ejecute un programa de inteligencia artificial.

Para estimular la investigación en este complejo pero crucial campo, los científicos probaron una nueva estrategia. Abrieron un concurso llamado Evaluación Crítica de las Técnicas de Predicción de Estructuras Proteicas (CASP, por sus siglas en inglés) para ver quién tenía el mejor programa informático con que resolver el problema del plegamiento de proteínas.

Esto supuso un punto de inflexión, porque dio a los jóvenes científicos un objetivo emocionante y concreto. Podían ganarse la fama y el reconocimiento de sus colegas utilizando la IA para resolver el problema del plegamiento de proteínas, lo que abría la posibilidad a terapias que salvarían miles de vidas.

Las reglas del concurso eran sencillas. Se daba la información más básica acerca de la naturaleza de una determinada proteína, como la secuencia de aminoácidos. A continuación, el programa informático debía proporcionar todos los detalles sobre su plegamiento. Una forma de enfocar el problema era utilizar el principio de mínima acción, del que fue pionero Richard Feynman. Recordará que, cuando este era estudiante de secundaria, podía determinar la trayectoria de una pelota minimizando su acción (su energía cinética menos su energía potencial).

Se puede aplicar el mismo método a las moléculas de proteína. El objetivo es encontrar la configuración de aminoácidos que cree el mínimo estado de energía. Este proceso se ha comparado con el descenso de una montaña para descubrir el punto más bajo de un valle. En primer lugar, se dan pasitos tímidos en todas las direcciones. A continuación, uno se desplaza solo en aquella que disminuye ligeramente la altura. Después, se vuelve a empezar y se da el siguiente paso para ver si se puede bajar aún más, así hasta llegar al fondo del valle.

De la misma manera, es posible encontrar la disposición de los aminoácidos que suponga la mínima energía. He aquí una forma de llevarlo a cabo:

Antes de empezar, hay que hacer una serie de aproximaciones. Como una molécula tiene muchas funciones de onda, que describen las complejas formas de interactuar entre sí de electrones y núcleos, el cálculo supera enseguida la capacidad de un ordenador convencional. Así que se eliminan sin más una serie de términos complejos que son relativamente pequeños (por ejemplo, la interacción de los electrones con núcleos pesados, y ciertas interacciones entre electrones) y se espera que esta decisión no cree demasiados errores.

Ahora que ya ha configurado el programa, primero une los distintos aminoácidos entre sí en una larga cadena. Esto crea un esqueleto o un «modelo de juguete» del aspecto que podría tener la molécula de proteína. Puesto que conoce los ángulos de enlace cuando ciertos átomos se unen entre sí, esto da una aproximación inicial de cómo podría ser la proteína.

En segundo lugar, calcula la energía de esta configuración de aminoácidos, porque conoce la que poseen sus distintas cargas y cómo pueden moverse los enlaces.

En tercer lugar, cambia aquí y allá estos enlaces para ver si la nueva configuración aumenta o disminuye la energía de la proteína. Esto es como los pasos tímidos que se dan en la montaña, buscando el camino de bajada.

En cuarto lugar, descarta todas las configuraciones que aumentan la energía, conservando así solo las que la disminuyen. El ordenador «aprende» por ensayo y error cómo el movimiento de los átomos puede reducir la energía de la molécula.

Y, por último, vuelve a empezar retorciendo los enlaces químicos o reorganizando los aminoácidos. Con cada iteración, se reduce la energía al toquetear la ubicación y la posición de estos últimos hasta alcanzar finalmente la configuración de mínima energía.

Por lo general, este proceso de modificación constante de la posición de los átomos sería imposible para un ordenador digital. Pero, como se empieza con una serie de aproximaciones y luego se desechan términos complejos que son relativamente pequeños, un ordenador puede resolver la versión simplificada en cuestión de horas o días.

Al principio, los resultados fueron irrisorios. Cuando se comparaba la forma de la molécula predicha por un ordenador con la forma real, obtenida mediante cristalografía de rayos X, los modelos informáticos estaban totalmente equivocados. Pero, con el paso de los años, los programas de aprendizaje se hicieron más potentes y los modelos fueron más precisos.

Para el año 2021, los resultados eran espectaculares. Incluso con todas estas aproximaciones, la empresa informática DeepMind, afiliada a Google y desarrolladora de AlphaGo, anunció que su programa de IA, llamado AlphaFold, había descifrado la estructura aproximada de un número asombroso de proteínas: trescientas cincuenta mil. Además, identificó doscientas cincuenta mil formas desconocidas hasta entonces. Descifró la estructura tridimensional de las veinte mil proteínas del Proyecto Genoma Humano e incluso desentrañó la estructura de proteínas halladas en los ratones, la mosca de la fruta y la bacteria *E. coli*. Más adelante, los creadores de DeepMind anunciaron que pronto publicarían una base de datos de más de cien millones de proteínas, que incluye todas las conocidas por la ciencia.

Lo que también es notable es que, incluso con todas estas aproximaciones, sus resultados finales coincidían casi por completo con los resultados de la cristalografía de rayos X. A pesar de omitir varios términos en la ecuación de onda de Schrödinger, los resultados que obtuvieron fueron sorprendentemente buenos.

«Hemos estado atascados en el problema del plegamiento de proteínas durante casi cincuenta años. Ver a DeepMind encontrar una solución, después de haber trabajado personalmente en ello durante tanto tiempo y tras tantos parones y arranques, preguntándonos si alguna vez lo conseguiríamos, que es un momento muy especial», afirmaba John Moult, cofundador de CASP.[45]

Esta abundancia de información ha tenido consecuencias inmediatas. Por ejemplo, se está utilizando para identificar veintiséis proteínas diferentes halladas en el coronavirus, con la esperanza de encontrar sus puntos débiles y crear nuevas vacunas. En el futuro debería ser posible hallar con rapidez la estructura de miles de proteínas cruciales. «Pudimos diseñar proteínas que neutralizasen el coronavirus en cuestión de meses, pero nuestro objetivo es lograr este tipo de hazañas en un par de semanas», aseguraba David Baker, del Instituto de Diseño de Proteínas de la Universidad de Washington.[46]

Pero esto no es más que el principio. Como hemos subrayado, la función sigue a la forma, es decir, el modo en que las proteínas hacen su trabajo viene determinado por su estructura. Del mismo modo que una llave encaja en el ojo de una cerradura, una proteína realiza su magia enganchándose de algún modo a otra molécula.

Sin embargo, descubrir cómo se pliegan las proteínas fue la parte fácil. Ahora empieza la difícil: utilizar ordenadores cuánticos para determinar la estructura completa de una proteína, sin aproximaciones, y cómo unas concretas encajan con otras moléculas para poder llevar a cabo su función, como proporcionar energía, actuar de catalizadora, fusionarse o unirse con otras proteínas para crear nuevas estructuras, dividir otras moléculas y muchas más. Así, el plegamiento de proteínas es solo el primer paso de un largo viaje que encierra los secretos de la vida.

En el futuro, la comprensión del programa de plegamiento de proteínas avanzará en varias etapas, de forma similar a las que sigue la creación del genoma:

Primera etapa: esbozar las proteínas plegadas
Actualmente estamos en la primera fase, creando un diccionario enorme, con cientos de miles de entradas correspondientes al plegamiento de las diversas proteínas. Cada entrada de este diccionario es una imagen de los átomos individuales que se combinan para constituir una proteína compleja. Estos diagramas, a su vez, proceden del estudio de imágenes de rayos X. Este gigantesco muestrario contiene todas las grafías correctas de cada proteína, pero está prácticamente vacío, no hay definiciones. Se basa en una serie de aproximaciones que permiten a los ordenadores digitales realizar este cálculo. Resulta sorprendente que, con tantas aproximaciones, los científicos sean capaces de obtener resultados tan precisos.

Segunda etapa: determinar la función de las proteínas

En la siguiente etapa, en la que estamos entrando, los científicos intentarán determinar cómo la geometría de una molécula de proteína determina su función. La inteligencia artificial y los ordenadores cuánticos serán capaces de identificar cómo determinadas estructuras atómicas de una proteína plegada le permiten realizar unas funciones concretas en el organismo. Con el tiempo, dispondremos de una descripción completa de las funciones corporales y de cómo las llevan a cabo las proteínas.

Tercera etapa: crear nuevas proteínas y medicamentos

La última fase consiste en utilizar este diccionario de proteínas para crear versiones nuevas y mejoradas de las mismas, que nos permitirán desarrollar nuevos fármacos y tratamientos. Para ello, tendremos que dejar de lado las aproximaciones y resolver la mecánica cuántica de las moléculas. Solo los ordenadores cuánticos tienen la capacidad de lograrlo.

La evolución ha creado, mediante interacciones puramente aleatorias, una multitud de proteínas para llevar a cabo diversas tareas. Sin embargo, se necesitaron miles de millones de años para lograrlo. Utilizando la memoria de un ordenador cuántico como laboratorio virtual, se debería poder superar a la evolución y diseñar nuevas proteínas para mejorar su función en el organismo.

Este proceso ofrece una amplia variedad de aplicaciones, entre ellas la búsqueda de fármacos totalmente nuevos. Para empezar, algunas personas han imaginado de qué forma esto podría ayudar a sanar el medioambiente. El ejemplo más sencillo en la actualidad es el trabajo de los científicos que tratan de encontrar maneras de descomponer los ciento cincuenta millones de toneladas de botellas de refrescos que se encuentran en los océanos, en los vertederos y en el jardín de su casa. La clave estaría en utilizar dicha base de datos para examinar la forma tridimensional de determinadas proteínas, las enzimas capaces de dividir las moléculas de plástico y hacerlas inocuas. Este trabajo ya se está realizando en el Centro de Innovación Enzimática de la Universidad de Portsmouth (Inglaterra).

Esto también puede tener aplicaciones médicas inmediatas, ya que varias enfermedades incurables están asociadas a proteínas mal plegadas. Un camino prometedor es comprender la naturaleza de los priones, potencialmente relacionados con una serie de enfermedades incurables que afectan a los ancianos, como el alzhéimer, el párkinson y la ELA. Así, la clave para encontrar la cura a todas ellas podría venir de los ordenadores cuánticos.

Las fronteras de la medicina, las enfermedades incurables, pueden ser el próximo frente de batalla de los ordenadores cuánticos.

PRIONES Y ENFERMEDADES INCURABLES

Tradicionalmente, todos los libros de texto dicen que las enfermedades se propagan mediante bacterias y virus.

Pero es probable que la historia no se acabe aquí. Se sabe desde hace siglos que los animales padecen enfermedades extrañas, distintas de las que afectan a los humanos. Las ovejas con tembladera actúan de forma extraña, se frotan el lomo contra los postes y se niegan a comer. Es una enfermedad incurable y siempre mortal. La enfermedad de las vacas locas (encefalopatía espongiforme bovina) es un trastorno similar que afecta al ganado vacuno, que tienen problemas para caminar, se ponen nerviosos e incluso se vuelven violentos.

En los humanos, hay una enfermedad exótica llamada kuru que se da entre ciertas tribus de Nueva Guinea, que celebran una ceremonia funeraria que consiste en comerse los sesos de los difuntos. Algunos de los individuos que la practicaron sufrían demencia, cambios de humor, dificultad para caminar y otros síntomas, debido a una nueva enfermedad que se encontró en los cerebros de sus familiares.

Stanley B. Prusiner, de la Universidad de California en San Francisco, avanzando contracorriente del pensamiento médico convencional, afirmó que todo esto era prueba de un nuevo tipo de enfermedad. En 1982 anunció que había purificado y aislado la proteína causante de la misma. En 1997 recibió el Premio Nobel de Fisiología o Medicina por el descubrimiento de los priones.

Un prion es una proteína que se ha plegado de forma incorrecta. No se propagan de la forma habitual en que lo hacen las enfermedades, sino a menudo por contacto con otras proteínas. Cuando un prion se topa con una molécula de proteína normal, la obliga de algún modo a plegarse de forma incorrecta. De este modo, la enfermedad priónica puede propagarse rápidamente por todo el cuerpo.

En la actualidad, aunque sigue habiendo cierto desacuerdo, hay científicos que creen que muchas de las enfermedades mortales que afectan a los ancianos también podrían estar causadas por priones. Entre ellas está el alzhéimer, que algunos han llamado la «enfermedad del siglo». Se sabe que seis millones de estadounidenses lo padecen, muchos de ellos de sesenta y cinco años o más. Uno de cada tres ancianos muere de alzhéimer o demencia. Actualmente, es la sexta causa de muerte en Estados Unidos, y los casos no dejan de aumentar. Se calcula que cerca de la mitad de las personas que superan los ochenta años de vida pueden acabar padeciendo esta enfermedad.

El alzhéimer es especialmente trágico porque afecta a nuestras posesiones más privadas y preciadas, nuestros recuerdos y nuestro sentido de la identidad. Ataca primero al cerebro en zonas cercanas al centro, como el hipocampo, que procesa los recuerdos a corto plazo. Por tanto, los signos iniciales de la enfermedad de Alzheimer son olvidar cosas que acaban de suceder. Podemos ser capaces de recordar con extrema precisión acontecimientos que ocurrieron hace sesenta años, pero olvidar otros que sucedieron hace seis minutos. Sin embargo, con el tiempo, esta enfermedad ataca a todo el cerebro, e incluso los recuerdos a largo plazo desaparecen en las arenas del tiempo. Siempre es mortal.

Mi madre murió de alzhéimer. Fue desgarrador ver cómo sus recuerdos iban desapareciendo poco a poco, hasta que ni me reconocía. Más tarde, no sabía quién era ella misma.

Se sabe que el alzhéimer tiene vínculos genéticos. Las personas con una mutación en el gen APOE4 son más propensas a padecer esta enfermedad. En una serie de la BBC que presenté, la cámara enfocó mi rostro cuando me preguntaron si me haría la prueba para ver si era genéticamente propenso a la enfermedad. ¿Qué pasaría si descubriera que estaba condenado a padecer alzhéimer? Me lo pensé y al final accedí a hacerme la prueba, porque siempre es mejor estar preparado para el futuro, sea lo que sea lo que nos depare (afortunadamente, los resultados fueron negativos).

Por desgracia, se desconoce la causa última del alzhéimer. La única forma de confirmar si alguien lo ha padecido es mediante una autopsia. Los médicos suelen observar que el cerebro de los enfermos de alzhéimer tiene dos tipos de proteínas adherentes, llamadas «proteína beta amiloide» y «tau amiloide». Pero, durante décadas, los médicos han debatido si son la causa del alzhéimer o quizá un subproducto sin importancia de esta enfermedad. El problema es que las autopsias han demostrado que algunas personas tenían grandes depósitos de amiloides en el cerebro, si bien seguían sin presentar ningún síntoma de la enfermedad. Por tanto, en muchos casos no hay relación directa de causa y efecto entre el alzhéimer y las placas amiloides.

Recientemente se ha descubierto una pista sobre este misterio. Científicos de Alemania hallaron una correlación directa entre las personas con proteínas deformadas y las que padecen alzhéimer. En 2019, hicieron el sorprendente anuncio de que los individuos con una proteína amiloide mal plegada en sangre y que aún no presentaban síntomas tenían veintitrés veces más probabilidades de padecer la enfermedad de Alzheimer. Esta relación podía incluso confirmarse hasta catorce años antes de que se realizara un diagnóstico clínico.

Esto significa que, tal vez años antes de que aparezcan los síntomas del alzhéimer, un simple análisis de sangre podría indicar las probabilidades de padecer esta enfermedad, con solo buscar la proteína amiloide deforme.

Stanley Prusiner, en una investigación reciente dirigida por él, afirmó: «Creo que esto demuestra sin lugar a duda que tanto la beta amiloide como la tau son priones, y que la enfermedad de Alzheimer es un trastorno de doble prion en el que estas malogradas proteínas destruyen conjuntamente el cerebro. [...] Necesitamos un cambio radical en la investigación de la enfermedad de Alzheimer».[47]

Uno de los autores del informe, Klaus Gerwert, subrayó que este avance podría conducir a nuevos tratamientos para el alzhéimer, para el que actualmente no existe ninguno: «El análisis en sangre de la proteína beta amiloide mal plegada puede suponer, por tanto, una contribución clave para encontrar un fármaco contra la enfermedad de Alzheimer».[48]

El alemán Hermann Brenner, otro de los autores del informe, añadió: «Todo el mundo tiene puestas ahora sus esperanzas en el uso de nuevos enfoques terapéuticos durante la fase inicial de la enfermedad, cuando no hay síntomas, para tomar medidas preventivas».[49]

VERSIONES «BUENAS» Y «MALAS» DE LA PROTEÍNA AMILOIDE

Otro descubrimiento, realizado en 2021, podría indicarnos con precisión cómo tiene lugar este proceso. Científicos de la Universidad de California descubrieron que las versiones inocuas y nocivas de la proteína amiloide pueden distinguirse con solo echar un vistazo a su estructura. Hallaron que las moléculas de proteína, debido a que están constituidas por una larga cadena de aminoácidos enrollada, suelen tener grupos de átomos que forman espirales en un sentido u otro, ya sea en el de las agujas del reloj o al contrario.

En la proteína amiloide normal, la forma es «zurda», es decir, las espirales y giros de la molécula siguen una orientación determinada. Sin embargo, la proteína amiloide asociada al alzhéimer es «diestra». Si esta teoría es cierta, es decir, que un tipo de proteína amiloide deforme es responsable de dicha enfermedad, esto podría suponer una vía de investigación completamente nueva.

En primer lugar, tenemos que crear imágenes detalladas en tres dimensiones de estos dos tipos de proteínas amiloides. Mediante ordenadores cuánticos, podría ser posible ver con precisión, a nivel atómico, cómo se puede propagar la molécula deformada del alzhéimer al entrar en contacto con moléculas sanas y por qué puede causar tanto daño al cerebro.

A continuación, estudiando la estructura de la proteína, se podría determinar cómo desestabiliza las neuronas de nuestro sistema nervioso. Una vez conocido este mecanismo, existen varias posibilidades. Una de ellas es aislar los defectos de esta proteína y utilizar terapia génica para crear una versión correcta del gen. O quizá algún día se puedan desarrollar fármacos capaces de bloquear el crecimiento de la proteína diestra, o incluso ayudar a eliminarla del organismo con mayor rapidez.

Por ejemplo, se sabe que estas moléculas deformes solo existen en el cerebro durante unas cuarenta y ocho horas antes de ser eliminadas de forma natural. Cuando conozcamos la estructura molecular de la proteína diestra, podremos diseñar una molécula que la atrape y la desintegre, que la neutralice para que deje de ser peligrosa o se una a ella para expulsarla del organismo más rápidamente. Los ordenadores cuánticos pueden ser útiles para hallar sus puntos débiles a nivel molecular.

En resumen, servirían para identificar muchas estrategias a nivel molecular para neutralizar o eliminar el prion perjudicial, lo que no hemos podido hacer mediante ensayo y error y los ordenadores digitales.

ELA

Otro de los objetivos para los ordenadores cuánticos es la esclerosis lateral amiotrófica (ELA), también denominada enfermedad de Lou Gehrig, una afección mortal que reduce el cuerpo a una masa de tejido paralizado y que afecta al menos a dieciséis mil personas en Estados Unidos. La mente permanece intacta, pero el cuerpo se consume. Esta enfermedad ataca al sistema nervioso, desconectando el cerebro, en cierto sentido, de los músculos y conduciendo finalmente a la muerte.

La víctima más famosa de esta enfermedad es el difunto cosmólogo Stephen Hawking. Su caso fue inusual, ya que vivió hasta los setenta y seis años, mientras que la mayoría de las personas que la padecen mueren rápidamente. Las víctimas de esta temida enfermedad solo suelen vivir entre dos y cinco años más tras el diagnóstico.

Hawking me invitó una vez a dar una charla sobre teoría de cuerdas en la Universidad de Cambridge. Me quedé asombrado cuando visité su casa. Estaba llena de artilugios que le permitían funcionar a pesar de aquella debilitante enfermedad. En un aparato mecánico, colocaba una revista de física. Pulsaba un botón y el dispositivo cogía una página y la pasaba automáticamente.

Durante el tiempo que tuve el placer de pasar con él, me impresionó sobremanera su fuerza de voluntad y su deseo de ser productivo y participar en la comunidad de la física. A pesar de estar casi totalmente paralizado, estaba decidido a seguir investigando y a relacionarse con el público. Su determinación frente a los monumentales obstáculos fue un testimonio de su valor y motivación.

Profesionalmente, su trabajo se centró en la aplicación de la teoría cuántica a la teoría de la gravedad de Einstein. La esperanza es que algún día la primera devuelva el favor y encuentre la forma de que los ordenadores cuánticos curen esta horrible enfermedad. En la actualidad, se sabe poco sobre ella porque es relativamente rara. Pero, con el estudio de los antecedentes familiares de las víctimas, se puede demostrar que hay una serie de genes implicados.

Hasta ahora se han encontrado unos veinte genes asociados a la ELA, pero cuatro de ellos son responsables de la mayoría de los casos: C9orf72, SOD1, FUS y TARDBP. Cuando estos genes funcionan mal, se asocian a la muerte de las neuronas motoras en el tronco encefálico y la médula espinal.

De particular interés es el gen SOD1.

Se cree que el plegamiento incorrecto de proteínas causado por él está implicado en la ELA. El gen SOD1 produce la enzima superóxido dismutasa, la cual descompone moléculas de oxígeno cargadas llamadas «radicales superóxido», que son potencialmente peligrosas. Pero, cuando el gen SOD1 falla de algún modo a la hora de eliminar estos radicales libres, las células nerviosas pueden resultar dañadas. Así pues, el mal plegamiento de la proteína creada por el gen SOD1 podría ser uno de los mecanismos que provocan la muerte de las neuronas.

Conocer la vía molecular que siguen estos genes defectuosos puede ser la clave para curar la ELA, y los ordenadores cuánticos podrían desempeñar un papel crucial en esta hazaña. Utilizando los genes como plantilla, es posible crear una versión tridimensional de la proteína defectuosa producida por el gen SOD1. Luego, estudiando su estructura, se podría determinar cómo desbarata las neuronas de nuestro sistema nervioso. Si somos capaces de determinar cómo funciona la proteína defectuosa a nivel molecular, podríamos encontrar una cura.

Enfermedad de Parkinson

Otra enfermedad debilitante en la que intervienen proteínas mutadas del cerebro es la enfermedad de Parkinson, que afecta a cerca de un millón de personas en Estados Unidos. El representante más famoso de esta enfermedad es Michael J. Fox, que ha utilizado su fama para recaudar mil millones de dólares para combatirla. Generalmente, esta enfermedad puede hacer que las extremidades tiemblen sin control, pero también hay otros síntomas, como dificultad para caminar, pérdida del olfato y trastornos del sueño.

Ha habido algunos avances en el párkinson. Los científicos han descubierto, por ejemplo, que mediante escáneres cerebrales se puede identificar el lugar exacto en el que las neuronas se sobreexcitan y tal vez causan los temblores en las manos. Esta forma de párkinson puede entonces tratarse parcialmente, insertando una aguja en el cerebro donde hay hiperactividad. Por tanto, al neutralizar las neuronas que se disparan erráticamente, se pueden detener algunos de los temblores.

Por desgracia, aún no existe cura. Pero se han aislado algunos de los genes asociados al párkinson. Es posible sintetizar las proteínas relacionadas con estos genes, cuya estructura tridimensional podría descifrarse mediante ordenadores cuánticos. De ese modo, descubriríamos cómo las mutaciones en dicho gen pueden causar párkinson. Seríamos capaces de clonar la versión correcta de la proteína mutada e inyectarla de nuevo en el cuerpo.

Así, los ordenadores cuánticos podrían abrir una vía completamente nueva para abordar estas enfermedades incurables que afectan a los ancianos y quizá atacar uno de los mayores problemas médicos de todos los tiempos: el proceso de envejecimiento. Si este se pudiese curar, se curaría simultáneamente toda una serie de enfermedades asociadas a él.

Si los ordenadores cuánticos pueden algún día encontrar curas para los ancianos, ¿significa también que no tendremos que morir en absoluto?

13

Inmortalidad

La búsqueda más antigua de todas, que se remonta a la más lejana prehistoria, es la de la inmortalidad. Por muy poderoso que fuera un rey o un emperador, nunca podría desterrar las arrugas que veía en su reflejo y que presagiaban su desaparición final.

Uno de los primeros relatos conocidos, anterior a algunas partes de la Biblia, es *La epopeya de Gilgamesh*, el antiguo guerrero mesopotámico, que narra sus heroicas hazañas en su vagar por el mundo antiguo. Vivió muchas y valerosas aventuras mientras recorría llanuras y desiertos, e incluso conoció a un sabio que fue testigo del diluvio universal. Gilgamesh emprendió este viaje porque tenía una importante misión: encontrar el secreto de la vida eterna. Al final, halló la planta que era la fuente de la inmortalidad. Pero, justo antes de que pudiera comérsela, una serpiente se la arrebató de las manos y la devoró. Los humanos no estaban destinados a ser inmortales.

En la Biblia, Dios expulsó a Adán y Eva del jardín del Edén porque desobedecieron sus órdenes al comerse la manzana prohibida. Pero ¿qué tenía de peligrosa una inocente manzana? Que era el fruto prohibido del conocimiento.

Además, Dios temía que, al comer la manzana del árbol de la vida, Adán y Eva «llegarían a ser como uno de nosotros […] y vivirían para siempre»; esto es, se volverían inmortales.

El emperador Qin Shi Huang, el hombre que unificó toda China hacia el año 200 a. e. c., estaba obsesionado con la idea de la inmortalidad. Según una famosa leyenda, envió a su formidable flota en busca de la legendaria fuente de la eterna juventud. Les dio una orden: si no la encontráis, no volváis. Al parecer, no descubrieron la fuente, pero, desterrados de China, descubrieron en cambio Corea y Japón.

Según la mitología griega, Eos, la diosa del amanecer, se enamoró una vez de un mortal, Titono. Como las personas acaban muriendo, Eos suplicó al dios Zeus que concediera la inmortalidad a su amante. Este le concedió su deseo. Pero Eos cometió un error decisivo: olvidó pedir también la eterna juventud para su amante. Lamentablemente, Titono fue envejeciendo con los años y se volvía más y más decrépito, si bien no podía morir. Por eso, si pedimos a los dioses la inmortalidad, nunca debemos olvidar pedirles también que nos mantengan siempre jóvenes.

Hoy en día, con los avances de la medicina moderna, quizá haya llegado el momento de revisar esta antigua búsqueda desde una nueva perspectiva. Analizando la multitud de datos genéticos sobre el envejecimiento y desentrañando la base molecular de la propia vida, se podrían utilizar ordenadores cuánticos para resolver el problema del envejecimiento. De hecho, con estos sistemas serían posibles dos tipos de inmortalidad: la inmortalidad biológica y la inmortalidad digital. La fuente de la eterna juventud podría, así, no ser una fuente, sino un programa informático cuántico.

SEGUNDA LEY DE LA TERMODINÁMICA

Armados con la física moderna, podemos volver la vista a esta antigua búsqueda desde una perspectiva actualizada. Es posible explicar la física del envejecimiento mediante las leyes de la termodinámica, es decir, las leyes del calor. Existen tres. La primera ley establece simplemente que la cantidad total de materia y energía es una constante; no se puede obtener algo de la nada. La segunda ley dice que, en un sistema cerrado, el caos y el desorden siempre aumentan. Y la tercera ley afirma que nunca se puede alcanzar el cero absoluto en temperatura.

Es la segunda ley la que domina nuestra vida. Lo que hace es ordenar que todo acabe corroyéndose, desintegrándose y muriendo. Esto significa que la entropía, que es una medida del caos, siempre aumenta. Se antoja que esta ley de hierro prohíbe la inmortalidad, porque, al final, todo se desmorona. La física parece dictar una sentencia de muerte para toda la vida en la Tierra.

Pero hay una laguna en la segunda ley de la termodinámica. El hecho de que todo se descomponga solo se aplica a un sistema cerrado. Pero, en un sistema abierto, donde la energía puede fluir desde el mundo exterior, es posible revertir el incremento del caos.

Por ejemplo, cada vez que nace una nueva forma de vida, como un bebé, la entropía disminuye. Una nueva forma de vida representa una enorme cantidad de datos que se ensamblan con precisión hasta a nivel molecular. La vida, por tanto, parece contradecir la segunda ley de la termodinámica. Pero la energía fluye desde el exterior en forma de luz solar. De este modo, esta es responsable de la creación de la enorme diversidad de vida en la Tierra y de la inversión de la entropía local.

Así pues, la inmortalidad no quebranta las leyes de la física. No hay nada en la segunda ley que prohíba a una forma de vida existir para siempre mientras fluya energía desde el exterior. En nuestro caso, esa energía es la luz solar.

¿QUÉ ES EL ENVEJECIMIENTO?

Entonces ¿qué es el envejecimiento?

Según la segunda ley de la termodinámica, el envejecimiento se debe principalmente a la acumulación de errores a nivel molecular, genético y celular. Con el tiempo, llega a todos. Los fallos aparecen en nuestras células y ADN. La piel pierde elasticidad y se forman arrugas. Los órganos dejan de funcionar correctamente. Las neuronas fallan y nos olvidamos de cosas. A veces, desarrollamos cáncer. En resumen, envejecemos y, al final, morimos.

Como vemos, esto también ocurre en el resto del reino animal, lo que nos da pistas sobre el envejecimiento. Las mariposas viven unos días. Los ratones, un par de años. Pero los elefantes pueden llegar a vivir entre sesenta y setenta años. Y el tiburón de Groenlandia hasta quinientos años.

¿Cuál es el denominador común? Los animales pequeños pierden calor más rápidamente que los grandes. De ahí que la tasa metabólica de un ratón que se escabulle para evitar un depredador sea bastante elevada, en comparación con la de un pesado elefante que come tranquilamente. Pero una tasa de metabolismo más alta también supone una tasa de oxidación mayor, lo cual hace que se acumulen errores en nuestros órganos.

Nuestro coche es un claro ejemplo de ello. ¿Dónde se produce el envejecimiento en un vehículo? Sobre todo en el motor, en el que tiene lugar la oxidación debida al uso de combustible y el desgaste de los engranajes por el movimiento. Pero ¿dónde está el motor de la célula?

La mayor parte de la energía de una célula se origina en las mitocondrias. Sospechamos, pues, que es aquí donde se acumula gran parte del daño causante del envejecimiento. Es probable que este proceso pueda invertirse si eludimos la segunda ley de la termodinámica añadiendo energía desde el exterior, en forma de un estilo de vida mejor y más sano, y también de ingeniería genética para reparar los genes rotos.

Piense ahora en un coche cargado con combustible de alto octanaje. El vehículo funcionará de maravilla. Incluso uno viejo andará mejor con gasolina sobrealimentada. Esto, a su vez, es similar a lo que le hacen al cuerpo humano las hormonas como el estrógeno y la testosterona. En cierto sentido, actúan como el elixir de la vida, proporcionándonos energía y vitalidad más allá de nuestra edad. Hay quien cree que el estrógeno es una de las razones por las que las mujeres viven, en promedio, más que los hombres. Pero hay un precio que debemos pagar por este recorrido extra: el cáncer. El desgaste adicional también implica que se acumulen más errores, entre ellos los genes del cáncer. Así, en cierto sentido, esta enfermedad representa el hecho de que la segunda ley de la termodinámica nos llega a todos.

Estos errores en nuestro ADN ocurren todo el tiempo. Los daños genéticos a nivel molecular, por ejemplo, se producen entre veinticinco y ciento quince veces por minuto en todo nuestro organismo, es decir, se dan entre treinta y seis mil y ciento sesenta mil por célula al día. También tenemos un mecanismo de reparación del ADN en nuestro cuerpo, pero el envejecimiento se acelera cuando estos se ven desbordados por el gran número de errores en nuestros genes. El envejecimiento se produce cuando la acumulación de fallos supera nuestra capacidad para repararlos.

PREDECIR CUÁNTO PODEMOS VIVIR

Si el envejecimiento está relacionado con errores en nuestro ADN y nuestras células, entonces podría ser posible obtener un principio numérico aproximado que predijera cuánto tiempo viviremos.

El Instituto Wellcome Sanger, de Cambridge (Inglaterra), realizó un interesante estudio. Si el envejecimiento está relacionado con el daño genético, se puede predecir que, cuantos más daños tenga un animal, más corta será su vida. Efectivamente, estos científicos de Cambridge descubrieron una relación inversa tras analizar dieciséis especies de animales: a mayor daño genético, menor esperanza de vida.

Observaron notables correlaciones entre animales que son bastante disímiles. La diminuta rata topo desnuda sufre 93 mutaciones al año y llega a vivir entre veinticinco y treinta años. A su vez, la enorme jirafa puede sufrir 99 mutaciones al año a lo largo de veinticuatro años de vida. Si multiplicamos estas dos cifras, el producto es aproximadamente 2.325 mutaciones totales para el topo y 2.376 para la jirafa, dos resultados notablemente similares. Aunque estos dos mamíferos difieren de forma significativa, acumulan más o menos el mismo número de mutaciones a lo largo de su vida.

Esto nos da una fórmula que puede predecir aproximadamente la esperanza de vida de los seres humanos mediante el análisis de los datos de muchos animales. Al estudiar ratones, descubrieron que sufrían 793 mutaciones al año, repartidas a lo largo de una vida de 3,7 años de duración, con una suma de 2.934,1 mutaciones en total.

Las cifras para los humanos son un poco más complicadas, ya que varían según las diferentes culturas y lugares. Se cree que sufrimos 47 mutaciones al año. La mayoría de los mamíferos padecen una media de 3.200 mutaciones a lo largo de su vida. Esto significaría que, en una primera aproximación, los seres humanos tienen una esperanza de vida de unos setenta años (con otra serie de suposiciones, también se puede llegar a una cifra de unos ochenta años).

Los resultados de este sencillo cálculo son bastante sorprendentes. Indican la importancia de los errores genéticos en nuestro ADN y nuestras células como uno de los principales motores del envejecimiento y, finalmente, la muerte. Hasta ahora, todos estos resultados se habían obtenido en animales salvajes, en su estado natural. Pero ¿qué ocurre cuando los sometemos a condiciones externas diferentes? ¿Es posible cambiar artificialmente su esperanza de vida?

La respuesta parece ser afirmativa.

REINICIAR EL RELOJ BIOLÓGICO

Con intervención médica (por ejemplo, ingeniería genética o cambios en el estilo de vida) se podría prolongar la vida humana corrigiendo los daños causados por la segunda ley de la termodinámica.

Existen varias posibilidades. Una de ellas es reiniciar el «reloj biológico». Cuando una célula se reproduce, los cromosomas se acortan ligeramente. En el caso de la piel, después de unas sesenta duplicaciones, la célula empieza a envejecer, lo que se denomina «senescencia», y finalmente muere. Este número se conoce como «límite de Hayflick». Esta es una de las razones por las que las células mueren: porque tienen un reloj incorporado que les indica cuándo hacerlo.

Una vez entrevisté a Leonard Hayflick sobre su famoso límite. Sin embargo, se mostró cauteloso ante la posibilidad de que algunas personas sacaran conclusiones precipitadas acerca de dicho reloj biológico. Según me dijo, apenas estamos empezando a comprender el proceso de envejecimiento. Se lamentaba de que el campo de la biogerontología, la ciencia del envejecimiento, tuviera que lidiar con tanta información errónea entre el público, especialmente con las modas dietéticas.

El límite de Hayflick se produce porque en el extremo del cromosoma hay una especie de capuchón, llamado «telómero», que se acorta con cada reproducción. Pero, como las puntas de los cordones de los zapatos, tras demasiadas manipulaciones se desgastan y el cordón se empieza a deshilachar. Del mismo modo, tras unas sesenta reproducciones, los telómeros se desgastan, el cromosoma se deshilacha y la célula entra en senescencia y acaba muriendo.

Pero también es posible «parar el reloj». Existe una enzima, llamada telomerasa, que ayuda a impedir que los telómeros se hagan cada vez más cortos. A primera vista, se podría considerar la cura para el envejecimiento. De hecho, los científicos han podido aplicar la telomerasa a las células de la piel humana, de forma que se han dividido cientos de veces, no solo sesenta. Esta investigación ha permitido «inmortalizar» al menos una forma de vida.

Sin embargo, también hay peligros. Resulta que las células cancerosas utilizan asimismo la telomerasa para alcanzar la inmortalidad. De hecho, se ha detectado la presencia de la misma en el 90 por ciento de los tumores humanos. Hay que tener cuidado al manipular los telómeros en el organismo para no convertir accidentalmente células sanas en cancerosas.

Así que, si alguna vez encontramos la fuente de la eterna juventud, la telomerasa podría ser parte de la solución, pero solo si logramos neutralizar sus efectos secundarios. Los ordenadores cuánticos podrían resolver el misterio de cómo la telomerasa hace que una célula se vuelva inmortal, si bien no cancerosa. Una vez hallado este mecanismo molecular, quizá sea posible modificar la célula para que tenga una vida más larga.

Restricción calórica

A pesar de todos los remedios y tratamientos fraudulentos para aumentar nuestra esperanza de vida surgidos a lo largo de los siglos, hay un método que ha resistido la prueba del tiempo y que parece funcionar en todos los casos. La única forma demostrada de alargar la vida de un animal es mediante la restricción calórica. En otras palabras, si se ingiere un 30 por ciento menos de calorías, se puede vivir aproximadamente un 30 por ciento más, dependiendo del animal estudiado. Esta regla general se ha comprobado en una gran variedad de especies, desde insectos, ratones, perros y gatos hasta simios. Aquellos que ingieren menos calorías viven más tiempo que sus homólogos que se atiborran. Además, tienen menos enfermedades y sufren con menos frecuencia los problemas de la vejez, como el cáncer y la arteriosclerosis.

Aunque esto se ha verificado entre miembros de todo el reino animal, hay uno, sin embargo, que no se ha analizado sistemáticamente de este modo hasta ahora: *Homo sapiens* (tal vez porque vivimos demasiado y nos quejaríamos de tener que llevar una dieta tan espartana que nos hiciera pasar más hambre que un ermitaño). Nadie sabe con exactitud por qué funciona, pero una teoría postula que comer menos reduce la tasa de oxidación, ralentizando así el proceso de envejecimiento.

Uno de los resultados experimentales que parecen confirmar esta teoría se halla en gusanos como *C. elegans*. Cuando estos son alterados genéticamente para reducir su tasa de oxidación, su vida puede prolongarse en varias veces su duración normal. De hecho, los científicos han dado nombres a algunos de los genes implicados, como age-1 y age-2. La reducción de la tasa de oxidación parece ayudar a las células a reparar los daños, de manera que parece razonable que la restricción calórica logre esto mismo en nuestro cuerpo, lo que disminuye la acumulación de errores.

Pero esto deja abierta una pregunta: ¿por qué algunos animales muestran restricción calórica de entrada? ¿Comen menos de manera consciente para vivir más? (Una teoría afirma que los animales, en su estado natural, tienen dos opciones. Por un lado, pueden reproducirse y tener crías, pero esto requiere un suministro constante y abundante de alimentos, lo cual es poco frecuente. Lo más habitual es que la mayoría de los animales estén al borde de la inanición, cazando y rebuscando comida de forma constante. Así que, en épocas de escasez, que es lo más frecuente, los animales han evolucionado para comer menos por instinto, con el fin de ahorrar energía y vivir más tiempo, hasta que llegue el momento en que el alimento sea abundante y puedan reproducirse).

Los científicos que han estudiado la restricción calórica creen que puede funcionar a través de la sustancia química resveratrol, que a su vez es producida por el gen sirtuina. El resveratrol se halla en el vino tinto (esto ha creado una especie de moda en torno a ambos, pero aún no está del todo claro que el resveratrol pueda realmente alargar la vida humana).

Con todo, puede que unos estudios realizados en la Universidad de Yale en 2022 hayan resuelto por fin parte del enigma de por qué funciona realmente la restricción calórica. Para ello, centraron su atención en la glándula del timo, situada entre los pulmones, que fabrica linfocitos T, un actor importante entre nuestros glóbulos blancos, que ayudan a defendernos contra las enfermedades. Observaron que los linfocitos T del timo envejecen más rápido que los demás. Cuando alcanzamos los cuarenta años, por ejemplo, el 70 por ciento del timo es graso y no funciona. Vishwa Deep Dixit, autor principal del trabajo, afirmaba: «A medida que envejecemos, empezamos a acusar la ausencia de linfocitos T nuevos, porque los que nos quedan no son adecuados para combatir nuevos patógenos. Esa es una de las razones por las que las personas mayores tienen más riesgo de enfermar».[50] De ser cierto, esto podría explicar por qué los ancianos son más propensos a envejecer y morir.

Ante este resultado, realizaron otro experimento consistente en someter a un grupo de personas a una dieta hipocalórica durante dos años. Cuál fue su asombro al descubrir que estos individuos tenían menos grasa y más células funcionales en el timo. Fue un resultado extraordinario.

Dixit añadió: «El hecho de que este órgano pueda rejuvenecerse es, en mi opinión, asombroso, porque hay muy pocas pruebas de que esto ocurra en humanos. La sola posibilidad es muy emocionante».

El grupo de Yale empezó a darse cuenta de que habían dado con algo importante. Lo siguiente era investigar la causa: ¿cómo estimula la restricción calórica el sistema inmunitario a nivel molecular?

Finalmente, llegaron a centrarse en la proteína PLA2G7, relacionada con la inflamación, otro fenómeno asociado al envejecimiento. «Estos hallazgos demuestran que PLA2G7 es uno de los impulsores de los efectos de la restricción calórica. Identificar estos actores nos ayuda a comprender cómo se comunican los sistemas metabólico e inmunitario, lo que puede indicarnos posibles objetivos para mejorar la función inmunitaria, reducir la inflamación y, potencialmente, incluso aumentar la esperanza de vida», afirmaba Dixit.

El siguiente paso sería utilizar ordenadores cuánticos para averiguar, a nivel molecular, cómo puede dicha proteína reducir la inflamación y retrasar el proceso de envejecimiento. Una vez comprendido este, quizá sea posible manipular PLA2G7 y cosechar los beneficios de la restricción calórica sin tener que someternos al hambre de una dieta.

Dixit concluyó diciendo que su estudio sobre las proteínas y genes relevantes podría cambiar la dirección de la investigación sobre el proceso de envejecimiento: «Creo que nos da esperanzas».

La clave del envejecimiento: la reparación del ADN

Sin embargo, todo esto plantea otra pregunta: ¿cómo repara la restricción calórica el daño molecular causado por la oxidación? Puede ralentizar este proceso, haciendo así posible que el cuerpo repare el daño que causa de forma natural, pero ¿cómo repara el organismo, para empezar, los daños en el ADN?

Esto se está estudiando en la Universidad de Rochester, donde los científicos investigan si es posible entender los mecanismos de reparación del ADN examinando el reino animal. Más concretamente, ¿pueden estos explicar por qué algunos animales viven más? ¿Existe una fuente de la eterna juventud genética?

Los científicos analizaron la esperanza de vida de dieciocho especies de roedores y descubrieron algo interesante. Los ratones viven solo dos o tres años, pero los castores y las ratas topo desnudas pueden alcanzar la asombrosa senectud de veinticinco a treinta años. Su teoría es que los roedores longevos tienen un mecanismo de reparación del ADN más potente que los que viven menos.

Para investigarlo, se centraron en el gen sirtuina-6, que interviene en la reparación del ADN y es a veces apodado el «gen de la longevidad». Descubrieron que no todas las proteínas creadas por el gen sirtuina-6 son iguales. Hay cinco tipos diferentes, y cada una tiene distintos niveles de actividad. También observaron que los castores tenían proteínas sirtuina-6 más potentes que las creadas por las ratas, aunque no las ratas topo desnudas. Según los científicos, esta podría ser la razón por la que los castores vivían tanto tiempo.

Para probar su teoría, inyectaron las distintas proteínas sirtuina-6 en diferentes animales para ver si afectaban a su esperanza de vida. Las moscas de la fruta a las que se inyectó la proteína sirtuina-6 del castor vivieron más tiempo que aquellas a las que se inyectó la de la rata.

Cuando se inoculó en células humanas, se observó un efecto similar. Las células que recibieron la proteína sirtuina-6 del castor sufrieron menos daños en el ADN que las que recibieron la de la rata. Vera Gorbunova, una de las investigadoras, afirmó: «Si las enfermedades se producen porque el ADN se desorganiza con la edad, podemos utilizar este tipo de investigaciones para hallar intervenciones que puedan retrasar el cáncer y otras enfermedades degenerativas».[51]

Se trata de un resultado importante, porque la reparación de daños en el ADN que estaría regulada por genes como la sirtuina-6 podría ser la clave para invertir el proceso de envejecimiento. Así, sería posible utilizar los ordenadores cuánticos para determinar con precisión cómo la sirtuina-6 es capaz de potenciar los mecanismos de reparación del ADN a nivel molecular.

Una vez desentrañado este proceso, quizá sea posible hallar formas de acelerarlo o encontrar nuevas vías moleculares para estimular los mecanismos en cuestión. Así pues, si el daño del ADN es uno de los motores del proceso de envejecimiento, es crucial comprender cómo puede invertirse a nivel molecular mediante el uso de ordenadores cuánticos.

REPROGRAMACIÓN CELULAR PARA LA JUVENTUD

Sin embargo, el peligro es que hay mucha charlatanería cuando se trata de intentar vivir más. Cada mes surge alguna moda nueva: la última vitamina, hierba o «cura milagrosa». Pero hay una organización seria que ha recibido mucha publicidad en relación con el proceso de envejecimiento.

El multimillonario ruso Yuri Milner, que amasó su fortuna con Facebook y Mail.ru, ha reunido a un grupo de académicos de alto nivel para estudiar cómo revertir el envejecimiento. Se trata de una conocida figura de Silicon Valley que dona tres millones de dólares al año para el premio que patrocina, el Breakthrough, dirigido a físicos, biólogos y matemáticos destacados.

Ahora, su atención se centra en un nuevo grupo llamado Altos Labs, que quiere utilizar la ciencia de la «reprogramación» para, tal vez, rejuvenecer las células envejecidas. Incluso Jeff Bezos es uno de los grandes inversores que respaldan Altos. De acuerdo con un informe presentado por el grupo, la incipiente empresa ya ha conseguido doscientos setenta millones de dólares de financiación.

Según la revista *Technology Review* del MIT, la idea subyacente en estos trabajos es reprogramar el ADN de las células envejecidas para que vuelvan a su forma original. El premio Nobel japonés Shin'ya Yamanaka, que presidirá el consejo asesor científico de Altos, lo ha probado experimentalmente.

Yamanaka es una de las autoridades mundiales en células madre, que son el origen de todas las células. Las embrionarias tienen la notable capacidad de convertirse en cualquier célula del cuerpo humano. Lo que Yamanaka descubrió fue una forma de reprogramar células adultas para que volvieran a su estado embrionario, de modo que pudieran, en principio, crear órganos completamente nuevos desde cero.

La pregunta clave es: ¿se puede reprogramar una célula envejecida para que vuelva a ser joven? Lo que está despertando el interés por Altos es que, al parecer, la respuesta es afirmativa: en determinadas circunstancias, hay cuatro proteínas (denominadas ahora «factores Yamanaka») que pueden llevar a cabo el proceso de reprogramación.

En cierto sentido, la reprogramación de células envejecidas es algo habitual. Piense en cómo la madre naturaleza coge las de un adulto y las reprograma para convertirlas en las células madre de un embrión. Por tanto, no se trata de ciencia ficción, sino un hecho de la vida. Este proceso de rejuvenecimiento ocurre en cada generación, cuando el embrión es concebido.

No es de extrañar que varias empresas emergentes, siempre en busca de la próxima gran novedad, se hayan subido a este carro, como Life Biosciences, Turn Biotechnologies, AgeX Therapeutics y Shift Bioscience. «Si se ve algo a lo lejos que parece una gigantesca montaña de oro, entonces hay que correr rápido», dijo Martin Borch Jensen, de Gordian Biotechnology.[52] De hecho, él mismo ha donado veinte millones de dólares para acelerar la investigación.

David Sinclair, profesor de Harvard, ha declarado: «Los inversores están reuniendo cientos de millones de dólares para invertir en reprogramación, con el objetivo específico de rejuvenecer partes o la totalidad del cuerpo humano». Sinclair pudo utilizar esta técnica de reprogramación de células para restablecer la vista en ratones. Y añadió al respecto: «En mi laboratorio, estamos examinando los principales órganos y tejidos, como piel, músculo y cerebro, para ver cuáles podemos rejuvenecer».[53]

Según Alejandro Ocampo, de la Universidad de Lausana (Suiza): «Se puede tomar una célula de una persona de ochenta años e, *in vitro*, invertir su edad cuarenta años. No hay ninguna otra tecnología que pueda hacer eso».[54]

Un grupo independiente de la Universidad de Wisconsin-Madison tomó muestras de líquido sinovial (una sustancia espesa que se encuentra en las articulaciones del cuerpo), que contiene ciertas células madre llamadas MSC (células madre mesenquimales o estromales). Ya se sabía que es posible reprogramarlas para que rejuvenezcan, pero se desconoce cómo se produce este proceso.

El grupo de la Universidad de Wisconsin-Madison pudo averiguar muchos de los pasos que faltaban. Convirtieron las células

MSC en células madre pluripotentes inducidas y luego otra vez en células MSC. Tras este viaje de ida y vuelta, comprobaron que las células reprocesadas habían rejuvenecido. Y, lo que es más importante, pudieron identificar la vía química específica que las llevaba en este viaje de ida y vuelta. En este proceso intervienen una serie de proteínas denominadas GATA6, SHH y FOXP.

Se trata de avances notables que antes se creían imposibles. Así, los científicos empiezan a comprender cómo las células envejecidas pueden volver a ser jóvenes.

Pero también hay motivos para la cautela. Ya vimos anteriormente que los métodos para retrasar o invertir el envejecimiento incluían efectos secundarios como el cáncer. El estrógeno puede mantener fértiles a las mujeres durante muchos años hasta la menopausia, pero dicha enfermedad es uno de los posibles efectos colaterales de esta hormona. Del mismo modo, la telomerasa puede detener el reloj del envejecimiento celular, pero también introduce un mayor riesgo de cáncer.

Igualmente, este es uno de los peligros de la reprogramación celular. La investigación debe desarrollarse con cautela para que los efectos secundarios nocivos no la frenen. Los ordenadores cuánticos pueden ser útiles en esta tarea. En primer lugar, quizá revelen el proceso de rejuvenecimiento a nivel molecular y descubramos los secretos que se esconden tras las células madre embrionarias. En segundo lugar, tal vez sea posible controlar algunos de los daños colaterales de este proceso, como el cáncer.

TALLER DE SERES HUMANOS

Aún hay otro experimento que ha despertado el interés por el rejuvenecimiento celular.

En el método original de Yamanaka, las células de la piel se exponían a los cuatro factores homónimos durante cincuenta días para que volvieran a su estado embrionario. Pero los científicos del Instituto Babraham, de Cambridge (Inglaterra), expusieron estas células durante solo trece días y luego las dejaron crecer con normalidad.

Las células cutáneas originales procedían de una mujer de cincuenta y tres años. Los científicos se asombraron al comprobar que las versiones rejuvenecidas parecían y actuaban como si fueran de una mujer de veintitrés años.

«Recuerdo el día en que recibí los resultados, porque no acababa de creerme que algunas de las células fueran treinta años más jóvenes de lo que se suponía. [...] Fue un día muy emocionante», declaró Diljeet Gill, uno de los científicos que realizaron el estudio.[55]

Los resultados fueron sensacionales. De verificarse, parece que será la única vez en la historia de la medicina que los científicos hayan logrado rejuvenecer células envejecidas para que se comporten como si fueran décadas más jóvenes.

Sin embargo, los científicos que participaron en el estudio tuvieron cuidado de mencionar los posibles efectos secundarios. Debido a los enormes cambios genéticos que implica el rejuvenecimiento, al igual que ocurre con tantos tratamientos prometedores, el cáncer sigue siendo un posible subproducto. Así que todo este planteamiento debe llevarse a cabo con cautela.

Pero hay una segunda forma de crear órganos jóvenes, sin el peligro del cáncer: la ingeniería de tejidos, en la que los científicos construyen literalmente partes humanas desde cero.

INGENIERÍA DE TEJIDOS

Si una célula adulta vuelve a su estado embrionario, rejuvenece, pero solo a nivel celular. Esto significa que no se puede rejuvenecer todo el cuerpo y vivir para siempre. Solo quiere decir que determinadas líneas celulares se vuelven inmortales, por lo que se pueden regenerar órganos específicos, pero no todo el cuerpo.

Una de las razones de ello es que las células madre, si se las deja solas, a veces crean una masa informe de tejido aleatorio. A menudo necesitan señales de las células vecinas para crecer secuencialmente de un modo correcto y crear el órgano final.

La solución puede ser la ingeniería tisular, que consiste en introducir células madre en una especie de molde para que crezcan de forma ordenada.

Anthony Atala, de la Universidad Wake Forest, de Carolina del Norte, ha sido uno de los pioneros en este enfoque. Tuve el honor de entrevistarlo para la BBC. Paseando por su laboratorio, me sorprendió ver grandes frascos con órganos humanos, como hígados, riñones y corazones. Me sentí como si hubiera entrado en una película de ciencia ficción.

Cuando le pregunté cómo realizaba sus investigaciones, me contó que primero crea un molde especial hecho de diminutas fibras flexibles con la forma del órgano que quiere cultivar. Luego planta en él células de dicho órgano extraídas del paciente. A continuación, aplica un cóctel de factores de crecimiento para estimular las células, que empiezan a crecer en forma de fibras dentro del molde. Finalmente, este desaparece porque es biodegradable y deja tras de sí una copia casi perfecta del órgano. A continuación, el órgano artificial se trasplanta al paciente, donde empieza a funcionar. Como las células se fabrican con tejido del propio individuo, no hay mecanismo de rechazo, que es uno de los principales problemas en el trasplante de órganos. Tampoco hay peligro de cáncer, ya que no se manipula la delicada genética del interior de una célula.

Atala me dijo que la mayoría de los órganos que se han fabricado con éxito están formados por pocos tipos de células. Por ejemplo, piel, huesos, cartílagos, vasos sanguíneos, vejigas, válvulas cardiacas y tráqueas. El hígado es más difícil, porque consta de varios tipos de células. Y el riñón, al estar formado por cientos de tubos y filtros diminutos, es aún un proyecto en curso.

El método de Atala también puede combinarse con células madre, de modo que algún día sea posible regenerar órganos enteros del cuerpo a medida que se atrofian. Por ejemplo, puesto que las enfermedades cardiovasculares son la primera causa de muerte en Estados Unidos, quizá algún día sea posible cultivar un corazón entero en el laboratorio. Sería como crear un «taller de seres humanos».

Otros grupos están experimentando con la impresión 3D para crear órganos humanos. Del mismo modo que una impresora de ordenador dispara diminutas gotas de tinta para formar una imagen, el dispositivo puede modificarse para que dispare células cardiacas humanas individuales y cree tejido cardiaco paso a paso. Si el rejuvenecimiento celular consigue crear líneas celulares jóvenes, la ingeniería tisular podría cultivar cualquier órgano del cuerpo a partir de células madre, como el corazón.

De este modo, evitamos el problema al que se enfrentó Titono.

El papel de los ordenadores cuánticos

Los ordenadores cuánticos pueden tener un impacto directo en estos esfuerzos en cuestión. En un futuro próximo, la mayor parte de la población humana tendrá su genoma secuenciado y conservado en un gigantesco banco genético mundial. Este inmenso almacén de información genética podría desbordar a un ordenador digital convencional, pero analizar cantidades increíbles de datos es precisamente lo que mejor hacen los ordenadores cuánticos. Esto podría permitir a los científicos aislar los genes afectados por el proceso de envejecimiento.

Por ejemplo, los científicos ya pueden analizar los genes de jóvenes y ancianos para compararlos. De este modo, se han identificado unos cien en los que parece concentrarse el envejecimiento. Resulta que muchos de estos genes están implicados en el proceso de oxidación. En el futuro, los ordenadores cuánticos analizarán una masa aún mayor de datos genéticos. Esto nos ayudará a comprender dónde se acumulan sobre todo los errores genéticos y celulares, pero también qué genes podrían ser los que controlan realmente aspectos del proceso de envejecimiento.

Los ordenadores cuánticos no solo podrían aislar los genes en los que se produce la mayor parte del envejecimiento, sino que también pueden hacer lo contrario: aislar los genes que se hallan en personas excepcionalmente ancianas pero sanas. Los demógrafos saben que existen los superancianos, es decir, individuos que parecen haber vencido las adversidades y tienen una vida saludable mucho más larga de lo esperado. Así que los ordenadores cuánticos, con el análisis de esta masa de datos en bruto, podrían encontrar los genes que indican un sistema inmunitario excepcionalmente sano y permitir a los ancianos alcanzar una edad muy avanzada evitando las enfermedades que podrían acabar con ellos.

Desde luego, también hay individuos que envejecen tan rápido que mueren de viejos siendo niños. Enfermedades como el síndrome de Werner o progeria son una pesadilla, en la que los niños envejecen casi ante nuestros propios ojos. Rara vez viven más allá de los veinte o treinta años. Los estudios han demostrado que, entre otros problemas, tienen telómeros cortos, lo que puede contribuir en parte a su envejecimiento acelerado. (Por la misma razón, estudios sobre judíos asquenazíes han descubierto lo contrario, que los sujetos más longevos tenían una versión hiperactiva de la telomerasa, lo que podría explicar su larga vida).

Además, las pruebas realizadas en personas mayores de cien años muestran que estas tienen un nivel significativamente más alto de la proteína reparadora del ADN llamada «poli (ADP-ribosa)» polimerasa que los individuos más jóvenes de entre veinte y setenta años. Esto indica que las personas más longevas disponen de mecanismos de reparación del ADN más potentes para revertir los daños genéticos y, por tanto, viven más tiempo. Dichos centenarios también tienen células que se parecen a las de personas mucho más jóvenes, lo que indica que el envejecimiento se ha ralentizado. Esto, a su vez, puede explicar el curioso hecho de que quienes alcanzan los ochenta años tienen mayores posibilidades de vivir más allá de los noventa, lo que puede deberse a que las personas con sistemas inmunitarios débiles mueren antes de cumplir los ochenta. Así, los individuos que superan esta edad tienen mecanismos de reparación del ADN más potentes, lo que puede prolongar su vida hasta los noventa y más.

Así, los ordenadores cuánticos podrían aislar genes clave de varias categorías:

• Ancianos excepcionalmente sanos para su edad
• Personas con un sistema inmunitario capaz de combatir enfermedades comunes, lo que prolonga la vida
• Personas que han acumulado errores en sus genes que han acelerado el envejecimiento
• Personas que se han desviado significativamente de la norma, como los que han envejecido con una rapidez extraordinaria por enfermedades como el síndrome de Werner o progeria.

Una vez aislados los genes asociados al envejecimiento, quizá CRISPR pueda corregir muchos de ellos. El objetivo es reparar aquellos en los que se produce la mayor parte del envejecimiento, utilizando ordenadores cuánticos para aislar los mecanismos moleculares exactos de ese proceso.

En el futuro, tal vez se desarrolle un cóctel de diferentes fármacos y tratamientos que sea capaz de ralentizar y quizá invertir el envejecimiento. El efecto combinado de distintas intervenciones médicas actuando de forma concertada podría hacer retroceder las manecillas del tiempo.

La clave está en que los ordenadores cuánticos podrán atacar el envejecimiento en el ámbito en el que tiene lugar: a nivel molecular.

Inmortalidad digital

Además de la inmortalidad biológica, existe la posibilidad real de que alcancemos la inmortalidad digital utilizando ordenadores cuánticos.

La mayoría de nuestros antepasados vivieron y murieron sin dejar rastro de su existencia. Quizá haya una entrada en los registros de alguna iglesia o templo que documente cuándo nacieron nuestros ancestros, así como una segunda que indique cuándo murieron. O tal vez haya una lápida rota en un cementerio abandonado con el nombre de nuestro antepasado.

Y nada más.

Toda una vida de recuerdos y experiencias entrañables ha quedado reducida a dos entradas en un libro y, quizá, una piedra grabada. Las personas que utilizan el ADN para rastrear su ascendencia a menudo descubren que su rastro desaparece enseguida, al cabo de un siglo. Toda su historia familiar se reduce a polvo en una o dos generaciones. Pero, hoy en día, dejamos una huella digital extraordinaria. Bastan nuestras transacciones con tarjeta de crédito para dar una idea razonable de nuestra historia y personalidad, de nuestros gustos y aversiones. Cada compra, vacaciones, evento deportivo o regalo queda registrado en algún ordenador. Sin siquiera darnos cuenta, nuestra huella digital crea una imagen especular de quiénes somos. En el futuro, este volumen de información podría ofrecernos una recreación digital de nuestra personalidad.

Ya se habla de resucitar a personajes históricos y personas famosas mediante un proceso de digitalización que los ponga a disposición del público. Hoy puede ir a la biblioteca a buscar una biografía de Winston Churchill. En el futuro, podrá hablar con él. Todas sus cartas, memorias, biografías, entrevistas, etc., estarán digitalizadas y disponibles. Podrá conversar con una imagen holográfica del antiguo primer ministro y pasar una tarde tranquila manteniendo una conversación reveladora con él.

Personalmente, me encantaría pasar tiempo hablando con Einstein, preguntarle por sus metas, sus logros y su filosofía de la ciencia. ¿Qué pensaría al saber que sus teorías han dado lugar a enormes disciplinas científicas como el *big bang*, los agujeros negros, las ondas gravitatorias y la teoría del campo unificado, entre otras? ¿Qué pensaría sobre cómo ha evolucionado la teoría cuántica con el tiempo? Einstein dejó una extraordinaria colección de cartas y correspondencia personal, que revela su verdadero carácter y sus pensamientos.

Con el tiempo, el ciudadano de a pie podría alcanzar también la inmortalidad digital. En 2021, William Shatner, el protagonista de la serie de televisión *Star Trek*, alcanzó una especie de inmortalidad digital. Le colocaron ante una cámara y le hicieron cientos de preguntas personales sobre su vida, sus objetivos y su filosofía durante cuatro días. Luego, un programa informático analizó esta gran cantidad de material y lo ordenó cronológicamente, por temas, lugares, etc. En el futuro, usted podrá formular preguntas personales directamente a este Shatner digitalizado, y él le responderá de forma coherente y racional, como si estuviera hablando con usted en el salón de su casa.

En el futuro, no hará falta sentarse delante de una cámara de televisión para ser digitalizado. Inconscientemente, sin pensar en ello, utilizamos la de nuestro teléfono móvil para grabar nuestras actividades diarias y nuestra vida. De hecho, muchos adolescentes ya están creando una enorme huella digital al documentar sus travesuras, bromas y payasadas (algunas de las cuales permanecerán para siempre en internet).

Normalmente, concebimos nuestra vida como una serie de accidentes, coincidencias y experiencias aleatorias. Pero, con la IA mejorada, algún día podremos editar esta profusión de recuerdos y ordenarlos. Y los ordenadores cuánticos nos ayudarán a clasificar este material, utilizando motores de búsqueda para encontrar el contexto que nos falte y editar la narración.

En cierto sentido, nuestro yo digital nunca morirá.

Quizá nuestro legado de apreciados recuerdos y logros personales no tenga por qué dispersarse con las arenas movedizas del tiempo cuando fallezcamos. Quizá los ordenadores cuánticos nos proporcionen una especie de inmortalidad.

En resumen, los científicos están empezando a identificar algunas de las vías implicadas en la prolongación de la vida humana. Sin embargo, el funcionamiento de las mismas a nivel molecular sigue siendo un misterio. Por ejemplo, ¿cómo pueden ciertas proteínas acelerar la reparación molecular del ADN? Es posible que los ordenadores cuánticos desempeñen un papel decisivo en esto, porque solo un sistema cuántico puede explicar del todo otro sistema cuántico, como las interacciones moleculares. Una vez que se conozcan los mecanismos precisos de procesos como la reparación del ADN, se podrían mejorar para retrasar o incluso detener el envejecimiento.

Los ordenadores cuánticos también podrían darnos la capacidad de vivir eternamente de forma digital. En combinación con la inteligencia artificial, deberíamos ser capaces de crear una copia codificada de nosotros mismos que refleje fielmente quiénes somos. Ya se están dando pasos para perfeccionar este proceso.

Pero la próxima frontera de los ordenadores cuánticos no es solo la aplicación de la mecánica cuántica al espacio interior de nuestro cuerpo, sino emplear los ordenadores cuánticos en el mundo externo, para resolver problemas acuciantes como el calentamiento global, dominar el poder del Sol y descifrar los misterios del mundo que nos rodea. La próxima meta es utilizar los ordenadores cuánticos para comprender el universo.

CUARTA PARTE

Modelar el mundo y el universo

14

Calentamiento global

Una vez pronuncié una conferencia en la Universidad de Reikiavik, la capital de Islandia.

Mientras el avión se acercaba al aeropuerto, contemplé el árido paisaje volcánico casi desprovisto de vegetación. Era como un viaje atrás en el tiempo. La zona cercana al aeropuerto estaba tan desolada que era el lugar perfecto para retroceder mentalmente millones de años al pasado.

Más tarde, me hicieron una visita guiada por el campus y me interesé por su investigación sobre los núcleos de hielo, que representan una crónica del tiempo de miles de años.

Su laboratorio estaba en una gran sala parecida a un enorme congelador e igual de fría. Me fijé en varias barras de metal largas que había sobre una mesa. Tenían unos cuatro centímetros de diámetro y varios metros de largo, y cada una contenía una muestra tomada de las profundidades del hielo.

Algunas de las barras estaban abiertas y se podía ver que contenían largos cilindros de hielo blanco. Me estremecí al darme cuenta de que estaba viendo hielo que cayó sobre el Ártico hacía miles de años. Estaba contemplando una cápsula del tiempo muy anterior a la historia documentada.

Observando detenidamente estos testigos de hielo, pude ver una serie de finas bandas horizontales marrones a lo largo de ellos.

Los científicos me dijeron que cada una fue creada por el hollín y la ceniza liberados por antiguas erupciones volcánicas.

Midiendo el espaciado entre las distintas bandas, se podía determinar su antigüedad comparándolas con erupciones volcánicas conocidas.

También me contaron que dentro de los testigos de hielo hay burbujas de aire microscópicas que son como una instantánea de la atmósfera de hace miles de años. Analizando su contenido químico, se puede determinar fácilmente la cantidad de CO_2 que existía entonces.

(Calcular la temperatura que había cuando se formaron los testigos de hielo es más difícil, y se hace de forma indirecta. El agua, H_2O, se compone de hidrógeno y oxígeno. Pero existe una versión pesada de la misma, en la que los átomos de O-16 y H-1 se sustituyen por isótopos con neutrones adicionales, lo que da lugar a O-18 y H-2. La versión más pesada del H_2O se evapora más rápido cuando está relativamente caliente. Así, midiendo la proporción entre las moléculas de agua pesada y las de agua convencional, se puede calcular la temperatura a la que se formó el hielo. Cuanta más agua pesada haya, más frío hacía cuando cayó la nieve por primera vez).

Por fin, vi los resultados de su minucioso pero revelador trabajo. En un gráfico, la temperatura y el contenido de CO_2 a lo largo de los siglos eran como un par de montañas rusas, que subían y bajaban al unísono. Estaba claro que había una correlación estrecha e importante entre la temperatura del planeta y la cantidad de dióxido de carbono en el aire. (Hoy en día, estos testigos de hielo pueden remontarse aún más atrás. En 2017, los científicos lograron extraer en la Antártida núcleos de 2,7 millones de años de antigüedad, lo que les reveló una historia hasta entonces desconocida de nuestro propio planeta).

Hubo varios aspectos que me impresionaron al analizar este gráfico. En primer lugar, se observan grandes oscilaciones de temperatura. Pensamos que la Tierra es muy estable. Sin embargo, se nos recuerda que es un objeto dinámico, con grandes variaciones en la temperatura y el clima.

En segundo lugar, se observa que la última glaciación terminó hace unos diez mil años, cuando gran parte de Norteamérica quedó sepultada bajo casi ochocientos metros de hielo sólido. Pero, desde entonces, ha habido un calentamiento gradual de la atmósfera, que hizo posible el surgimiento de la civilización humana. Dado que probablemente tendremos otra glaciación dentro de unos diez mil años, esto significa que el surgimiento de la civilización humana tuvo lugar por accidente, porque entramos en un periodo interglaciar. Sin este deshielo, seguiríamos viviendo en pequeños grupos nómadas de cazadores y carroñeros, vagando por el hielo y buscando desesperadamente restos de comida.

Pero lo que más me llamó la atención fue el lento aumento de la temperatura desde el final de la última glaciación, hace diez mil años, y lo repentino que había sido este en los últimos cien años, coincidiendo con la llegada de la Revolución Industrial y la quema de combustibles fósiles.

De hecho, analizando las temperaturas en todo el planeta, los científicos llegaron a la conclusión de que los años 2016 y 2020 fueron los más calurosos jamás registrados en la historia. Es más, el periodo comprendido entre 1983 y 2012 fue el intervalo de treinta años más caluroso de los últimos mil cuatrocientos años. Así que el reciente calentamiento de la Tierra no es un subproducto del calentamiento debido al periodo interglaciar, sino algo muy poco natural. La principal causa, entre otras muchas, es el auge de la civilización humana.

Nuestro futuro podría depender de nuestra capacidad para predecir las pautas meteorológicas y trazar planes de acción realistas. Estamos llegando al límite de la capacidad de los ordenadores convencionales, por lo que tendremos que recurrir a los cuánticos para que nos proporcionen una evaluación precisa del calentamiento global y nos den «partes meteorológicos virtuales» de posibles futuros, que permitan variar ciertos parámetros para ver cómo afectan al clima.

Uno de estos informes meteorológicos virtuales puede albergar la clave del futuro de la civilización humana.

Como escribió Ali El Kaafarani en la revista *Forbes*, «los ordenadores cuánticos también encierran un inmenso potencial desde el punto de vista medioambiental, y los expertos predicen que, mediante simulaciones cuánticas, serán decisivos para ayudar a los países a cumplir los Objetivos de Desarrollo Sostenible de las Naciones Unidas».[56]

CO_2 Y CALENTAMIENTO GLOBAL

Necesitamos, sobre todo, evaluaciones precisas del efecto invernadero y de cómo contribuye a él la actividad humana.

La luz del Sol puede penetrar fácilmente en la atmósfera terrestre. Sin embargo, cuando se refleja en la superficie del planeta, pierde energía y se convierte en radiación térmica infrarroja. Pero, como esta no atraviesa muy bien el CO_2, el calor queda atrapado en la Tierra, calentándola. El 80 por ciento de la energía mundial en 2018 procedía de la quema de combustibles fósiles, que produce CO_2 como subproducto. Así pues, el repentino aumento de la temperatura en el último siglo se debe probablemente a varios factores, en especial a la acumulación de CO_2 como resultado de la Revolución Industrial.

El rápido calentamiento terrestre en los últimos cien años también se ha confirmado gracias a una fuente totalmente distinta, no del interior de los testigos de hielo, sino del espacio exterior. Desde esa posición privilegiada, los efectos del calentamiento global son visualmente espectaculares.

Por ejemplo, los satélites meteorológicos de la NASA pueden calcular la cantidad total de energía que la Tierra recibe del Sol, así como determinar la cantidad total de energía que el planeta devuelve al espacio exterior. Si la Tierra estuviera en equilibrio, veríamos que la entrada y la salida de energía serían aproximadamente iguales. Teniendo en cuenta con cuidado todos los factores, se observa que la Tierra absorbe más energía de la que irradia al espacio, lo que provoca su calentamiento. Si comparamos entonces la cantidad neta de energía capturada por el planeta, resulta que es aproximadamente la misma que la generada por la actividad humana. Así pues, el principal responsable del reciente aumento del calentamiento del planeta parece ser la actividad humana.

Las imágenes de satélite revelan las consecuencias de este calentamiento. Las fotos actuales pueden compararse con las de hace décadas y muestran los cambios drásticos en la geología de la Tierra, donde todos los grandes glaciares han retrocedido con el paso de las décadas.

Los submarinos han visitado el Polo Norte desde la década de 1950, y han determinado que el hielo durante los meses de invierno se ha vuelto un 50 por ciento más delgado en los últimos cincuenta años, disminuyendo su grosor en aproximadamente un 1 por ciento al año. (Los niños del futuro quizá se pregunten por qué sus padres hablan de que Papá Noel viene del Polo Norte, cuando ya casi no hay hielo polar). Según los científicos de la NASA, a mediados de siglo en el océano Ártico no habrá hielo en absoluto en verano.

La actividad de los huracanes también puede cambiar. Empiezan como un viento tropical suave frente a las costas de África y luego migran a través del océano Atlántico. Una vez que llegan al Caribe, son como bolos. Si golpean en el ángulo adecuado, pueden entrar en las aguas cálidas del golfo de México y crecer en intensidad hasta convertirse en colosales tormentas. La magnitud, la frecuencia y la duración de los huracanes que azotan la Costa Este de Estados Unidos han aumentado desde la década de 1980 debido, con toda probabilidad, al aumento de la temperatura del agua. Por ello, es probable que en el futuro veamos huracanes cada vez más potentes y devastadores.

PREDICCIONES PARA EL FUTURO

Las proyecciones informáticas sobre el futuro del clima terrestre son bastante sombrías. El nivel global del mar ha aumentado veinte centímetros desde 1880 (esto se debe al aumento de la temperatura de los océanos, que provoca la expansión del volumen total de las aguas). Lo más probable es que aumente entre treinta y doscientos cuarenta centímetros para 2100. Los mapas del mundo de 2050 a 2100 muestran un cambio sorprendente de las zonas costeras.

«El aumento del nivel del mar provocado por el cambio climático global es un riesgo claro y evidente para Estados Unidos tanto hoy como en las próximas décadas y siglos», afirma un informe de la NASA y la NOAA, la Administración Nacional Oceánica y Atmosférica.[57]

Pero, por cada centímetro que se pierde verticalmente, las zonas costeras pueden perder cien centímetros horizontalmente en términos de litoral utilizable. Así pues, el mapa mismo de la Tierra está cambiando de manera gradual. Además, el nivel del mar seguirá subiendo hasta bien entrado el siglo XXII debido a la enorme cantidad de calor que ya circula por la atmósfera. Como mínimo, esto implica que las zonas costeras sufrirán inundaciones a gran escala a medida que las olas del océano empiecen a superar las barreras y diques.

Bill Nelson, administrador de la NASA, comentaba acerca del reciente informe de la agencia espacial y la NOAA sobre el clima: «Este informe corrobora estudios anteriores y confirma lo que ya sabemos desde hace tiempo: el nivel del mar aumenta de manera continua a un ritmo alarmante, lo cual pone en peligro a comunidades de todo el mundo. [...] Es precisa acción urgente para mitigar una crisis climática que ya está en marcha».[58]

Las ciudades costeras de todo el mundo tendrán que hacer frente a la subida de las aguas. Venecia ya pasa inundada ciertas épocas del año. Partes de Nueva Orleans están ya por debajo del nivel del mar.

Todas las ciudades costeras tendrán que hacer planes para adaptarse a la subida del nivel del mar en las próximas décadas, como esclusas, diques, zonas de evacuación, sistemas de alerta de huracanes, etc.

EL METANO COMO GAS DE EFECTO INVERNADERO

Como gas de efecto invernadero, el metano es treinta veces más potente que el dióxido de carbono. El peligro es que las regiones árticas cercanas a Canadá y Rusia, que contienen vastas extensiones de tundra, puedan estar descongelándose y liberando gas metano.

Una vez di una conferencia en Krasnoyarsk, en Siberia. Los habitantes de la zona me dijeron que no les importaba el calentamiento global, ya que así sus casas no estaban continuamente congeladas. También me contaron un hecho curioso: los enormes cadáveres de mamuts que murieron hace decenas de miles de años están emergiendo del hielo a medida que suben las temperaturas.

Aunque a los habitantes de Siberia no les importe que el clima sea más suave, el verdadero peligro es para el resto del planeta, donde la liberación de gas metano puede provocar un efecto dominó. Cuanto más se calienta la Tierra, más se derrite la tundra y más metano se libera. Pero este gas, a su vez, calienta aún más el planeta e inicia el ciclo de nuevo. Así, cuanto más se derrite la tundra, más aumenta el calentamiento global. Dado que el metano es un potente gas de efecto invernadero, muchas proyecciones informáticas para el futuro podrían estar, de hecho, subestimando la verdadera magnitud del calentamiento global.

IMPLICACIONES MILITARES

Vemos los efectos del calentamiento global en todas partes. Los agricultores, por ejemplo, están al tanto de los ciclos meteorológicos y saben muy bien que los veranos son, por término medio, una semana más largos que antes. Esto afecta al momento en que plantan las semillas y a qué plantas cultivan ese año.

Los insectos, como los mosquitos, también se están desplazando hacia el norte, quizá llevando consigo enfermedades tropicales, como el virus del Nilo Occidental.

Como la energía que circula en el clima está aumentando, esto implica oscilaciones más violentas de las condiciones atmosféricas, no solo un aumento constante de la temperatura. Así, podemos esperar que los incendios forestales, las sequías y las inundaciones sean cada vez más frecuentes. Las «tormentas de cien años» describían antes fenómenos violentos pero muy raros; no obstante, ahora parecen producirse más a menudo. En 2022, Europa y Estados Unidos sufrieron temperaturas especialmente altas que batieron récords en gran parte del planeta, provocando masivos incendios forestales, la desaparición de lagos y muertes por deshidratación, entre otras graves consecuencias.

Es inquietante que los polos, que ejercen una enorme influencia en el clima, se hayan calentado más rápido que otras regiones del planeta. El deshielo de Groenlandia en los últimos veinte años ha creado suficiente agua líquida para cubrir todo Estados Unidos con medio metro de agua.

Mientras, las capas de hielo de la Antártida han desarrollado ríos subterráneos de nieve recién derretida. Ahora parece claro que los polos no son tan estables como se pensaba.

Un informe reciente de la NASA y la NOAA se centraba en el posible colapso del glaciar Thwaites, en la Antártida, que ha sido apodado el «glaciar del juicio final»: «Es probable que la plataforma de hielo oriental se rompa en cientos de icebergs. De repente, todo se derrumbaría», afirmaba Erin Pettit, glacióloga de la Universidad Estatal de Oregón.[59]

Esto también tiene implicaciones geopolíticas y militares. El Pentágono elaboró en su día el peor escenario posible si el calentamiento global se descontrola. Uno de los puntos más mortíferos que identificó es la frontera entre Bangladesh y Barat. Debido a la subida del nivel del mar y a las intensas inundaciones, el calentamiento global podría obligar un día a millones de bangladesíes a huir hacia la frontera con el país vecino. Esta masa de personas desesperadas desbordaría fácilmente a los guardias fronterizos. En tal caso, habría cada vez mayor presión sobre el ejército baratí para que rechazase oleada tras oleada de refugiados que intentasen escapar de las aguas. Como último recurso, podría pedirse al ejército baratí que protegiera sus fronteras utilizando armas nucleares.

Se trata del peor de los casos, pero ilustra gráficamente lo que puede ocurrir si la situación se descontrola.

VÓRTICE POLAR

Algunos señalan las recientes tormentas de nieve que han asolado grandes zonas de Estados Unidos y afirman que la amenaza del calentamiento global es exagerada.

Pero hay que considerar la razón de esta inestabilidad en el tiempo invernal. Cada vez que se produce una gran tormenta en esta época del año, el parte meteorológico detalla el movimiento de la corriente en chorro que serpentea desde Alaska y Canadá, trayendo consigo un clima gélido.

La corriente en chorro, a su vez, sigue los giros del vórtice polar, una estrecha banda de aire superfrío que rota y se centra en el Polo Norte. Recientemente, las fotografías de satélite del vórtice polar muestran que se está volviendo más inestable, de modo que se desplaza, enviando la corriente en chorro más al sur y creando estas frías anomalías meteorológicas invernales.

Algunos meteorólogos han señalado que la inestabilidad del vórtice podría explicarse por el calentamiento global. Por lo general, es relativamente estable y no se desplaza demasiado. Esto se debe a que la diferencia de temperatura entre el vórtice polar y las latitudes más bajas es bastante grande, lo que aumenta la intensidad de este fenómeno y lo hace más estable. Pero, si la temperatura de las regiones polares aumenta más rápidamente que la de los climas más templados, dicha diferencia se reduce, lo que disminuye la fuerza del vórtice. Esto, a su vez, empuja la corriente en chorro más al sur, creando patrones meteorológicos anormales hasta Texas y México.

Así que el calentamiento global, paradójicamente, puede ser el responsable de algunas de las heladas en el sur.

¿QUÉ HACER?

Y ¿qué hacemos al respecto?

Es de esperar que las energías renovables y las medidas de conservación vayan liberando gradualmente a la civilización de su dependencia de los combustibles fósiles. Quizá una superbatería ayude a inaugurar una era solar con coches eléctricos de bajo consumo. Tal vez los países se tomen en serio el problema. Y puede que, a mediados de siglo, la energía de fusión ya esté en marcha.

Pero, si todo lo demás falla, un plan alternativo sería intentar resolver el problema mediante la geoingeniería. Estas son algunas soluciones para el peor de los casos:

1. *Captura de carbono.* El planteamiento más conservador es la captura de carbono, es decir, separar el CO_2 en la refinería de petróleo y enterrarlo después en el suelo. Esto ya se ha intentado a pequeña escala. Otra idea es separar dicho gas y eliminarlo mezclándolo con el basalto de las rocas volcánicas. La idea es seria, pero el problema es económico. La captura de carbono cuesta dinero, y una empresa tiene que justificar tal iniciativa. Muchas están esperando a ver qué pasa con este proceso, pues aún no se sabe si funcionará y si será viable desde el punto de vista económico.

2. *Modificación del clima.* Cuando estalló el monte Santa Helena, en 1980, los científicos pudieron calcular cuánta ceniza volcánica se arrojó al medioambiente y cuál fue el efecto posterior sobre la temperatura. Al parecer, el oscurecimiento de la atmósfera por la erupción reflejó más luz solar hacia el espacio, lo que provocó un efecto de enfriamiento.

Se podría calcular qué cantidad de partículas sería necesaria para una reducción global de la temperatura.

Sin embargo, esto entraña algunos peligros. Dada la escala de esta operación, sería muy difícil probar tal idea. Y, aunque una erupción volcánica redujera temporalmente la temperatura unos grados, sería demasiado poco para evitar una catástrofe climática total.

3. *Floraciones de algas.* Otra posibilidad es sembrar los océanos, que pueden absorber CO_2. Las algas, por ejemplo, se alimentan de hierro y, a su vez, absorben dióxido de carbono. Así, sembrando los océanos de hierro, se podrían utilizar estos organismos para frenar las emisiones de CO_2. El problema es que estamos jugando con formas de vida que no controlamos. Las algas no son estáticas, sino que pueden reproducirse de formas imprevistas. Y no se puede recuperar una forma de vida como se haría con un coche averiado.

4. *Nubes de lluvia.* Otros han sugerido modificar el tiempo con una vieja técnica: cristales de yoduro de plata. Mientras que los pueblos antiguos trataban de provocar la lluvia con danzas y conjuros, naciones enteras y sus ejércitos lo han intentado lanzando sustancias químicas a la atmósfera. Los cristales de yoduro de plata, por ejemplo, pueden acelerar la condensación del vapor de agua, tal vez induciendo que las nubes de lluvia generen tormentas eléctricas. Se cree que este método fue investigado por la CIA durante la guerra de Vietnam como una forma de frustrar a las tropas enemigas durante la estación monzónica obligándolas a abandonar sus refugios al inundarse estos.

Otra variante es el llamado blanqueamiento o sembrado de nubes para que reflejen más energía solar hacia el espacio.

Por desgracia, la modificación del clima es muy local, ya que solo influye en una zona diminuta, mientras que la superficie terrestre es muy grande. Y el historial de siembra de nubes de lluvia no es bueno. Es una técnica muy impredecible.

5. *Plantar árboles.* Sería posible modificar genéticamente las plantas para que absorban más CO_2 de lo normal. Este es quizá el enfoque más seguro y razonable, pero es dudoso que pueda eliminarse suficiente dióxido de carbono para invertir el calentamiento global en todo el planeta. Y, como gran parte de la superficie forestal de la Tierra está controlada por un mosaico de naciones, cada una con sus propias intenciones, haría falta la voluntad política de muchos países trabajando juntos para emprender un plan tan ambicioso.

6. *Cálculo del tiempo virtual.* Dado lo mucho que está en juego, se espera que los ordenadores cuánticos sean capaces de calcular la mejor opción. La tarea más importante es recopilar los datos necesarios para que las predicciones sean lo más precisas posible.

ORDENADORES CUÁNTICOS Y SIMULACIÓN METEOROLÓGICA

Todos los modelos informáticos meteorológicos comienzan por dividir la superficie terrestre en pequeños cuadrados o cuadrículas. En la década de 1990, empezaron con cuadrículas de unos quinientos kilómetros de lado. Con el aumento de la potencia de los ordenadores, este tamaño es cada vez menor (para el *Cuarto informe de evaluación* del Grupo Intergubernamental de Expertos sobre el Cambio Climático, el IPCC, de 2007, el tamaño de la cuadrícula era de ciento diez kilómetros).[60]

A continuación, estas cuadrículas se amplían a la tercera dimensión, de modo que se convierten en losas cuadradas que describen diversas capas de la atmósfera. Generalmente, esta se divide en diez capas verticales.

Una vez que toda la superficie terrestre y la atmósfera se han dividido en estos bloques, el ordenador analiza los parámetros dentro de cada uno (humedad, luz solar, temperatura, presión atmosférica, etc.). A partir de ecuaciones termodinámicas conocidas para la atmósfera y la energía, se calcula cómo varían la temperatura y la humedad en las cuadrículas vecinas, hasta cubrir toda la Tierra.

De este modo, los científicos pueden hacer una estimación aproximada del tiempo que hará en el futuro. Para comprobar estos resultados, pueden ponerse a prueba en cierta manera mediante lo que se denomina «análisis retrospectivo». El programa informático empleado para ello puede ejecutarse hacia atrás en el tiempo, de modo que, partiendo del comportamiento actual del tiempo atmosférico, vemos si es posible «predecir» el tiempo en el pasado, cuando las condiciones meteorológicas se conocían con exactitud.

El análisis retrospectivo ha demostrado que estos modelos informáticos, aunque no son perfectos, han «pronosticado» correctamente el patrón meteorológico general de los últimos cincuenta años. Pero el volumen de datos es inmenso y superan la capacidad límite de lo que los ordenadores ordinarios. Dado que estos acabarán viéndose desbordados por la creciente complejidad de esta tarea, lo que se necesita es una transición a los ordenadores cuánticos.

Incertidumbres

Por muy potente que sea nuestro programa informático, siempre existe el problema de los factores desconocidos e inesperados, difíciles de simular. Quizá la incertidumbre más grave sea la presencia de nubes, que pueden reflejar la luz solar hacia el espacio exterior, reduciendo así un poco el efecto invernadero. Dado que, por término medio, hasta el 70 por ciento de la superficie terrestre está cubierta de nubes, se trata de un factor importante.

El problema es que la formación de nubes cambia minuto a minuto, por lo que las predicciones a largo plazo son muy inciertas. Esto se debe a que se ven afectadas de inmediato por los cambios rápidos de temperatura, humedad, presión atmosférica o las corrientes de viento, entre otros factores. Los meteorólogos lo compensan haciendo una estimación aproximada de cuál creen que será la actividad de las nubes, teniendo en cuenta los datos pasados.

Otra fuente de incertidumbre es la ya mencionada corriente en chorro. Cuando consulte el parte meteorológico, verá que las imágenes de satélite cercanas al Ártico muestran una masa de aire frío que vaga por el globo, normalmente confinada al norte, pero que a veces llega tan al sur como a México. Como la trayectoria exacta de la corriente en chorro es difícil de predecir, los meteorólogos hacen un cálculo estimado medio de los cambios de temperatura provocados por dicha corriente.

La cuestión es que hay un límite a la capacidad de los ordenadores digitales dadas las incertidumbres. Sin embargo, sus parientes cuánticos pueden solucionar los principales factores que las provocan. En primer lugar, son capaces de calcular qué ocurre si reducimos el tamaño del bloque atmosférico para que nuestras predicciones sean más precisas. El tiempo puede cambiar rápidamente en una distancia de un kilómetro, pero estos bloques tienen muchos kilómetros de ancho, lo que introduce errores. Con todo, un ordenador cuántico se las arreglaría con un tamaño mucho menor.

En segundo lugar, los modelos en cuestión estiman factores como la corriente en chorro y las nubes en niveles fijos. Los ordenadores cuánticos tendrán la capacidad de introducir cantidades variables para estos parámetros, de modo que bastará con girar un botón para cambiarlos. De este modo, podrán elaborar informes meteorológicos virtuales con los parámetros variables esenciales.

Comprendemos el límite de lo que se puede hacer con los ordenadores convencionales cuando vemos en la televisión la trayectoria prevista de un huracán. En la pantalla aparecen las estimaciones de distintos modelos informáticos y queda claro hasta qué punto varían entre sí. Las predicciones más importantes de los distintos programas informáticos, como cuándo y por dónde recalará el huracán y hasta dónde penetrará tierra adentro, suelen diferir en cientos de kilómetros.

Pero estas incertidumbres, que a menudo cuestan millones de dólares y la vida de inocentes, se reducirán enormemente cuando hagamos la transición a los ordenadores cuánticos.

Los informes meteorológicos más precisos generados por estos sistemas nos darán mejores proyecciones, lo que nos ayudará a prepararnos para los posibles casos.

Con todo, si bien la quema de combustibles fósiles es uno de los principales factores que impulsan el calentamiento global, es importante investigar fuentes alternativas de energía. Una barata a tener en cuenta en el futuro podría ser la energía de fusión, es decir, el aprovechamiento en la Tierra de la energía que alimenta el Sol. Y la clave para ello pueden ser los ordenadores cuánticos.

15

El Sol en una botella

Desde la Antigüedad, los pueblos han adorado al Sol como portador de vida, esperanza y prosperidad. Los griegos creían que Helios, el dios del astro rey, cabalgaba orgulloso por el cielo en su resplandeciente carro, iluminando el mundo y dando calor y consuelo a los mortales de abajo.

Pero, más recientemente, los científicos han intentado capturar el secreto del Sol y traer su ilimitada energía a la Tierra. El principal candidato para ello es la llamada «fusión», que hay quien dice que es como meter el Sol en una botella. Sobre el papel, parece la solución ideal a todos nuestros problemas energéticos. Generaría eternamente energía ilimitada, sin muchos de los problemas asociados a los combustibles fósiles y las nucleares. Y, como es neutra en carbono, podría salvarnos del calentamiento global.

Parece un sueño hecho realidad.

Por desgracia, los físicos exageraron al plantear esta tecnología. Lo gracioso es que, cada veinte años, estos afirman que la energía de fusión es solo cosa de otros veinte años en el futuro. Pero ahora las principales naciones industriales aseguran que está por fin a nuestro alcance y que cumplirá su promesa de proporcionar energía ilimitada casi sin coste alguno.

En la actualidad, los reactores de fusión siguen siendo tan caros y complejos que es probable que la comercialización de esta tecnología aún tarde unas cuantas décadas en establecerse. Sin embargo, con la llegada de los ordenadores cuánticos, muchos científicos esperan que se resuelvan algunas de las obstinadas dificultades que impiden la producción de energía de fusión, al allanar el camino para convertir los reactores de fusión en una realidad práctica y económica. Los ordenadores cuánticos pueden resultar ser una tecnología clave que ayude a introducir la energía de fusión en nuestros hogares y ciudades.

La esperanza es que la energía de fusión se comercialice antes de que el calentamiento global aumente la temperatura del planeta irreversiblemente.

¿POR QUÉ BRILLA EL SOL?

Siempre nos hemos preguntado qué es lo que impulsa al Sol. Su energía parece ilimitada, incluso divina. Algunos especulaban con que el Sol debía de ser un gigantesco horno en el cielo. Pero un simple cálculo muestra que la combustión solo duraría unos pocos siglos o milenios y que, en el vacío del espacio, el fuego se extinguiría instantáneamente.

Entonces ¿por qué brilla el Sol?

La famosa ecuación de Einstein, $E = mc^2$ desveló por fin el secreto del astro rey. Los físicos se dieron cuenta de que el Sol, compuesto principalmente de hidrógeno, obtenía su inmensa energía mediante la fusión de núcleos de hidrógeno para formar helio. Cuando se comparó el peso del hidrógeno original con el peso del helio, se observó que faltaba un poco de masa. Una pequeña fracción se perdía en el proceso de fusión. Este déficit de masa, en la fórmula de Einstein, se convierte en la tremenda energía que ilumina el sistema solar.

La gente tomó conciencia del enorme poder encerrado en el átomo de hidrógeno cuando se desató mediante la detonación de la bomba de hidrógeno. En cierto sentido, se trajo a la Tierra un pedazo del Sol, con implicaciones trascendentales.

Ventajas de la fusión

En realidad, hay dos formas de desencadenar este fuego nuclear. Se puede fusionar el hidrógeno para formar helio o se puede dividir, mediante la fisión, el átomo de uranio o plutonio para liberar energía nuclear. En cada proceso, cuando se compara el peso de los ingredientes con el peso del producto final, desaparece una pequeña cantidad de masa, que puede hallarse en forma de energía nuclear.

Aunque todas las centrales nucleares comerciales obtienen su energía mediante la fisión del uranio, la fusión presenta algunas ventajas notables.

En primer lugar, a diferencia de las centrales de fisión, la fusión no genera grandes cantidades de residuos nucleares mortales. En un reactor de fisión, el núcleo de uranio se divide, liberando energía, pero también puede crear un aluvión de cientos de productos radiactivos, como estroncio-90, yodo-131 y cesio-137, entre otros. Algunos de estos subproductos seguirán siendo radiactivos durante millones de años, lo que obligará a vigilar gigantescos vertederos nucleares en el futuro. Una sola central de fisión comercial, por ejemplo, puede crear treinta toneladas de residuos nucleares de alta actividad en solo un año. Los vertederos de estos subproductos son como gigantescos mausoleos. En todo el mundo hay trescientas setenta mil toneladas de mortíferos productos de fisión que hay que vigilar cuidadosamente.

Las centrales de fusión, por el contrario, producen gas helio como residuo, que, de hecho, tiene valor comercial. Parte del acero irradiado en una planta de fusión también puede volverse radiactivo tras décadas de uso, pero es posible eliminarlo fácilmente enterrándolo.

En segundo lugar, a diferencia de las centrales de fisión, las de fusión no pueden sufrir catástrofes nucleares. En las primeras, los residuos siguen generando gran cantidad de calor aunque se apague el reactor. Cuando se pierde el agua de refrigeración en un accidente de una central nuclear de fisión, la temperatura puede dispararse hasta que el reactor alcance los 2.800 grados Celsius y empiece a fundirse, creando desastrosas explosiones. En Chernóbil, por ejemplo, en 1986, las explosiones de vapor y gas hidrógeno volaron el techo del reactor, liberando cerca del 25 por ciento de los materiales radiactivos del núcleo a la atmósfera y sobre Europa. Fue el peor accidente nuclear de la historia en una central comercial.

Por el contrario, si un reactor de fusión sufre un accidente, el proceso simplemente se detiene. No se genera más calor y el incidente concluye.

En tercer lugar, el combustible para un reactor de fusión es ilimitado. El uranio, en cambio, es escaso y requiere todo un ciclo de extracción, molturación y enriquecimiento para producir combustible utilizable. En cambio, el hidrógeno puede extraerse del agua de mar corriente.

En cuarto lugar, la fusión es muy eficaz liberando la energía del átomo. Un gramo de hidrógeno pesado puede producir noventa mil kilovatios de energía eléctrica, o el equivalente a once toneladas de carbón.

Por último, las centrales de fusión y fisión no generan dióxido de carbono, por lo que no agravan el calentamiento global.

CONSTRUCCIÓN DE UN REACTOR DE FUSIÓN

Dos son los ingredientes básicos para una máquina de fusión. En primer lugar, se necesita una fuente de hidrógeno calentado a muchos millones de grados, en realidad más caliente que el Sol, para que se convierta en plasma, que es el cuarto estado de la materia (después de los sólidos, los líquidos y los gases). El plasma es un gas tan caliente que algunos de sus electrones han sido arrancados. Es la forma más común de materia en el universo y constituye las estrellas, el gas interestelar e incluso los rayos.

En segundo lugar, se necesita una forma de contener el plasma a medida que se calienta. En las estrellas, si bien la gravedad comprime el gas, en la Tierra esta es demasiado débil para lograrlo, así que utilizamos campos eléctricos y magnéticos.

El diseño más habitual para el reactor de fusión se llama tokamak, de origen ruso. Coja un cilindro y luego enrolle a su alrededor bobinas de alambre. Tome los dos extremos del cilindro y únalos, formando un dónut. Inyecte gas hidrógeno en él y luego dispare una corriente eléctrica a través del cilindro, lo que calienta

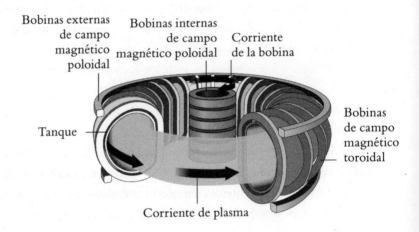

Figura 11: tokamak
En un reactor de fusión, se enrollan bobinas de alambre alrededor de una cámara en forma de dónut, lo que crea un potente campo magnético que confina un plasma supercaliente. La clave del tokamak consiste en calentar el gas para que la fusión libere grandes cantidades de energía. En el futuro, los ordenadores cuánticos podrían utilizarse para alterar e incluso mejorar la configuración exacta del campo magnético, aumentando así su potencia y eficiencia y reduciendo enormemente los costes.

el gas hasta temperaturas enormes. Para contener este plasma ardiente, se introducen enormes cantidades de energía eléctrica en las bobinas que rodean el dónut, conteniendo así dicho material con un potente campo magnético e impidiendo que toque las paredes del reactor.

Por último, una vez iniciada la fusión, los núcleos de hidrógeno se combinan para formar helio, liberando en el proceso grandes cantidades de energía. En un diseño concreto, dos isótopos de hidrógeno, deuterio y tritio, se fusionan, lo que crea energía, helio y un neutrón. Este último, a su vez, transporta la energía de la fusión fuera del reactor, donde choca con una cubierta que rodea el tokamak.

Esta cubierta, hecha generalmente de berilio, cobre y acero, se calienta y el agua de las tuberías que hay en ella empieza a hervir. El vapor así creado puede empujar las palas de una turbina y hacer girar gigantescos imanes. Este campo magnético, a su vez, empuja a los electrones de la turbina y genera la electricidad que acaba llegando al salón de su casa.

¿POR QUÉ LOS RETRASOS?

Con todas estas ventajas a la espera, ¿qué es lo que causa tantos retrasos en la energía de fusión? Han pasado unos setenta años desde que se construyeron las primeras centrales de este tipo, así que ¿por qué se tarda tanto? El problema no es de física, sino de ingeniería.

El gas hidrógeno debe calentarse a muchos millones de grados, más que la temperatura del Sol, para que sus núcleos se combinen, formen helio y liberen energía. Pero calentar el gas a esa enorme temperatura es difícil, ya que este suele ser inestable y la reacción de fusión se detiene. Los físicos llevan décadas intentando contener el hidrógeno para poder calentarlo a temperaturas estelares.

En retrospectiva, los físicos ven lo relativamente fácil que es para la naturaleza liberar energía de fusión en el corazón de una estrella. Los astros comienzan siendo una bola de gas hidrógeno comprimida uniformemente por la gravedad. A medida que la bola se hace más y más pequeña, la temperatura empieza a aumentar, hasta que alcanza muchos millones de grados, y es entonces cuando el hidrógeno comienza a fusionarse y la estrella se enciende.

Obsérvese que este proceso se produce de forma natural, porque la gravedad es monopolar, es decir, se parte de un polo (no de dos), por lo que la bola de gas original colapsa por sí sola por su propia gravedad. Como resultado, las estrellas son relativamente fáciles de formar, y por eso vemos miles de millones de ellas con nuestros telescopios.

No obstante, la electricidad y el magnetismo son diferentes: son bipolares. Una barra magnética, por ejemplo, siempre tiene un polo norte y un polo sur. No se puede aislar un polo norte con un martillazo. Si se parte un imán por la mitad, se obtienen dos barras magnéticas más pequeñas, cada una con sus propios polos norte y sur.

He aquí el problema. Es extremadamente difícil crear un campo magnético potente para comprimir gas hidrógeno supercaliente en forma de dónut durante el tiempo suficiente para que se dé la fusión. Para ver por qué esto es así, piense en un globo alargado, como los que se utilizan para recrear animales. Ahora una los extremos del mismo para formar un dónut. A continuación, trate de apretarlo uniformemente. No importa dónde haga fuerza, el aire se las arreglará para empujar el globo por algún otro lugar. Es muy difícil apretarlo de manera que el aire del interior se comprima uniformemente.

ITER

Con el final de la Guerra Fría y la constatación de que construir un reactor de fusión era prohibitivamente caro, naciones de todo el mundo empezaron a poner en común sus conocimientos y recursos para el dominio pacífico del átomo. En 1979, las grandes potencias impulsaron la creación de un reactor de fusión internacional. Los presidentes Ronald Reagan y Mijaíl Gorbachov se reunieron y contribuyeron a sellar el acuerdo.

El Reactor Termonuclear Experimental Internacional (ITER, por sus siglas en inglés) es un ejemplo de esta cooperación mundial. Treinta y cinco países participan en la financiación de este ambicioso proyecto, entre ellos la Unión Europea, Estados Unidos, Japón y Corea.

Para medir la eficacia de un reactor de fusión, los físicos introdujeron la magnitud llamada Q, que es la energía generada por el reactor dividida por la energía que consume. Cuando $Q = 1$, se alcanza el umbral de rentabilidad, es decir, se produce tanta energía como se consume. Actualmente, el récord mundial de una central de fusión se sitúa en torno a $Q = 0,7$. Se prevé que el ITER alcance el umbral de rentabilidad en 2025. Pero está diseñado para acabar alcanzando $Q = 10$, lo que generaría mucha más energía de la que consume.

El ITER es una máquina colosal que pesa más de cinco mil toneladas, lo que lo convierte en uno de los instrumentos científicos más sofisticados de todos los tiempos, junto con la Estación Espacial Internacional y el Gran Colisionador de Hadrones. Comparado con los anteriores reactores de fusión, el ITER es el doble de grande y dieciséis veces más pesado. Su toroide es gigantesco, de casi veinte metros de diámetro y once metros de altura. Para confinar el plasma, sus imanes generan un campo magnético doscientas ochenta mil veces superior al de la Tierra.

Asimismo, es el proyecto de fusión más ambicioso del mundo. Está pensado para generar cuatrocientos cincuenta millones de vatios netos de energía, pero no se conectará a la red eléctrica. Se pondrá en marcha en régimen de prueba en 2025 y podría alcanzar plena potencia en 2035. Si tiene éxito, allanará el camino para el reactor de fusión de próxima generación, denominado DEMO, cuya finalización está prevista para el año 2050. Este está diseñado para alcanzar $Q = 25$ y producir hasta dos gigavatios de energía.

Si bien el objetivo es disponer de energía de fusión comercial antes de mediados del siglo XXI, los analistas subrayan que esta no resolverá la crisis del calentamiento global a corto plazo. «La fusión no es una solución para llegar a 2050 sin emisiones netas, sino una solución para dar energía a la sociedad en la segunda mitad de este siglo», afirmaba Jon Amos, corresponsal científico de BBC News.[61]

La clave del ITER son sus enormes campos magnéticos, posibles gracias a la superconductividad, que es el punto en el que desaparece toda resistencia eléctrica a temperaturas ultrabajas, lo que permite crear los campos magnéticos más potentes. Disminuir la temperatura hasta casi el cero absoluto reduce la resistencia eléctrica, elimina la disipación de calor y aumenta la eficacia del campo magnético.

La superconductividad se describió por primera vez en 1911, cuando se enfrió mercurio a 4,2 grados Kelvin, cerca del cero absoluto. En aquella época, se creía que los movimientos atómicos aleatorios casi se paralizaban a esta temperatura, por lo que los electrones por fin podían viajar libremente sin resistencia. Por eso se consideraba un misterio que varias sustancias pudieran volverse superconductoras a temperaturas aún más altas.

Pero hubo que esperar hasta 1957 para que John Bardeen, Leon Cooper y John Schrieffer crearan por fin una teoría cuántica de la superconductividad. Descubrieron que, en determinadas condiciones, los electrones pueden formar los denominados «pares de Cooper» y desplazarse por la superficie de un material superconductor sin resistencia. La teoría predecía que la temperatura máxima de este era de 40 grados Kelvin.

Incluso antes de que se enciendan los imanes del ITER, versiones similares pero más pequeñas del mismo han demostrado que el boceto del tokamak es correcto. El diseño del ITER recibió un tremendo impulso en 2022, cuando se anunció que dos versiones de menor tamaño, una con sede en las afueras de Oxford (Inglaterra) y otra en China, habían logrado un récord.

El reactor de fusión de Oxford, llamado JET (acrónimo de Joint European Torus), fue capaz de alcanzar $Q = 0,33$ durante cinco segundos, batiendo un récord que él mismo había logrado hace veinticuatro años. Esto equivale aproximadamente a once megavatios de potencia, o la potencia necesaria para calentar sesenta teteras de agua.

«Los experimentos del JET nos acercan un paso más a la energía de fusión», afirmaba Joe Milnes, uno de los directores del laboratorio. «Hemos demostrado que podemos crear una miniestrella dentro de nuestra máquina, mantenerla durante cinco segundos y obtener un alto rendimiento, lo que realmente nos lleva a un ámbito nuevo».[62]

Arthur Turrell, una autoridad en energía de fusión, señalaba: «Es un hito porque han conseguido la mayor cantidad de energía producida por reacciones de fusión de cualquier dispositivo de la historia».[63]

Sin embargo, desde el reactor en China anunciaron unos meses más tarde que eran capaces de mantener la fusión durante diecisiete minutos calentando el plasma a 158 millones de grados Celsius. Su reactor de fusión, llamado EAST (acrónimo de Experimental Advanced Superconducting Tokamak), al igual que su homólogo británico, se basa en el diseño original del tokamak, lo que indica que el ITER probablemente va por buen camino.

DISEÑOS COMPETIDORES

Dado que es mucho lo que está en juego y que los grandes campos magnéticos son muy difíciles de manipular, se han propuesto muchas ideas nuevas para contener el plasma. De hecho, hay unas veinticinco nuevas empresas que están preparando su propia versión de un reactor de fusión.

En general, todos los diseños de fusión con tokamak emplean superconductores, creados enfriando las bobinas hasta cerca del cero absoluto, cuando la resistencia eléctrica casi desaparece. Pero en 1986 se encontró por ensayo y error una nueva clase de dichos materiales, lo que supuso un descubrimiento sensacional; podían alcanzar la fase de superconducción a la agradable temperatura de 77 grados Kelvin. (Esta nueva clase de materiales, llamados «superconductores de alta temperatura», se basaba en el enfriamiento de componentes cerámicos como el óxido de itrio, bario y cobre). Fue una noticia asombrosa, porque implicaba que se había descubierto una nueva teoría cuántica de la superconductividad y que los materiales cerámicos podían convertirse en superconductores con nitrógeno líquido ordinario. Esto era importante, ya que el nitrógeno líquido es tan caro como la leche y, por tanto, reduciría considerablemente el coste de los superimanes. (El hielo seco, o dióxido de carbono solidificado, cuesta unos 2,20 euros el kilogramo. El nitrógeno líquido cuesta unos 8,90 euros el kilo. Sin embargo, el helio líquido, que es lo que la mayoría de los superconductores utilizan como refrigerante, cuesta 202 euros el kilo).

Quizá esto no parezca una gran mejora para el ciudadano de a pie, pero para un físico abre una multitud de oportunidades. Como el componente más complejo de un reactor de fusión son los imanes, esto cambia por completo la situación desde el punto de vista económico y, por tanto, las perspectivas de esta tecnología.

Aunque el descubrimiento de los superconductores cerámicos de alta temperatura llegó demasiado tarde para incorporarlos al ITER, abrió la posibilidad de utilizar esta tecnología en la próxima generación de reactores de fusión.

Un proyecto prometedor que utiliza este nuevo método es el reactor SPARC, que se anunció en 2018 y ha atraído rápidamente la atención (y las billeteras) de destacados multimillonarios como Bill Gates y Richard Branson, lo que ha permitido al equipo del SPARC recaudar más de doscientos cincuenta millones de dólares en poco tiempo. (Pero, comparado con los veintiún mil millones de dólares gastados hasta ahora en el ITER, esto no es más que calderilla).

En 2021, el SPARC superó un enorme hito al probar con éxito sus imanes superconductores de alta temperatura, capaces de generar un campo magnético cuarenta mil veces superior al de la Tierra.

«Este imán cambiará la trayectoria tanto de la ciencia de la fusión como de la energía, y creemos que, con el tiempo, cambiará el panorama energético mundial», afirmaba Dennis Whyte, del MIT.[64] «Es algo muy importante. No es una exageración, es una realidad», declaró Andrew Holland, director ejecutivo de la Asociación del Sector de la Fusión.[65] SPARC podría alcanzar el umbral de rentabilidad $Q = 1$ en 2025, más o menos al mismo tiempo que el ITER, pero a una fracción del coste y el tiempo.

El SPARC por sí solo no generará energía eléctrica comercial, pero puede que su sucesor, el reactor ARC, sí lo haga. Si tiene éxito, debería desplazar el centro de gravedad de la investigación sobre fusión, obligando a la próxima generación de reactores a adoptar las últimas tecnologías, como los avances en superconductores de alta temperatura y quizá ordenadores cuánticos, que serían necesarios para mejorar la crucial estabilidad del campo magnético para poder contener el plasma.

Sin embargo, la ciencia de los superconductores se hizo bastante confusa con el reciente anuncio de que por fin se había conseguido un material tal a temperatura ambiente. Normalmente, una creación como esta se habría anunciado como el santo grial de la física de baja temperatura, el producto final de décadas de duro trabajo. Sin embargo, este descubrimiento tenía un enorme problema. Los físicos crearon por fin un superconductor a temperatura ambiente, pero solo si se comprimía a 2,6 millones de veces la presión atmosférica. A esas presiones astronómicas, para realizar incluso el experimento más sencillo se necesita maquinaria muy especializada, de la que no todo el mundo dispone. Por eso, los físicos se mantienen a la expectativa, para ver si la presión puede reducirse, de modo que los superconductores a temperatura ambiente se conviertan en una alternativa útil.

FUSIÓN LÁSER

El Departamento de Energía de Estados Unidos ha adoptado un enfoque totalmente distinto de la fusión, utilizando gigantescos haces láser en lugar de potentes imanes para calentar el hidrógeno. Para un programa de televisión que presenté una vez para la BBC, visité la NIF (del inglés National Ignition Facility), una enorme instalación en el Laboratorio Nacional Livermore, en California, con un coste de tres mil doscientos millones de euros.

Al tratarse de una instalación militar donde se diseñan ojivas nucleares, tuve que pasar varios controles de seguridad para recorrerla. Finalmente, superé a los guardias armados y me condujeron a la sala de control de la NIF. Aunque hayas visto los planos de la instalación sobre el papel, te sobrecoge ver el tamaño de esta máquina en persona. Es realmente gigantesca, del tamaño de tres campos de fútbol y diez pisos de altura. Hace sentir pequeña a una persona.

De lejos, pude ver la trayectoria seguida por ciento noventa y dos rayos láser de los más potentes del planeta. Cuando estos se disparan, durante una milmillonésima de segundo, inciden en ciento noventa y dos espejos. Cada uno de ellos está cuidadosamente colocado para reflejar el haz sobre el objetivo, que es una pequeña bolita del tamaño de un guisante y que contiene deuteruro de litio, rico en hidrógeno.

Esto hace que la superficie de la bolita se vaporice y colapse, lo que eleva su temperatura a decenas de millones de grados. Cuando se calienta y se comprime hasta ese punto, se produce la fusión y se emiten neutrones, lo cual revela el fenómeno.

Al final, el objetivo es generar energía comercial mediante la fusión por láser. Cuando el blanco se vaporice, se emitirán neutrones que, a continuación, atravesarán la cubierta. Al igual que en el tokamak, se espera que estas partículas de alta energía transfieran su energía a la cubierta, que se calentará y hará hervir el agua, la cual se introducirá en una turbina para generar energía comercial.

En 2021, la NIF alcanzó un hito: fue capaz de producir diez mil billones de vatios de potencia en cien billonésimas de segundo, a 100 millones de grados Kelvin, con lo que batió su récord anterior.

Comprimió la bolita de combustible a trescientos cincuenta millones de veces la presión atmosférica.

Por último, en diciembre de 2022, la NIF saltó a los titulares de todo el mundo con el sensacional anuncio de que, por primera vez en la historia, había alcanzado una Q superior a 1, es decir, que generaba más energía de la que consumía. Se trataba de un acontecimiento histórico que demostraba que la fusión era un objetivo alcanzable. Pero los físicos también advirtieron que se trataba solo del primer paso. El segundo paso sería ampliar el reactor para que pueda suministrar energía a toda una ciudad. Después, esta debía poder reproducirse de forma rentable y difundirse por todo el mundo. Queda por ver si será posible comercializar la NIF para crear cantidades prácticas de energía. Mientras tanto, el diseño tokamak sigue siendo el más avanzado y el más común.

Problemas con la fusión

Aunque la energía de fusión tiene la capacidad de cambiar la forma en que consumimos energía en la Tierra, hay problemas persistentes que han dado lugar a falsas esperanzas y sueños rotos.

Muchos de los esfuerzos realizados hasta ahora para sacar partido de la energía de fusión han sido decepcionantes. Desde los años cincuenta ha habido más de cien reactores de este tipo, pero ninguno producía más energía de la que consumía. Muchos fueron abandonados. Un problema fundamental es la configuración toroidal (en forma de rosquilla) del diseño tokamak, que resolvía un problema (la capacidad de contener el plasma a altas temperaturas), pero provocaba otro (la inestabilidad).

Debido a la naturaleza toroidal del campo magnético, es difícil mantener un proceso de fusión estable durante el tiempo suficiente para satisfacer el criterio de Lawson, que requiere cierta temperatura, densidad y duración para provocar la fusión.

Si se producen pequeñas irregularidades en el campo magnético del tokamak, el plasma podría volverse inestable.

El problema se agrava por la interacción entre el plasma y el campo magnético. Aunque el campo magnético externo pueda contener inicialmente el plasma, este tiene el suyo propio, que puede interactuar con el campo magnético del reactor, que es mayor, y volverse inestable.

El hecho de que las ecuaciones para el plasma y el campo magnético estén estrechamente acopladas crea efectos de ondulación. Si hay una ligera irregularidad en las líneas del campo magnético dentro del dónut, esto, a su vez, puede causar irregularidades en el plasma contenido. Pero, como este tiene su propio campo magnético, refuerza la irregularidad original. Así, es posible que se produzca un efecto dominó, en el que la irregularidad va aumentando cada vez que los dos campos magnéticos se refuerzan mutuamente. A veces, esta adquiere tales proporciones que puede llegar a tocar las paredes del reactor y agujerearlo. Esta es la razón fundamental por la que ha sido tan difícil cumplir el criterio de Lawson y mantener el proceso de fusión estable el tiempo suficiente para crear un reactor autosostenible.

FUSIÓN CUÁNTICA

Aquí es donde entran en juego los ordenadores cuánticos. Se conocen las ecuaciones del campo magnético y del plasma. El problema es que estas están acopladas entre sí, por lo que interactúan mutuamente de forma compleja. Pequeñas oscilaciones impredecibles pueden magnificarse de repente. Pero, mientras que los ordenadores digitales tienen dificultades para calcular en esta situación, los ordenadores cuánticos podrían ser capaces de hacerlo con esta compleja disposición.

Hoy en día, si un reactor de fusión tiene un diseño erróneo, es prohibitivamente difícil volver a empezar y hacerlo desde cero. Sin embargo, si las ecuaciones están dentro de un ordenador cuántico, resulta sencillo utilizarlo para calcular si el diseño es óptimo o si puede haber otros más estables o eficientes.

Cambiar los parámetros de un programa informático cuántico es mucho más barato que rediseñar el imán de un reactor de fusión completamente nuevo, que cuesta miles de millones de dólares.

Dado que un reactor puede costar entre diez mil y veinte mil millones de dólares, esto podría suponer un ahorro astronómico. Sería posible crear y probar nuevos diseños de forma virtual porque los ordenadores cuánticos pueden calcular sus propiedades. Asimismo, permitirían jugar fácilmente con una serie de nuevos diseños virtuales para ver si mejoran el rendimiento del reactor.

La capacidad de los ordenadores cuánticos también puede magnificarse si se combina con inteligencia artificial, ya que estos sistemas permiten variar la potencia de los distintos imanes de un reactor de fusión. Después, los ordenadores cuánticos analizarían la avalancha de datos producidos por este procedimiento para aumentar el factor Q. Por ejemplo, el programa de IA DeepMind ya se ha utilizado para modificar el reactor de fusión operado por la Escuela Politécnica Federal de Lausana (Suiza).

«Creo que la IA desempeñará un papel muy importante en el futuro control de los tokamaks y en la ciencia de la fusión en general», afirmaba Federico Felici, de la Escuela Politécnica Federal. «La IA posee un enorme potencial para utilizarse de cara a mejorar el control y descubrir cómo hacer funcionar estos dispositivos de forma más eficaz».[66]

Así pues, la IA y los ordenadores cuánticos pueden trabajar codo con codo para aumentar la eficiencia de los reactores de fusión, lo que a su vez aportaría energía al futuro y ayudaría a reducir el calentamiento global.

Otra aplicación de los ordenadores cuánticos es descifrar cómo funcionan los superconductores cerámicos de alta temperatura. Como ya se ha dicho, en la actualidad nadie sabe por qué poseen esta mágica propiedad. Estos materiales existen desde hace más de cuarenta años y, sin embargo, no hay consenso alguno. Se han propuesto modelos teóricos, pero son solo eso: teóricos.

Sin embargo, un ordenador cuántico podría suponer un cambio al respecto. Dado que sigue en sí mismo la mecánica cuántica, sería capaz de calcular la distribución de electrones en las capas bidimensionales del interior del superconductor cerámico y, así, determinar qué teoría es la correcta.

Además, hemos visto que la creación de superconductores se sigue haciendo por ensayo y error. Pueden ir descubriéndose por accidente, pero esto significa que hay que diseñar experimentos totalmente nuevos cada vez que se prueba otro material. No hay una forma sistemática de hallar superconductores. No obstante, un ordenador cuántico podrá crear un laboratorio virtual en el que probar nuevas propuestas de estos materiales. En una sola tarde se podrían probar rápidamente decenas de sustancias interesantes, en lugar de tardar años y gastar millones en examinar cada una de ellas.

Así pues, los ordenadores cuánticos pueden ser la clave de un futuro energético sin contaminación, barato y fiable.

Pero, si logramos resolver las ecuaciones de la fusión en un ordenador cuántico, quizá también podamos resolver la ecuación de la fusión que se halla en el corazón de las estrellas, de modo que lleguemos a desentrañar el secreto de los hornos nucleares internos diseminados por el cielo nocturno, cómo los astros explotan en una supernova para acabar convirtiéndose en el objeto más misterioso del universo, un agujero negro.

16

Simular el universo

En 1609, Galileo Galilei miró por el telescopio que él mismo había fabricado y vio maravillas que nadie había visto nunca. Por primera vez en la historia, la verdadera gloria y majestuosidad del universo fueron desvelados.

Galileo quedó hipnotizado por lo que vio con sus propios ojos, quedó deslumbrado por una nueva y asombrosa imagen del universo que se le revelaba cada noche. Fue el primero en ver que la Luna tenía cráteres profundos, que el Sol mostraba pequeñas manchas negras, que Saturno poseía una especie de «orejas» (ahora conocidas como «anillos»), que Júpiter tenía cuatro lunas propias y que Venus seguía ciertas fases como la Luna, lo que le demostró que la Tierra giraba alrededor del Sol y no al revés.

El astrónomo llegó incluso a organizar fiestas nocturnas para observar el cielo, en las que la élite de Venecia podía ver con sus propios ojos el verdadero esplendor del universo. Pero esta gloriosa imagen no coincidía con la que ofrecía la religión establecida, por lo que tuvo que pagar un alto precio por esta revelación cósmica. La Iglesia enseñaba que los cielos consistían en esferas celestiales perfectas y eternas, testamento de la gloria de Dios, mientras que la tierra estaba azotada por el pecado carnal y la tentación. Sin embargo, Galileo pudo ver con sus propios ojos que el universo era rico, variado, dinámico y siempre cambiante.

De hecho, algunos historiadores creen que el telescopio sea quizá el instrumento más sedicioso que se haya introducido en la historia de la ciencia, porque desafió a los poderes fácticos y alteró para siempre nuestra relación con el mundo que nos rodea.

Galileo, con su telescopio, echaba por tierra todo lo que se sabía sobre el Sol, la Luna y los planetas. En última instancia, fue detenido y llevado a juicio, y se le recordó que el monje Giordano Bruno ya había sido quemado vivo en las calles de Roma, treinta y tres años antes, por afirmar que podía haber otros sistemas solares en el espacio, algunos quizá con vida en ellos.

La revolución que supuso el telescopio de Galileo ha cambiado para siempre nuestra forma de ver el esplendor del universo. Ya no se quema a los astrónomos en la hoguera. En vez de eso, estos lanzan satélites gigantes como los telescopios espaciales Hubble y Webb para desentrañar los misterios cósmicos. (Incluso hay una estatua de Bruno en la plaza romana Campo de' Fiori, en el mismo lugar donde fue quemado vivo. Cada día, el monje obtiene su venganza, ya que se descubren nuevos planetas que giran alrededor de estrellas lejanas en los cielos).

Hoy en día, los satélites que orbitan alrededor de la Tierra ofrecen una vista sin parangón de los cielos. Estos instrumentos, como el telescopio espacial Webb, situado a más de 1,6 millones de kilómetros de nosotros, han abierto nuevos horizontes a la astronomía desde su atalaya cósmica.

La ciencia ha tenido tanto éxito que los científicos están ahora ahogándose en un océano de datos, y los ordenadores cuánticos pueden ser necesarios para organizar y analizar este diluvio de información. Los astrónomos ya no capean el temporal en soledad, mirando cada solitaria noche a través de sus fríos telescopios, mientras hacen tediosas crónicas de los movimientos de cada planeta. Ahora programan gigantescos telescopios robóticos que barren automáticamente el cielo nocturno.

Los niños suelen hacer una pregunta sencilla: ¿cuántas estrellas hay? Es una pregunta difícil de responder, pero nuestra propia ga-

laxia, la Vía Láctea, tiene del orden de cien mil millones de estrellas. Sin embargo, el telescopio Hubble puede, en principio, detectar toda esta cantidad de galaxias. Así que se calcula que hay
alrededor de cien mil millones de veces cien mil millones $= 10^{22}$ de
estrellas en el universo conocido.

Esto, a su vez, significa que una enciclopedia que catalogara la
ubicación, tamaño, temperatura, etc., de todos los planetas agotaría
la memoria de un superordenador. Así que puede que se necesiten
ordenadores cuánticos para tomar la verdadera medida del universo.

Los ordenadores cuánticos podrían ser capaces de cribar esta
astronómica pila de datos para seleccionar las características esenciales de los objetos celestes. Con solo pulsar un botón, localizarían
datos clave y extraerían conclusiones vitales de esta masa caótica.

Además, al calcular la fusión en el interior de una estrella, los
ordenadores cuánticos podrían predecir cuándo paralizaría la red
eléctrica la próxima erupción solar gigantesca. También serían capaces de resolver las ecuaciones que describen asteroides fugitivos,
estrellas en explosión, el universo en expansión y lo que hay dentro
de un agujero negro.

Asteroides asesinos

Hay una razón práctica para analizar estos cuerpos celestes que nos
toca mucho más de cerca. Algunos de ellos pueden ser realmente
peligrosos, capaces de destruir la Tierra tal y como la conocemos.
Hace sesenta y seis millones de años, un objeto de unos diez kilómetros de diámetro chocó con la península mexicana de Yucatán. La
explosión liberó tanta energía que creó un cráter de más de trescientos kilómetros de diámetro y generó un maremoto de más de
un kilómetro y medio de altura que inundó el golfo de México.
También desencadenó una tormenta de meteoritos abrasadores, que

provocaron devastadores infiernos por toda la zona. Las densas nubes de polvo taparon la luz del Sol y envolvieron la Tierra en tinieblas, y las temperaturas cayeron en picado hasta que los dinosaurios ya no pudieron cazar ni comer. Quizá el 75 por ciento de todas las formas de vida perecieron con el impacto de este asteroide.

Los dinosaurios, por desgracia, no contaban con ningún programa espacial, así que no están aquí para discutir esta cuestión. Pero nosotros sí, y algún día podría ser necesario si un objeto extraterrestre entra en curso de colisión con la Tierra.

Hasta ahora, el Gobierno y el ejército estadounidenses han rastreado cuidadosamente la trayectoria de unos veintisiete mil asteroides. Se trata de objetos cercanos a la Tierra, que se cruzan en su trayectoria y, por tanto, suponen una amenaza a largo plazo para el planeta. El tamaño de la mayoría de ellos oscila entre un campo de fútbol y varios kilómetros de diámetro. Pero lo más preocupante son las decenas de millones de asteroides más pequeños que un campo de fútbol y de los cuales no se hace ningún seguimiento. Podrían aparecer sin ser detectados y causar daños considerables si chocan con la Tierra. Otro de los peligros son los cometas de periodo largo, cuya ubicación más allá de Plutón se desconoce, y que algún día podrían acercarse a la Tierra sin previo aviso y sin ser detectados. Así que, por desgracia, solo una pequeña parte de los objetos potencialmente peligrosos son rastreados por los investigadores.

Una vez entrevisté al astrónomo Carl Sagan, famoso por sus programas de televisión de divulgación científica. Le pregunté por el futuro de la humanidad. Me contestó que la Tierra se encuentra en el centro de una «caseta de tiro cósmica», por lo que era solo cuestión de tiempo que un día nos enfrentáramos a un asteroide gigante que sea capaz de destruirla. Por eso, me dijo, tenemos que convertirnos en una «especie de dos planetas». Ese es nuestro destino. Según su opinión, debemos explorar el espacio exterior no solo para descubrir nuevos mundos, sino para encontrar un refugio seguro en los cielos.

Un asteroide cuya amenaza se está examinando detenidamente es Apophis, que mide unos trescientos metros de diámetro y rozará la atmósfera terrestre en abril de 2029.

Se acercará al 10 por ciento de la distancia entre la Tierra y la Luna.

De hecho, se acercará tanto a nosotros que será visible a simple vista, pues pasará justo por debajo de algunos de nuestros satélites artificiales.

Al rozar la atmósfera, aquí se encontrará con unas condiciones impredecibles, por lo que resulta imposible saber con seguridad cómo será su trayectoria más adelante, en 2036, cuando regrese a la Tierra tras dar la vuelta. Lo más probable es que nos pase de largo para entonces, pero eso no es más que una suposición.

La cuestión aquí es que podríamos necesitar los ordenadores cuánticos para rastrear y hacer mejores aproximaciones de la trayectoria de asteroides potencialmente peligrosos. Algún día, pasará uno cerca de la Tierra, sembrando el pánico entre las masas mientras los científicos intentan determinar si chocará con el planeta o, inofensivo, pasará de largo. Aquí es donde los ordenadores cuánticos pueden marcar la diferencia.

En el peor de los casos, un cometa lejano procedente del espacio profundo podría iniciar un largo viaje hacia nuestro sistema solar interior. Como carecerá de cola, será invisible para nuestros telescopios. Al pasar por detrás de nuestro Sol, la luz del astro rey calentará entonces el hielo del cometa y formará una cola. Cuando emerja repentinamente de detrás del Sol, nuestros telescopios detectarán por fin la cola del cometa y nos avisarán antes de un impacto catastrófico. Pero ¿con cuánta antelación? Tal vez algunas semanas.

Por desgracia, no podemos esperar que Bruce Willis acuda al rescate en la lanzadera espacial. En primer lugar, el antiguo programa del transbordador fue cancelado, y su sustituto no puede alcanzar el espacio profundo. Pero, aunque pudiera, seguiríamos sin ser capaces de interceptar un asteroide y desviarlo o destruirlo a tiempo.

En 2021, la NASA envió la sonda DART (acrónimo de Double Asteroid Redirection Test) al espacio exterior para interceptar realmente un asteroide. Por primera vez en la historia, un objeto artificial logró alterar físicamente la trayectoria de un cuerpo celeste. Se espera que este impacto responda a muchas dudas: ¿es el asteroide un conjunto de rocas sueltas que se desintegra fácilmente? ¿O es una masa sólida y resistente que permanecerá intacta? Si tiene éxito, otras misiones similares a DART impactarán contra asteroides lejanos, como ensayo general de lo que podría ocurrir algún día.

Al final, probablemente serán los ordenadores cuánticos los que detecten los asteroides peligrosos, capaces de destruir un planeta, y tracen su trayectoria precisa, porque hay potencialmente millones de ellos que pueden infligir graves daños a la Tierra, y muchos no han sido detectados.

También necesitamos ordenadores cuánticos para simular el impacto en sí, de modo que podamos obtener una estimación de la peligrosidad de estos objetos si llegaran a chocar con nosotros. Se espera que el impacto de un asteroide contra la Tierra tenga lugar a velocidades cercanas a los doscientos sesenta mil kilómetros por hora, y se sabe muy poco sobre el cálculo de la devastación que pueden desencadenar a estas velocidades hipersónicas. Los ordenadores cuánticos ayudarían a llenar este vacío para que sepamos qué esperar si la Tierra acaba en el punto de mira de un asteroide asesino que no seamos capaces de desviar o destruir.

Exoplanetas

Más allá de nuestro sistema solar, hay otra razón para utilizar ordenadores cuánticos: catalogar todos los planetas que giran alrededor de otras estrellas. El telescopio espacial Kepler y otros instalados tanto en satélites como en tierra ya han detectado unos cinco mil exoplanetas en la Vía Láctea. Esto significa que, por término medio, cada estrella que vemos por la noche tiene un planeta a su alrededor. Es posible que aproximadamente el 20 por ciento de todos los exoplanetas sean similares a la Tierra, de modo que nuestra galaxia podría tener miles de millones de planetas similares a la Tierra, además de los que ya hemos identificado.

Cuando estaba en la escuela primaria, recuerdo vívidamente que uno de mis primeros libros de ciencias trataba sobre nuestro sistema solar. Después de un maravilloso recorrido por Marte, Saturno, Plutón y más allá, sus autores decían que es probable haya otros sistemas solares en la galaxia y que el nuestro sea seguramente del montón. Puede que todos ellos tengan planetas rocosos cerca del Sol y gigantes gaseosos más alejados, como Júpiter, todos ellos orbitando alrededor de su estrella en una trayectoria circular.

Ahora nos damos cuenta de lo erróneas que eran todas esas suposiciones, pues sabemos que hay sistemas solares de todos los tamaños y formas. El nuestro, de hecho, es el bicho raro. Hay sistemas solares con planetas en órbitas muy elípticas. Hay gigantes gaseosos mayores que Júpiter que giran muy cerca de su sol. Hay sistemas solares con varios soles.

Así que algún día, cuando tengamos una enciclopedia con todos los planetas de la galaxia, nos sorprenderá su rica variedad. Si puede imaginar un planeta extraño, probablemente haya uno así en alguna parte.

Necesitaremos un ordenador cuántico para rastrear todas las posibles trayectorias que describe la evolución planetaria. A medida que lancemos más telescopios al espacio, la enciclopedia de planetas aumentará de tamaño, lo que exigirá una inmensa potencia de cálculo para analizar sus atmósferas, composición química, temperatura, geología, patrones de viento y otras características que generarán montañas de datos.

¿ET EN EL ESPACIO?

Un objetivo en el que se centrarán los ordenadores cuánticos es la búsqueda de otras formas de vida inteligentes. Aquí surge una pregunta embarazosa: ¿cómo reconoceremos una inteligencia que podría ser totalmente ajena a la nuestra? ¿Identificaríamos una forma de vida alienígena si la tuviéramos delante? Puede que necesitemos ordenadores cuánticos para reconocer patrones que podrían quedar ocultos por completo para los ordenadores convencionales.

En la década de 1950, el astrónomo Frank Drake ideó una ecuación que trataba de calcular cuántas civilizaciones avanzadas podría haber en la galaxia. Se empieza con la cifra de cien mil millones de estrellas y se reduce ese número con una serie de suposiciones razonables: según la proporción que tiene planetas, la que tiene planetas con atmósfera, la que tiene planetas con atmósfera y océanos, la que tiene planetas con vida microbiana, etc. No importa el número de suposiciones razonables que se hagan sobre estos planetas, la cifra final suele ser de miles.

Sin embargo, el proyecto SETI (acrónimo del inglés para Búsqueda de Inteligencia Extraterrestre) no ha encontrado pruebas de señales de radio inteligente alguna procedente del espacio exterior. Ninguna en absoluto. Sus potentes radiotelescopios de Hat Creek, a las afueras de San Francisco, solo registran silencio o interferencias. Así que nos encontramos con la paradoja de Fermi: si la probabilidad de que haya vida extraterrestre inteligente en el universo es tan alta, ¿dónde está?

Los ordenadores cuánticos pueden ayudar a responder a esta pregunta. Dado que destacan a la hora de analizar grandes cantidades de datos para encontrar pistas ocultas, y que la inteligencia artificial es excelente mejorando su capacidad de identificar cosas nuevas mediante la detección de patrones, combinados podrían aprender a analizar cantidades ingentes de datos para encontrar lo que se esconde en ellos, aunque sea extraño o totalmente inesperado.

Tuve una muestra de ello cuando presenté un programa para el Science Channel sobre inteligencia extraterrestre, en el que analizábamos la inteligencia de seres no humanos, como el delfín. Me colocaron en una piscina con varios de estos juguetones animales. El objetivo era que se comunicaran entre ellos para ver si podíamos medir su inteligencia. En el agua había sensores que podían grabar todos sus gorjeos y chillidos.

¿Cómo puede un ordenador encontrar signos de inteligencia en este aparente galimatías de ruido? Este tipo de grabaciones pueden pasarse por un programa informático diseñado para buscar patrones específicos. Por ejemplo, la letra del alfabeto más utilizada en inglés es la «e». Al examinar la escritura de una persona, se puede clasificar cada letra en función de la frecuencia con la que se utiliza. Esta agrupación del alfabeto en función de la frecuencia es específica de cada individuo. Dos personas diferentes utilizarán una clasificación de letras ligeramente distinta. De hecho, este método puede utilizarse para detectar falsificaciones. Por ejemplo, al pasar las obras de Shakespeare por este programa, se puede saber si alguna de sus obras fue escrita por otra persona.

Cuando se analizaron las grabaciones de los delfines con el ordenador, al principio solo se oía un revoltijo aleatorio de sonidos. Pero la máquina estaba diseñada específicamente para averiguar con qué frecuencia aparecían determinados sonidos. Al final, el ordenador llegó a la conclusión de que había una lógica detrás de todos los gorjeos y chillidos.

Otros animales han sido sometidos a las mismas pruebas, y se observa un descenso de la inteligencia a medida que pasamos a organismos más primitivos. De hecho, cuando se estudian los insectos, estos signos de inteligencia descienden hasta casi cero.

Los ordenadores cuánticos pueden cribar este vasto conjunto de datos para encontrar señales interesantes, y es posible entrenar los sistemas de IA para buscar patrones inesperados. En otras palabras, la IA y los ordenadores cuánticos, trabajando en conjunto, serían capaces de encontrar pruebas de inteligencia incluso en un amasijo de señales caóticas procedentes del espacio.

EVOLUCIÓN ESTELAR

Otra aplicación inmediata de los ordenadores cuánticos es llenar las lagunas de nuestra comprensión de la evolución estelar y el ciclo vital de las estrellas, desde su nacimiento hasta su muerte.

Cuando me estaba doctorando, en Física teórica en la Universidad de California en Berkeley, mi compañero de habitación se estaba doctorando en Astronomía. Todos los días se despedía diciendo que iba a hornear una estrella. Yo creía que bromeaba. No se pueden cocinar; muchas son más grandes que nuestro Sol. Así que un día le pregunté qué quería decir con eso. Él se lo pensó un momento y me dijo que las ecuaciones que describen la evolución estelar no están completas, pero son lo bastante buenas como para poder simular el ciclo vital de una estrella desde su nacimiento hasta su muerte.

Por la mañana, introducía en el ordenador los parámetros de una nube de polvo de hidrógeno gaseoso (tamaño, cantidad de gas, temperatura del gas, etc.). A continuación, la máquina calculaba cómo evolucionaría la nube de gas. A la hora de comer, esta colapsaría por efecto de la gravedad, se calentaría y se encendería, convirtiéndose en una estrella. Por la tarde, ardería durante unos miles de millones de años y actuaría como un horno cósmico, fusionando o «cocinando» hidrógeno y creando elementos cada vez más pesados, como helio, litio y boro.

Hemos aprendido mucho de este tipo de simulaciones. En el caso de nuestro Sol, al cabo de cinco mil millones de años habrá agotado la mayor parte del hidrógeno que usa como combustible y empezará a quemar helio. En ese momento, comenzará a expandirse enormemente, convirtiéndose en una gigante roja tan grande que llenará el cielo y se extenderá por todo el horizonte. Engullirá todos los planetas hasta llegar a Marte. El cielo arderá. Los océanos hervirán, las montañas se derretirán y todo volverá al Sol. Del polvo de estrellas vinimos, y al polvo de estrellas volveremos.

Como escribió una vez el poeta Robert Frost:

> *El mundo acabará, dicen, presa del fuego;*
> *otros afirman que vencerá el hielo.*
> *Por lo que yo sé acerca del deseo,*
> *doy la razón a los que hablan de fuego.*
> *Mas si el mundo tuviera que sucumbir dos veces,*
> *pienso que sé bastante sobre el odio*
> *para afirmar que la ruina sería*
> *quizá tan grande,*
> *y bastaría.*

Con el tiempo, el Sol agotará su helio y se encogerá hasta convertirse en una estrella enana blanca, que solo tiene el tamaño de la Tierra, pero pesa casi tanto como el Sol original. Al enfriarse, se convertirá en una enana negra, una estrella muerta. Así que ese es el futuro de nuestro Sol, morir en el hielo, en lugar de en el fuego.

Sin embargo, en el caso de las estrellas realmente masivas, aquellas en fase de gigante roja, estas seguirán fusionando elementos cada vez más pesados, hasta que al final alcancen el elemento hierro, que tiene tantos protones que se repelen entre sí y, por tanto, la fusión se detiene definitivamente. Así, sin fusión, la estrella colapsa por efecto de la gravedad, y las temperaturas pueden dispararse a billones de grados. En ese momento, la estrella explota en una supernova, uno de los mayores cataclismos de la naturaleza.

Así que una estrella gigante puede morir en fuego, no en hielo.

Por desgracia, aún hay muchas carencias en el cálculo del ciclo de vida de las estrellas, desde las nubes de gas hasta la supernova. Pero con los ordenadores cuánticos simulando el proceso de fusión quizá puedan aclararse muchas de ellas.

Esto sería una prueba crucial ante otra ominosa amenaza: una erupción solar monstruosa capaz de lanzar a la civilización cientos de años atrás. Para predecir la aparición de una erupción solar letal, es necesario conocer la dinámica en el interior de una estrella, lo que está mucho más allá de la capacidad de un ordenador convencional.

EVENTO CARRINGTON

Por ejemplo, sabemos muy poco sobre el interior de nuestro Sol y, por tanto, somos vulnerables a erupciones catastróficas de energía solar, en las que se liberan enormes cantidades de plasma supercaliente al espacio exterior. Fuimos conscientes de lo poco que sabemos del astro rey en febrero de 2022, cuando una gigantesca ráfaga de radiación solar golpeó la atmósfera terrestre y aniquiló cuarenta de los cuarenta y nueve satélites de comunicaciones situados en órbita por el programa SpaceX, de Elon Musk. Fue el mayor desastre solar de la historia moderna, y es probable que se repita, ya que nos queda mucho por aprender sobre estas eyecciones de masa coronal.

La mayor erupción solar de la que se tiene constancia en la historia, llamada evento Carrington, tuvo lugar en 1859. En aquella época, ese monstruoso fenómeno provocó el incendio de los cables de telégrafo en gran parte de Europa y Norteamérica. Creó perturbaciones atmosféricas en todo el planeta, y la aurora boreal cubrió el cielo nocturno de Cuba, México, Hawái, Japón y China. Se podía leer el periódico por la noche en el Caribe a la luz de la aurora. En Baltimore, esta era más brillante que la luna llena. Un minero de oro, C. F. Herbert, escribió un relato gráfico de este acontecimiento histórico:

> Se presentó una escena de una belleza casi indescriptible. [...] Luces de todos los colores imaginables surgían en los cielos del sur, un color se desvanecía para dar lugar a otro, si cabe, más hermoso

que el anterior. [...] Fue un espectáculo inolvidable, considerado en su momento como la mayor aurora de la que se tiene constancia. [...] El racionalista y el panteísta vieron la naturaleza en sus más exquisitos ropajes. [...] El supersticioso y el fanático tuvieron funestos presentimientos, y pensaron que era un presagio del Armagedón y de la disolución final.[67]

El evento Carrington ocurrió en la infancia de la era eléctrica. Desde entonces, se ha intentado reconstruir los datos y calcular lo que podría ocurrir si se produjera otro fenómeno similar en la era moderna. En 2013, investigadores del Lloyd's de Londres y de la institución estadounidense AER (siglas en inglés del Instituto para la Investigación Atmosférica y Medioambiental) llegaron a la conclusión de que otro evento Carrington podría causar daños por valor de hasta 2,6 billones de dólares.

La civilización moderna podría detenerse por completo. Haría caer nuestros satélites e internet, provocaría cortocircuitos en las líneas eléctricas, paralizaría todas las comunicaciones financieras y causaría apagones globales. Retrocederíamos unos ciento cincuenta años en el tiempo. Los equipos de rescate y los técnicos de reparación no podrían acudir en nuestra ayuda, porque también quedarían atrapados en el apagón global. Con la putrefacción de los alimentos perecederos, podrían incluso desencadenarse disturbios masivos y una desintegración del orden social e incluso de los gobiernos, ya que la gente buscaría alimentos desesperadamente.

¿Se repetirá? Sí. ¿Cuándo podría ocurrir? Nadie lo sabe. Una pista podría venir del análisis de anteriores eventos del tipo Carrington. Se han realizado estudios sobre la concentración de carbono-14 y berilio-10 en testigos de hielo, con la esperanza de hallar pruebas de erupciones solares prehistóricas. Los estudios han revelado la posibilidad de que ocurrieran en 774-775 e. c. y 993-994 e. c. De hecho, los datos de los testigos de hielo de la erupción de 774-775 e. c. indican que esta fue diez veces más energética que la del evento Carrington (y la de 993-994 e. c. fue tan intensa que dejó su huella en la madera antigua, que los historiadores han utilizado para datar los primeros asentamientos vikingos en América). Pero entonces, antes del comienzo de la era eléctrica, la civilización apenas se dio por enterada.

La mayor erupción solar de la historia reciente tuvo lugar en 2001. Una enorme eyección de masa coronal se precipitó al espacio a 7,24 millones de kilómetros por hora. Afortunadamente, no alcanzó la Tierra. De lo contrario, podría haber causado daños generalizados en todo el planeta comparables a los del evento Carrington.

Los científicos han señalado que sería posible prepararse para el próximo evento Carrington si destináramos fondos a reforzar nuestros satélites, blindar los componentes electrónicos delicados y construir centrales eléctricas redundantes. Sería un pequeño anticipo económico para evitar una pérdida catastrófica de nuestro sistema eléctrico. Pero normalmente se hace caso omiso de estas advertencias.

Los físicos saben que las eyecciones de masa coronal tienen lugar cuando las líneas de fuerza magnéticas de la superficie del Sol se cruzan, arrojando enormes cantidades de energía al espacio. Pero se desconoce qué ocurre en el interior del astro rey para que se den estas condiciones. Se dispone de las ecuaciones básicas de los plasmas, la termodinámica, la fusión, la convección, el magnetismo, etc., pero resolverlas tal y como ocurren en el interior del Sol supera la capacidad de los ordenadores modernos.

Quizá algún día los ordenadores cuánticos puedan desentrañar las complejas ecuaciones del interior del Sol y ayudar a predecir cuándo se verá amenazada la civilización por la próxima erupción solar gigante. Sabemos que debe haber enormes corrientes de convección de plasma supercaliente agitándose en las profundidades del Sol, pero no tenemos ni idea de cuándo estallará la próxima erupción solar ni de si alcanzará la Tierra. Si un ordenador cuántico puede «cocinar» estrellas en su memoria, quizá podamos prepararnos para el próximo evento Carrington.

Pero los ordenadores cuánticos pueden ir aún más allá y resolver, en última instancia, el mayor cataclismo del universo. El evento Carrington podría paralizar un continente, pero un estallido de rayos gamma podría hacer algo mucho peor: incinerar todo un sistema solar.

Estallidos de rayos gamma

En 1967 tuvo lugar un misterio en el espacio exterior. El satélite Vela, lanzado por Estados Unidos específicamente para detectar detonaciones no autorizadas de bombas nucleares, captó una extraña radiación procedente de un enorme estallido de rayos gamma. Esta gigantesca explosión procedía de una fuente desconocida, lo que desencadenó un grave juego de adivinanzas. ¿Estaban los rusos probando un arma desconocida de una potencia sin precedentes? ¿Era un país emergente que probaba alguna novedosa arma? ¿Fue un fallo garrafal de la inteligencia estadounidense?

La alarma se disparó en el Pentágono. De inmediato, se pidió a los mejores científicos que identificaran esta anomalía y determinaran su procedencia. Poco después se detectaron otros estallidos de rayos gamma. Los estrategas del Pentágono respiraron aliviados cuando finalmente se determinó su origen. No procedían de la Unión Soviética, sino de galaxias lejanas. Los científicos comprobaron, asombrados, que estos estallidos solo duraban unos segundos, pero emitían más radiación que toda una galaxia. De hecho, liberaban más energía que la que generará el Sol en la totalidad de sus diez mil millones de años de vida. Eran las mayores explosiones de todo el universo, solo superadas por el propio *big bang*.

Como estos eventos suelen durar pocos segundos antes de desvanecerse, era difícil crear un sistema de alerta precoz. Pero finalmente se diseñó una red de satélites para detectar estos fenómenos en cuanto se produjeran y alertar de inmediato a los detectores terrestres para que apuntaran hacia ellos en tiempo real.

Hay muchas lagunas en nuestra comprensión de los estallidos de rayos gamma, pero la teoría principal es que o bien son colisiones entre estrellas de neutrones y agujeros negros, o bien estrellas que colapsan en agujeros negros. Puede que representen las etapas finales de la vida de estos cuerpos celestes. Así pues, podrían ser necesarios los ordenadores cuánticos para explicar con precisión por qué las estrellas liberan tanta energía cuando alcanzan el punto final de su ciclo vital.

Algunos de los peligros potenciales de una explosión estelar no están lejos de la Tierra. De hecho, es probable que ciertos átomos de nuestro cuerpo hayan sido «cocinados» por una antigua supernova hace miles de millones de años. Como hemos mencionado antes, por sí solas, las estrellas como nuestro Sol no tienen suficiente calor para fabricar elementos más allá del hierro, como el zinc, el cobre, el oro, el mercurio y el cobalto. Estos elementos se crearon en el calor de una supernova que tuvo lugar miles de millones de años antes de que naciera nuestro Sol. Así, su mera presencia en nuestro cuerpo es una prueba de que se produjo una explosión estelar tal en la vecindad de nuestra galaxia. De hecho, algunos científicos han especulado con la posibilidad de que la extinción del Ordovícico, hace quinientos millones de años, que acabó con el 85 por ciento de la vida acuática de la Tierra, fue desencadenada por un estallido de rayos gamma próximo.

Más cerca de nosotros, la estrella gigante roja Betelgeuse, que se encuentra entre quinientos y seiscientos años luz de la Tierra, es inestable y en algún momento estallará en una supernova. Es la segunda estrella más brillante de la constelación de Orión. Cuando finalmente explote, estará lo bastante cerca como para superar el brillo de la luna por la noche e incluso proyectar una sombra. En tiempos recientes, Betelgeuse ha experimentado notables cambios de brillo y forma, lo que ha llevado a especular con la posibilidad de que esté a punto de explotar, pero aún se debate intensamente sobre ello.

La cuestión, sin embargo, es que hay mucho que no entendemos sobre las supernovas, y estos vacíos pueden llenarse con ordenadores cuánticos. Algún día, estos sistemas explicarán toda la historia de la vida de las estrellas, incluido el Sol, y también aquellas inestables de nuestro entorno potencialmente peligrosas.

Con todo, es el producto final de una supernova lo que ha generado mucho interés: los agujeros negros.

AGUJEROS NEGROS

La simulación de agujeros negros puede agotar rápidamente la capacidad de cálculo de un superordenador digital ordinario. En el caso de una estrella grande, quizá de diez a cincuenta veces más masiva que nuestro Sol, existe la posibilidad de que explote como supernova, se convierta en una estrella de neutrones y quizá colapse en un agujero negro. Nadie sabe realmente qué ocurre cuando una estrella masiva sufre un colapso gravitatorio, porque en esta situación las leyes de Einstein y la teoría cuántica empiezan a fallar, por lo que seguramente se necesitan nuevas leyes de la física.

Por ejemplo, si nos limitamos a seguir las matemáticas de Einstein, el agujero negro colapsaría tras una misteriosa esfera oscura, llamada «horizonte de sucesos». Esto se fotografió en 2021, combinando la luz de una serie de radiotelescopios alrededor de la Tierra, lo que creó un radiotelescopio del tamaño del propio planeta. El dispositivo reveló que el horizonte de sucesos en el corazón de la galaxia llamada M87, a unos cincuenta y tres millones de años luz de la Tierra, era una esfera oscura rodeada de gases luminosos supercalientes.

¿Qué hay dentro del horizonte de sucesos? Nadie lo sabe. Antes se pensaba que un agujero negro podía colapsar en una singularidad, un punto supercompacto de densidad inimaginable. Pero ese panorama ha cambiado, ya que vemos agujeros negros que giran a velocidades tremendas. En lugar de un simple punto, los físicos creen ahora que estos objetos pueden colapsar en un anillo rotatorio de neutrones, donde los conceptos habituales de espacio y tiempo se ponen patas arriba. Las matemáticas dicen que, si caemos a través de él, quizá no muramos en absoluto, sino que entremos en un universo paralelo. Así que el anillo giratorio se convierte en un agujero de gusano, una puerta a otro universo más allá del agujero negro.

El anillo giratorio se parece mucho al espejo de Alicia. Por un lado, está la apacible campiña de Oxford. Pero, si atraviesas el espejo, entras en el universo paralelo del País de las Maravillas.

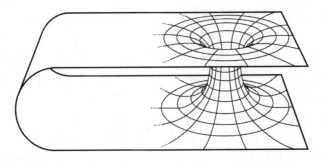

Figura 12: ordenadores cuánticos y agujeros negros
Según la relatividad, un agujero negro en rotación podría colapsar en un anillo de neutrones, que conectaría dos regiones distintas del espaciotiempo, creando un agujero de gusano o un portal entre dos universos. Pero podría ser necesario un ordenador cuántico para determinar su estabilidad bajo correcciones cuánticas.

Por desgracia, no se puede confiar en las matemáticas de los agujeros negros, porque también hay que incluir los efectos cuánticos. Los ordenadores cuánticos podrían ofrecernos simulaciones de la teoría de Einstein y de la teoría cuántica cuando el espacio y el tiempo se retuercen en el centro de un agujero negro. En estas condiciones, las ecuaciones están intensamente acopladas. En primer lugar, tenemos la energía debida a la gravedad y al plegamiento del espaciotiempo. Y luego tenemos la energía debida a diversas partículas subatómicas. Pero estas, a su vez, tienen su propio campo gravitatorio, que se mezcla con el campo original de formas complejas. Así, nos queda una maraña de ecuaciones, cada una de las cuales afecta a las demás, en una intrincada mezcla que está fuera del alcance de los ordenadores convencionales, pero quizá no de los ordenadores cuánticos.

Con todo, los ordenadores cuánticos también pueden ayudar a responder a una vieja e incómoda pregunta: ¿de qué está hecho el universo?

MATERIA OSCURA

Tras dos mil años de especulaciones e innumerables experimentos, seguimos sin poder responder a la sencilla pregunta que se hicieron los griegos: ¿de qué está hecho el mundo?

La mayoría de los libros de texto de primaria afirman que el universo está formado principalmente por átomos. Pero ahora se sabe que esa afirmación es errónea. En realidad, se compone sobre todo por una misteriosa materia y energía oscuras e invisibles. La mayor parte del universo es oscura, más allá de la capacidad de nuestros telescopios para estudiarla y de nuestros sentidos para detectarla.

La materia oscura fue teorizada por primera vez por lord Kelvin, en 1884. Observó que la cantidad de masa necesaria para explicar la rotación de la galaxia era mucho mayor que la masa real de las estrellas. Llegó, pues, a la conclusión de que la mayoría de las estrellas eran en realidad oscuras, que no eran luminosas. En los últimos tiempos, astrónomos como Fritz Zwicky y Vera Rubin han confirmado esta extraña observación, al darse cuenta de que la galaxia y los cúmulos estelares giran demasiado rápido y, según nuestras ecuaciones, deberían salir volando en todas direcciones. De hecho, nuestra galaxia rota unas diez veces más rápido de lo esperado. Pero debido a la enorme fe que los astrónomos tenían en la teoría de la gravedad de Newton, este resultado fue ignorado en gran medida.

Con el paso de las décadas, se descubrió que no solo la Vía Láctea, sino todas las galaxias, presentaban este mismo curioso fenómeno. Los astrónomos empezaron a darse cuenta de que las galaxias contenían materia oscura, que las mantenía unidas. Este halo era muchas veces más masivo que la propia galaxia. Al parecer, la mayor parte del universo estaba formada por esta misteriosa materia oscura.

(Aún más misteriosa es la energía oscura, que es una extraña forma de energía que llena el vacío del espacio e incluso provoca la expansión del universo. Aunque la energía oscura constituye el 68 por ciento del contenido conocido de materia y energía del universo, no se sabe casi nada de ella).

Esta tabla resume los datos más recientes de lo que los científicos creen que está hecho el mundo:

Energía oscura	68 por ciento
Materia oscura	27 por ciento
H y He	5 por ciento
Elementos superiores	0,1 por ciento

Ahora comprendemos que muchos de los elementos que componen nuestro cuerpo solo representan alrededor del 0,1 por ciento del universo. Somos auténticas anomalías. Pero la sustancia que compone la mayor parte del universo posee propiedades extrañas. Como la materia oscura no interactúa con la materia ordinaria, si la sostuviéramos en la mano se nos escurriría entre los dedos y caería al suelo. Pero no se detendría ahí: atravesaría la tierra y el hormigón, como si el planeta no estuviera ahí. Seguiría cayendo más allá de la corteza terrestre y llegaría hasta China. Allí, poco a poco invertiría su dirección por la fuerza de atracción de la gravedad terrestre y volvería por donde hubiera venido, hasta que finalmente alcanzara de nuevo nuestra mano. Entonces oscilaría de un lado a otro del planeta.

Hoy tenemos mapas de esta materia invisible. La forma en que determinamos la presencia de materia oscura es la misma por la que sabemos que hay cristal en nuestras gafas. El cristal distorsiona la luz, por lo que se puede observar sus efectos. La materia oscura distorsiona la luz de la misma manera. Así, corrigiendo la refracción de la luz a través de la materia oscura, podemos generar mapas tridimensionales de esta. Y, en efecto, vemos que se concentra alrededor de las galaxias y las mantiene unidas.

Pero, por desgracia, no sabemos de qué está hecha la materia oscura. Al parecer, está compuesta por una sustancia nunca vista, algo que queda fuera del modelo estándar de partículas subatómicas.

Así pues, la clave para resolver el misterio de la materia oscura puede estar en comprender qué hay más allá de esta teoría.

MODELO ESTÁNDAR DE PARTÍCULAS

Los ordenadores cuánticos, como hemos visto, aprovechan las leyes antiintuitivas de la mecánica cuántica para realizar sus cálculos. Pero esta rama de la física no ha estado inactiva: ha evolucionado a medida que los grandes aceleradores de partículas hacían chocar protones entre sí para descubrir los componentes básicos de la materia. En la actualidad, el acelerador más potente del mundo es el Gran Colisionador de Hadrones, situado a las afueras de Ginebra (Suiza), la mayor máquina científica jamás construida. Se trata de un tubo de 26,7 kilómetros de circunferencia, con imanes tan potentes que pueden lanzar protones a catorce billones de electronvoltios.

Para una serie de la BBC que presenté, visité el LHC e incluso toqué el tubo que se encuentra en el corazón del acelerador cuando aún se estaba construyendo. Fue una experiencia sobrecogedora saber que, al cabo de unos años, los protones recorrerían este tubo con energías alucinantes.

Después de décadas de duro trabajo con el LHC, los físicos han convergido finalmente en algo denominado modelo estándar, o teoría de casi todo. La antigua ecuación de Schrödinger, como vimos, explica la interacción de los electrones con la fuerza electromagnética. El modelo estándar, sin embargo, podría unificar también la fuerza electromagnética con las fuerzas nucleares fuerte y débil.

Así pues, el modelo estándar de partículas representa la versión más avanzada de la teoría cuántica. Es la culminación del trabajo de decenas de premios Nobel y el producto final de miles de millones de dólares gastados en gigantescos destructores de átomos. Por derecho propio, debería ser un deslumbrante hito del logro más noble del espíritu humano.

Por desgracia, es un desastre.

En lugar de ser el mejor producto de la inspiración divina, es una mezcolanza bastante burda de partículas. Consiste en una desconcertante colección de partículas subatómicas sin mucha lógica aparente. Tiene treinta y seis quarks y antiquarks, más de diecinueve parámetros libres que pueden ajustarse a voluntad, tres generaciones de partículas idénticas y un montón de partículas exóticas llamadas «gluones», «bosones W y Z», «bosones de Higgs» y «partículas de Yang-Mills», entre otras.

Es una teoría que solo una madre puede amar. Es como juntar un cerdo hormiguero, un ornitorrinco y una ballena con cinta adhesiva y asegurar que es la más hermosa creación de la naturaleza, producto final de millones de años de evolución.

Peor aún, la teoría no tiene en cuenta la gravedad ni puede explicar la materia y la energía oscuras, que constituyen la mayor parte del universo conocido.

Solo hay una razón por la que los físicos estudian esta enrevesada teoría: funciona. Es innegable que describe el mundo de baja energía de partículas subatómicas como los mesones, los neutrinos, los bosones W, etc. El modelo estándar es tan extraño y feo que la mayoría de los físicos piensan que no es más que la aproximación de baja energía de una teoría más bella que existe a energías más altas. (Parafraseando a Einstein, si ves la cola de un león, sospechas que tarde o temprano el león aparecerá).

Pero, durante los últimos cincuenta años, los físicos no habían observado desviación alguna del modelo estándar.

Hasta ahora.

MÁS ALLÁ DEL MODELO ESTÁNDAR

El primer indicio de una fisura en el modelo estándar llegó en 2021, desde el Laboratorio Nacional Fermi de Aceleradores, a las afueras de Chicago. El enorme detector de partículas identificó una ligera desviación en las propiedades magnéticas de los muones (que suelen hallarse en los rayos cósmicos).

Ha sido necesario analizar una enorme cantidad de datos para encontrar esta pequeña desviación, pero, si se mantiene, podría señalar la presencia de nuevas fuerzas e interacciones más allá del modelo estándar.

Esto podría significar que estamos vislumbrando el mundo más allá del modelo estándar, donde surgiría una nueva física, quizá la teoría de cuerdas.

Los ordenadores cuánticos destacan como motores de búsqueda a la hora de encontrar esa elusiva aguja en el pajar. Muchos físicos creen que nuestros aceleradores de partículas acabarán hallando pruebas concluyentes de la existencia de partículas más allá del modelo estándar, lo que revelará la verdadera simplicidad y belleza del universo.

Los físicos ya están empleando ordenadores cuánticos para comprender la misteriosa dinámica de las interacciones entre partículas. En el LHC, dos haces de protones de alta energía chocan entre sí a catorce billones de electronvoltios, lo cual da lugar a energías que no han existido desde el principio del universo. Esta colisión titánica crea una gigantesca lluvia de desechos subatómicos, y genera la abrumadora cantidad de un billón de bytes de datos por segundo, que son analizados por un ordenador cuántico.

Además, los físicos ya están elaborando planes para un sustituto del Gran Colisionador de Hadrones, llamado Futuro Colisionador Circular, que se construirá en el CERN (Suiza). Con un centenar de kilómetros de circunferencia, eclipsará los 26,7 kilómetros del LHC. Costará veintitrés mil millones de dólares y alcanzará la astronómica energía de cien billones de electronvoltios. Será, con diferencia, la mayor máquina científica del planeta.

Si se construye, el Futuro Colisionador Circular recreará las condiciones en que nació el universo. Nos acercará tanto como sea humanamente posible a la teoría última, la teoría del todo, que Einstein buscó durante los últimos treinta años de su vida. La avalancha de datos que surgirá de esta máquina desbordará a cualquier ordenador convencional. En otras palabras, tal vez el secreto de la propia creación pueda desentrañarlo un ordenador cuántico.

Teoría de cuerdas

Hasta ahora, la principal (y única) candidata a teoría cuántica más allá del modelo estándar es la de cuerdas.[68] Todas las demás han demostrado ser divergentes, anómalas, incoherentes o carentes de aspectos cruciales de la naturaleza. Cualquiera de estos defectos sería fatal para una teoría física.

(Recibo muchos correos electrónicos de personas que afirman haber hallado por fin la teoría del todo. Les digo que hay tres criterios que su teoría debe obedecer:

1. Contener la teoría de la gravedad de Einstein.

2. Incluir el modelo estándar de partículas al completo, con todos sus quarks, gluones, neutrinos, etc.

3. Ser finita y estar libre de anomalías).

(Hasta ahora, la única teoría que satisface estos tres sencillos criterios es la teoría de cuerdas).

Según la teoría de cuerdas, todas las partículas elementales no son más que notas musicales en diminutas cuerdas vibrantes. Como una goma elástica que puede oscilar a diferentes frecuencias, la teoría de cuerdas dice que cada vibración de esta diminuta goma corresponde a una partícula, de modo que el electrón, el quark, el neutrino y todos los demás actores del modelo estándar no son más que diferentes notas musicales. La física corresponde, pues, a las armonías que se puede tocar con estas cuerdas. La química corresponde a las melodías creadas por ellas. Es posible comparar el universo a una sinfonía de cuerdas. Por último, la «mente de Dios» de la que hablaba Einstein correspondería a la música cósmica que resuena en el universo.

Es notable que, al calcular la naturaleza de estas vibraciones, se encuentre la gravedad, que es la fuerza que brilla por su ausencia en el modelo estándar. Así pues, la teoría de cuerdas nos da una razón creíble para considerarla la teoría del todo. (De hecho, si Einstein no hubiera nacido, la relatividad general se habría descubierto como un subproducto de la teoría de cuerdas, como nada más que una de las notas más graves de la cuerda que vibra).

Si esta teoría puede unificar tanto la teoría de la gravedad como las fuerzas subatómicas, ¿por qué los premios Nobel se han dividido en torno a ella y algunos dicen que es un callejón sin salida, mientras que otros afirman que esta podría ser la teoría con la que Einstein no pudo? Uno de los problemas es su poder predictivo. No solo contiene el modelo estándar de partículas, sino que incluye mucho más. De hecho, podría tener un número infinito de soluciones, una cantidad bochornosa. Si es así, ¿qué solución describe nuestro universo?

Por un lado, sabemos que todas las grandes ecuaciones tienen un número infinito de soluciones. La teoría de cuerdas no es una excepción. Incluso la de Newton puede explicar un número infinito de cosas, como pelotas de béisbol, los cohetes, los rascacielos, los aviones, etc. Se debe especificar de antemano lo que se está investigando, es decir, las condiciones iniciales.

Pero la teoría de cuerdas es una teoría de todo el universo. Por tanto, se deben especificar las condiciones iniciales del *big bang*. Aun así, nadie conoce las condiciones que desencadenaron la explosión cósmica inicial que creó el universo.

Esto se denomina el «problema del paisaje», ya que parece haber un número infinito de soluciones a la teoría de cuerdas, lo que crea un vasto panorama de posibilidades. Cada punto de este paisaje corresponde a un universo entero, y uno de estos puntos puede explicar las características de nuestro universo.

Pero ¿cuál es el nuestro? ¿Es la teoría de cuerdas una teoría del todo o una teoría de cualquier cosa?

En la actualidad, no existe consenso para resolver este problema. Una solución podría ser crear una nueva generación de aceleradores de partículas, como el Futuro Colisionador Circular antes mencionado, el Colisionador Circular de Electrones y Positrones que ha propuesto China, o el Colisionador Lineal Internacional de Japón. Pero no hay garantías de que ni siquiera estos ambiciosos proyectos vayan a resolver esta importante cuestión.

LOS ORDENADORES CUÁNTICOS PODRÍAN SER LA CLAVE

Mi punto de vista es que quizá los ordenadores cuánticos ofrezcan la respuesta definitiva a esta pregunta. Antes hemos visto cómo, en la fotosíntesis, la naturaleza utiliza la teoría cuántica para estudiar una amplia colección de caminos con el principio de mínima acción. Algún día será posible introducir la teoría de cuerdas en un ordenador cuántico para seleccionar el camino correcto. Tal vez muchos de los caminos encontrados en el paisaje sean inestables y se desintegren rápidamente, de manera que solo quede la solución correcta. Quizá nuestro universo resulte ser el único estable.

Así, los ordenadores cuánticos pueden ser el último paso para encontrar la teoría del todo.

Existe algún precedente al respecto. La teoría dentro de la cual se describe mejor la fuerza nuclear fuerte se llama cromodinámica cuántica (QCD, por sus siglas en inglés). Se trata de una teoría de las partículas subatómicas que relaciona los quarks en la creación del neutrón y el protón. En un principio, se pensó que los físicos serían lo bastante inteligentes como para resolver completamente la QCD utilizando matemáticas puras. Pero resultó ser una ilusión.

Hoy en día, los físicos han renunciado prácticamente a intentar resolver la QCD a mano, y en su lugar dependen de gigantescos superordenadores para descifrar estas ecuaciones. Esto se denomina «QCD de celosía», que divide el espacio y el tiempo en miles de millones de cubos diminutos, formando una celosía. Se resuelven las ecuaciones de uno de estos cubos, aquellas se utilizan para resolver las del siguiente cubo y se repite el mismo proceso para todos los demás. De este modo, el ordenador acaba resolviendo todos los cubos vecinos, uno tras otro.

Del mismo modo, es posible que haya que recurrir a los ordenadores cuánticos para acabar resolviendo todas las ecuaciones de la teoría de cuerdas. Una esperanza es que la verdadera teoría del universo surja de este proceso. Así pues, los ordenadores cuánticos pueden ser la clave de la propia creación.

17

Un día del año 2050

Enero de 2050, 6.00 de la mañana.

Suena el despertador y se levanta con un dolor de cabeza tremendo.

Molly, su asistente robótica personal, aparece de repente en la pantalla mural y anuncia alegremente: «Ya son las seis de la mañana. Recuerda que me pediste que te despertara».

Soñoliento, usted responde: «Oh, me duele la cabeza. ¿Qué es lo que hice anoche?».

Molly replica: «Recuerda que estabas en la fiesta de inauguración del nuevo reactor de fusión. Debes de haber bebido demasiado».

Poco a poco, todo vuelve a su memoria. Recuerda que es ingeniero de Quantum Technologies, una de las mayores empresas de ordenadores cuánticos del país. Últimamente, estas máquinas parecen estar por todas partes, y la fiesta de anoche era para celebrar la inauguración del último reactor de fusión, un acontecimiento histórico hecho posible gracias a los ordenadores cuánticos.

Se acuerda de que un periodista que estaba en esa fiesta le preguntó: «¿A qué viene tanto alboroto? ¿Por qué tanto jaleo simplemente por gas caliente?».

Usted respondió: «Los ordenadores cuánticos han determinado por fin cómo estabilizar el gas caliente dentro de un reactor de fusión, de modo que se puede extraer una cantidad casi ilimitada de energía a partir de la fusión del hidrógeno en helio. Esta podría ser la clave de la crisis energética».

Esto significa que se abrirán decenas de reactores de fusión en todo el mundo y que habrá muchas más fiestas en las que emborracharse. Se abre una nueva era de energía barata y renovable gracias a los ordenadores cuánticos.

Pero ahora es el momento de ponerse al día con las novedades. Le dice a Molly: «Por favor, pon las noticias de la mañana sobre los avances de la ciencia».

La pantalla mural se ilumina de repente. Siempre que oye las últimas noticias, se propone un juego a usted mismo: después de escuchar cada una, trata de identificar cuáles de ellas, si es que hay alguna, *no* son posibles gracias a los ordenadores cuánticos.

El presentador del vídeo afirma: «El Gobierno ha aprobado una nueva flota de reactores supersónicos que reducirá de manera drástica el tiempo necesario para cruzar los océanos Pacífico y Atlántico».

Se da cuenta de que fueron los ordenadores cuánticos los que, mediante el uso de túneles de viento virtuales, hallaron el diseño aerodinámico adecuado que eliminaba el ruido de los estampidos sónicos, lo que ha ayudado a hacer posible esta nueva avalancha de aviones supersónicos.

A continuación, el presentador anuncia: «Nuestros astronautas en Marte han logrado construir con éxito un gran panel solar y un banco de superbaterías para almacenar energía para la colonia del planeta rojo».

Sabe que todo esto ha sido posible gracias a los ordenadores cuánticos, que han creado la superbatería que alimenta el puesto avanzado en Marte y, a su vez, ha reducido nuestra dependencia de las centrales de carbón y petróleo en la Tierra.

Luego, el presentador informa: «Médicos de todo el mundo anuncian un nuevo medicamento contra el alzhéimer, que puede prevenir la acumulación de la proteína amiloide que causa esta funesta enfermedad. Este resultado podría afectar a la vida de millones de personas».

Está orgulloso de que su empresa estuviera a la vanguardia del uso de ordenadores cuánticos para aislar el tipo específico de proteína amiloide responsable de la enfermedad de Alzheimer.

Al oír las noticias científicas, sonríe para sus adentros, porque, de nuevo, todas ellas han sido posibles, directa o indirectamente, gracias a los ordenadores cuánticos.

Después de escuchar las noticias, se desplaza trabajosamente hacia el baño, se ducha y se cepilla los dientes. Al ver el agua salir por el desagüe, piensa que la residual se envía con discreción a un laboratorio biológico, donde se analiza en busca de células cancerosas. Millones de personas son felizmente ignorantes de que se someten varias veces al día a un minucioso chequeo médico con un ordenador cuántico conectado en silencio a su cuarto de baño.

Como ahora estos sistemas pueden identificar las células cancerosas años antes de que se forme un tumor, el cáncer ha quedado reducido a algo parecido al resfriado común. Como en su familia existe esta enfermedad, piensa: «Menos mal que el cáncer ya no es el asesino que era».

Finalmente, mientras se viste, la pantalla mural se ilumina de nuevo. Esta vez, la imagen de su médico de IA ilumina la pantalla.

«¿Qué pasa esta vez, doctor? Buenas noticias, espero».

Robodoc, su médico robótico personal, dice: «Bueno, tengo noticias buenas y malas. Primero, las malas. Analizando las células de tus aguas residuales de la semana pasada, hemos determinado que tienes cáncer».

«Vaya, así que esas son las malas; entonces ¿cuáles son las buenas?», pregunta usted, nervioso.

«La buena noticia es que hemos localizado el origen y solo te hemos encontrado unos cientos de células cancerosas en un pulmón. No hay de qué preocuparse. Hemos analizado la genética de las mismas y te daremos una inyección para reforzar el sistema inmunitario y derrotar a este cáncer. Acabamos de recibir la última remesa de células inmunitarias modificadas genéticamente creadas por ordenadores cuánticos de tu empresa para atacar este cáncer en particular».

Usted se siente aliviado. Entonces le hace otra pregunta: «Sé sincero conmigo. Si tus ordenadores cuánticos no hubieran detectado las células cancerígenas en mis fluidos corporales, ¿qué habría pasado, digamos, hace diez años?».

Robodoc le responde: «Hace unas décadas, antes de que se generalizaran los ordenadores cuánticos, ya tendrías varios miles de millones de células cancerosas desarrollando un tumor en tu cuerpo, y habrías muerto en unos cinco años».

Traga saliva. Se siente orgulloso de trabajar para Quantum Technologies.

De repente, Molly interrumpe a Robodoc: «Acaba de llegar un mensaje. Hay una reunión urgente en la oficina central. Se requiere tu presencia, inmediatamente, en persona».

«Oh, oh», se dice a sí mismo. Normalmente, la mayoría de las tareas mundanas se hacen por internet. Pero esta vez quieren a todo el mundo, en persona. Debe de ser una reunión importante.

Le dice a Molly: «Cancela mis citas y mándame el coche».

Unos minutos después llega su coche sin conductor, que lo lleva a su oficina. El tráfico no es muy malo, porque hay millones de sensores incrustados en la carretera y conectados a ordenadores cuánticos, que ajustan cada semáforo, segundo a segundo, para eliminar los embotellamientos.

Al llegar, sale del coche y le dice: «Ve a aparcarte. Y prepárate para recogerme después en cuanto te lo pida». Su coche se conecta al ordenador cuántico que supervisa todo el tráfico de la ciudad e identifica la plaza de aparcamiento vacía más cercana.

Entra en la sala de conferencias; en sus lentillas puede ver las biografías de los que están sentados a su alrededor. Están todos los peces gordos de la empresa. Debe de ser una reunión importante.

El presidente de la empresa se dirige a este distinguido grupo de ejecutivos.

«Me sorprende informar de que esta semana nuestros ordenadores cuánticos han detectado un virus nunca visto. Nuestra red internacional de sensores en los sistemas de alcantarillado es nuestra primera línea de defensa contra virus letales, y ha detectado uno nuevo cerca de la frontera con Tailandia que nos ha pillado desprevenidos. Es altamente mortífero y contagioso, y es probable que su origen sea algún tipo de ave. No tengo que recordarles que la última pandemia tuvo un coste de más de un millón de vidas en Estados Unidos y casi hundió la economía mundial. He seleccionado un grupo de nuestro mejor personal para volar inmediatamente a Asia con el fin de analizar la amenaza. Tenemos nuestros vehículos supersónicos listos para despegar. ¿Alguna pregunta?».

Varias manos se levantan. Muchas de las preguntas están en otro idioma, pero sus lentillas las traducen al suyo.

Tenía ganas de pasar un fin de semana tranquilo. Todos sus planes se han ido al garete. Esta vez, un coche volador lo lleva al aeropuerto, donde lo espera un vehículo supersónico. Desayuna en Nueva York, almuerza sobre Alaska, cena en Tokio y, por la noche, asiste a una reunión. «Los aviones supersónicos son una gran mejora con respecto a los convencionales, con el angustioso viaje de trece horas de Nueva York a Tokio», reflexiona.

Entonces recuerda que en la escuela primaria leyó en los libros de historia la pesadilla causada por la pandemia de 2020, en la que el mundo no estaba preparado para hacer frente a un virus desconocido. De hecho, acabó con algunos de sus familiares. Pero esta vez todas las piezas están en su sitio.

Al día siguiente recibe una sesión informativa. Su jefe le dice: «Por suerte, los ordenadores cuánticos han sido capaces de identificar la genética de este virus, localizar sus puntos débiles a nivel molecular y elaborar planes de vacunas que serán eficaces contra la enfermedad que provoca. Todo esto se hizo en un tiempo récord gracias a los ordenadores cuánticos, que también pudieron analizar todos los registros de aviones y trenes para ver cómo el virus podría haberse propagado internacionalmente. Los sensores de los principales aeropuertos y estaciones de tren ya han sido calibrados para captar el aroma único de este nuevo virus».

Tras una semana recorriendo los laboratorios de la empresa, vuelve a Nueva York, seguro de que su equipo tiene el nuevo virus bajo control. Se enorgullece de que sus esfuerzos pueden haber salvado unos cuantos millones de vidas y evitado el colapso de la economía mundial.

De vuelta en casa, pregunta a Molly por sus últimas citas. «Bueno, esta vez tenemos una solicitud de una de las revistas más importantes del planeta para entrevistarte. Están haciendo un reportaje sobre ordenadores cuánticos. ¿Quieres que la organice?».

Se lleva una grata sorpresa cuando la periodista llega a su oficina. Sarah está preparada, bien informada y es muy profesional.

Le dice: «Veo que los ordenadores cuánticos están por todas partes. Los viejos ordenadores digitales, como los dinosaurios, se tiran al vertedero. Vaya donde vaya, parece que los ordenadores cuánticos están sustituyendo a la antigua generación de ordenadores de silicio. Cada vez que hablo por el móvil, me dicen que en realidad estoy hablando con un ordenador cuántico en algún lugar de la nube. Pero, dígame, todo este progreso ¿ayudará a resolver nuestros acuciantes problemas sociales? Seamos realistas. Por ejemplo, ¿ayudará a alimentar a los pobres?».

Usted responde: «Bueno, en realidad, la respuesta es afirmativa. Los ordenadores cuánticos han desentrañado el secreto de cómo tomar el nitrógeno del aire que respiramos y convertirlo en ingredientes para fertilizantes. Esto ha creado una segunda revolución verde. Los detractores solían afirmar que, con la explosión demográfica, habría hambruna, guerras, migraciones masivas, revueltas por los alimentos, etc. Nada de eso ha ocurrido. Nada de eso ha ocurrido gracias a los ordenadores cuánticos...».

«Un momento», interrumpe Sarah. «¿Qué hay de los problemas del calentamiento global? Con solo parpadear, en nuestras lentes de contacto aparecen imágenes de internet de enormes incendios forestales, sequías, huracanes, inundaciones… El tiempo atmosférico parece haberse vuelto loco».

«Así es», admite usted, «la industria arrojó cantidades ingentes de CO_2 a la atmósfera durante el siglo pasado, y ahora estamos pagando el precio. Todas las predicciones se han cumplido. Pero estamos contraatacando. Quantum Technologies ha estado a la vanguardia de la creación de una superbatería capaz de almacenar grandes cantidades de energía eléctrica, lo cual ha disminuido en gran medida el coste de la misma y ha ayudado a marcar el comienzo de la tan esperada era solar. Ahora tenemos energía cuando el Sol no brilla y los vientos no soplan. La energía de las tecnologías renovables, incluidas las centrales de fusión que se están inaugurando en todo el mundo, es ahora, por primera vez en la historia, más barata que la de los combustibles fósiles. Estamos dejando atrás el calentamiento global. Esperemos llegar a tiempo».

«Déjeme hacerle una pregunta personal: ¿cómo han afectado los ordenadores cuánticos a su familia y a sus seres queridos?», pregunta Sarah.

Usted responde con tristeza: «Mi familia ha sufrido en gran medida la enfermedad de Alzheimer. Lo vi de primera mano con mi madre. Al principio, olvidaba cosas que habían ocurrido hacía unos minutos. Luego, poco a poco, empezó a delirar y a hablar de cosas que nunca habían sucedido. Después olvidó los nombres de todos sus seres queridos. Y, al final, se olvidó incluso de quién era ella misma. Pero me enorgullece decir que los ordenadores cuánticos están resolviendo este problema. A nivel molecular, estas máquinas han aislado la proteína amiloide exacta que se deforma e incapacita el cerebro. La cura del alzhéimer está al alcance de la mano».

A continuación, Sarah pregunta: «He aquí una cuestión puramente hipotética. Se habla mucho de que los ordenadores cuánticos están a un paso de hallar la manera de ralentizar o detener el proceso de envejecimiento. Dígame, ¿son ciertos los rumores? ¿Están a punto de encontrar la fuente de la eterna juventud?».

Su respuesta es: «Bueno, aún no tenemos todos los detalles, pero es cierto; nuestros laboratorios han podido utilizar terapia génica, CRISPR y ordenadores cuánticos para corregir los errores causados por el envejecimiento. Sabemos que este proceso es la acumulación de errores en nuestros genes y células. Y ahora vamos camino de encontrar el método para corregirlos y, por tanto, ralentizar y quizá revertir el proceso de envejecimiento».

«Eso me lleva a la última pregunta. Si pudiera tener otra vida, ¿qué le gustaría ser? Por ejemplo, como periodista, a mí me encantaría vivir otra siendo novelista. ¿Y a usted?».

«Bueno», replica, «vivir varias vidas ya no es una posibilidad tan descabellada. Pero, si pudiera tener otra, me gustaría aplicar los ordenadores cuánticos para resolver la pregunta última sobre el universo; es decir, ¿de dónde vino? ¿Por qué se produjo el *big bang*? ¿Qué ocurrió antes? Los humanos somos demasiado primitivos para resolver estas preguntas fantásticas, pero apuesto a que algún día los ordenadores cuánticos podrán dar con la respuesta».

«¿Hallar el sentido del universo? Vaya, eso sí que es pedir. Pero ¿no tiene miedo de lo que puedan encontrar los ordenadores cuánticos?», pregunta.

«¿Recuerda lo que pasaba al final de *La guía del autoestopista galáctico*? Tras mucha expectación y entusiasmo, un superordenador gigante calcula por fin el significado del universo. Pero la respuesta resulta ser el número cuarenta y dos. En fin, aquello era una obra de ficción, pero creo que podríamos utilizar ordenadores cuánticos para resolver este problema. De verdad», responde.

Después de la entrevista, le da la mano a Sarah y le agradece la interesante conversación. Y la invita discretamente a cenar. El artículo es un gran éxito, ya que informa a millones de personas de cómo los ordenadores cuánticos han cambiado la economía, la medicina y nuestro estilo de vida. Otra ventaja es que le ha dado la oportunidad de conocer mejor a Sarah.

Está encantado de descubrir que tiene mucho en común con ella. Los dos están muy motivados y bien informados. Más tarde, la invita a visitar el nuevo salón de videojuegos de Quantum Technologies, donde los ordenadores cuánticos más potentes crean los juegos virtuales más realistas posibles. Los dos se divierten con juegos absurdos, que crean escenas fantásticas y exóticas a través de las potentes simulaciones de los ordenadores cuánticos. En uno de ellos, exploran el espacio exterior. En otro, un resort costero cerca del océano. En el siguiente, la cima de la montaña más alta. A usted le asombra lo realistas que son, hasta el más mínimo detalle. Pero su viaje favorito es contemplar cómo se alza la luna llena por encima de las montañas lejanas. Mientras mira el brillo que posa sobre el bosque, no puede evitar sentirse cerca de la naturaleza.

Le dice a Sarah: «Sabes, fue viendo el programa lunar, con los astronautas empezando a explorar el universo, cuando me interesé por primera vez por la ciencia».

Sarah responde: «Yo también, pero a mí me emocionaba ver algún día a mujeres caminando sobre la Luna».

Con el tiempo, a medida que se va sintiendo más cercano a ella, acaba planteando la gran pregunta y le pide que se case con usted, encantado cuando acepta.

Pero ¿adónde ir de luna de miel?

Con todas las noticias sobre el abaratamiento de los viajes espaciales y los consumidores que vuelan al espacio exterior, Sarah pide permiso a su revista para escribir otra historia.

«Conozco el lugar ideal para pasar la luna de miel», le dice. «Quiero pasarla en la Luna».

Epílogo

Rompecabezas cuánticos

Stephen Hawking dijo una vez que los físicos son los únicos científicos que pueden pronunciar la palabra «dios» sin ruborizarse.

Sin embargo, si de verdad quiere verlos ruborizarse, puede hacerles preguntas filosóficas profundas sin respuestas definitivas.

He aquí una breve lista de cuestiones que dejarán perplejos a la mayoría de los físicos por encontrarse en la frontera entre la filosofía y la física. Todas ellas afectan a la existencia de los ordenadores cuánticos, y las examinaremos una por una.

1. ¿Tuvo Dios elección al crear el universo? Einstein consideraba que esta era una de las preguntas más profundas y reveladoras que uno puede hacerse. ¿Podría Dios haber creado el universo de otra manera?

2. ¿Es el universo una simulación? ¿Somos autómatas que viven en un videojuego? ¿Todo lo que vemos y hacemos es producto de una simulación informática?

3. ¿Computan los ordenadores cuánticos en universos paralelos? ¿Podemos resolver el problema de la medida en los ordenadores cuánticos introduciendo el concepto de multiverso?

4. ¿Es el universo un ordenador cuántico? ¿Puede todo lo que ve-

mos a nuestro alrededor, desde las partículas subatómicas hasta los cúmulos galácticos, ser prueba de que el propio universo es un ordenador cuántico?

¿TUVO DIOS ELECCIÓN?

Einstein pasó gran parte de su vida preguntándose si las leyes del universo eran únicas o solo una de varias posibilidades. Cuando nos planteamos por primera vez los ordenadores cuánticos, su funcionamiento interno se nos hacía descabellado y extraño. Parece increíble que, a un nivel fundamental, los electrones puedan mostrar un comportamiento tan irreconocible, como estar en dos lugares al mismo tiempo, atravesar barreras sólidas, transmitir información más rápido que la luz y analizar instantáneamente un número infinito de caminos entre dos puntos cualesquiera. Uno se pregunta: ¿tiene que ser el universo así de extraño? Si pudiéramos elegir, ¿no reorganizaríamos las leyes de la física para que fueran más lógicas y sensatas?

Cuando Einstein estaba atascado en un problema, solía decir: «Dios es sutil, pero no malicioso». Con todo, cuando tuvo que enfrentarse a las paradojas de la mecánica cuántica, a veces pensaba: «Después de todo, quizá Dios sí sea malicioso».

A lo largo de la historia, los físicos han considerado universos imaginarios que obedecen a un conjunto diferente de leyes fundamentales, para ver si aquellas que rigen la naturaleza son únicas y si es posible crear un universo mejor de la nada.

Incluso los filósofos han lidiado con esta cuestión cósmica. Alfonso X el Sabio dijo una vez: «Si yo hubiera estado presente en la creación, habría dado algunos consejos útiles para ordenar mejor el universo».

El juez y crítico escocés lord Jeffrey se quejaba de todas las imperfecciones de nuestro universo: «Maldito sistema solar. Mala iluminación, planetas demasiado distantes, plagado de cometas; un artificio deficiente; yo mismo podría hacerlo [el universo] mejor».

Sin embargo, por mucho que lo han intentado, los científicos han sido incapaces de encontrar algo mejor más allá de las leyes de la física cuántica. Por lo general, descubren que las alternativas a la mecánica cuántica dan lugar a universos inestables o que adolecen de algún defecto fatal oculto.

Para responder a esta pregunta filosófica que fascinaba a Einstein, los físicos suelen empezar enumerando las cualidades que deseamos que tenga un universo.

Ante todo, queremos que nuestro universo sea estable, no que se desmorone en nuestras manos y nos quedemos sin nada.

Sorprendentemente, este criterio es dificilísimo de cumplir. El punto de partida más sencillo sería suponer que vivimos en un mundo newtoniano, de sentido común. El mundo con el que estamos familiarizados. Supongamos que está hecho de átomos diminutos que son como sistemas solares en miniatura, con electrones que giran alrededor de un núcleo, obedeciendo las leyes de Newton. Este sistema solar sería estable si los electrones se movieran en círculos perfectos.

Pero, si perturbamos ligeramente uno de estos electrones, empezaría a bambolearse y adoptar trayectorias imperfectas. Esto significa que, al final, los electrones chocarán entre sí o contra el núcleo. Enseguida, el átomo colapsa y los electrones vuelan por todas partes. En otras palabras, un modelo newtoniano del átomo es intrínsecamente inestable.

Pensemos en lo que ocurriría con las moléculas. En un mundo regido únicamente por la mecánica clásica, una órbita que gira en torno a dos núcleos es muy inestable y se desintegrará sin demora en cuanto sea perturbada. Por tanto, las moléculas no pueden existir en un mundo newtoniano, de modo que no habría sustancias químicas complejas. Este universo, sin átomos ni moléculas estables, acaba convirtiéndose en una niebla informe de partículas subatómicas aleatorias.

Sin embargo, la teoría cuántica resuelve este problema porque el electrón se describe como una onda y solo resonancias específicas de esa onda pueden oscilar alrededor del núcleo. La ecuación de Schrödinger no contempla las ondas en las que estos electrones chocan y se separan, por lo que el átomo es estable. En un mundo cuántico, las moléculas también son estables porque se forman cuando dos átomos diferentes comparten las ondas de sus electrones y se crea una resonancia estable que los une. Esto proporciona el pegamento que mantiene unida la molécula.

Así que, en cierto sentido, hay un «propósito» o una «razón» para la mecánica cuántica y sus extrañas características. ¿Por qué es tan extraño el mundo cuántico? Al parecer, para que la materia sea estable y sólida. De lo contrario, nuestro universo se desintegraría.

Esto tiene, a su vez, una consecuencia importante para los ordenadores cuánticos. Si se intenta modificar la ecuación de Schrödinger, que es la base de estas máquinas, es de esperar que el ordenador cuántico modificado genere resultados sin sentido, como, por ejemplo, materia inestable. En otras palabras, la única manera de que los ordenadores cuánticos creen universos estables es empezar por la ecuación de Schrödinger. Un ordenador cuántico es único. Puede haber muchas maneras de montar la materia para crear uno (por ejemplo, con diferentes tipos de átomos), pero solo hay una manera de que el ordenador cuántico pueda realizar sus cálculos y seguir describiendo materia estable.

Así que, si queremos un ordenador cuántico que manipule electrones, luz y átomos, probablemente solo exista un único tipo de arquitectura para crearlo.

EL UNIVERSO COMO SIMULACIÓN

Cualquiera que haya visto la película *Matrix* sabe que Neo es el elegido. Tiene superpoderes. Puede elevarse a los cielos. Puede esquivar balas a toda velocidad o hacer que se detengan en pleno vuelo.

Puede aprender kárate al instante con solo pulsar un botón. Y puede atravesar espejos.

Todo esto es posible porque Neo vive, en realidad, en una simulación ficticia generada por ordenador. Es como si estuviera en un videojuego; la «realidad» es un mundo imaginario.

Pero esto plantea una pregunta: con una potencia informática que crece de manera exponencial, ¿es posible que nuestro mundo sea, de hecho, una simulación y que la realidad que conocemos sea un videojuego jugado por otra persona? ¿Somos solo líneas de código, hasta que alguien pulsa el botón de borrado y pone fin a la farsa? Y, si un ordenador clásico no es lo bastante potente para simular la realidad, ¿puede hacerlo uno cuántico?

Formulemos primero una pregunta más sencilla: ¿puede un universo clásico como el descrito ser una simulación newtoniana?

Consideremos por un momento una botella de vidrio vacía. El aire del interior puede contener más de 10^{23} átomos. Para simularlo exactamente con un ordenador clásico, habría que manipular 10^{23} bits de información, lo que va mucho más allá de la capacidad de estas máquinas. Para crear una simulación perfecta de los átomos de esa botella, también habría que conocer la posición y la velocidad de todos ellos. Ahora imaginemos que tratamos de simular el tiempo atmosférico en la Tierra. Hay que conocer la humedad, la presión atmosférica, la temperatura y la velocidad del viento en todo el planeta. Muy rápidamente, se agota la capacidad de memoria de cualquier ordenador clásico conocido.

En otras palabras, el objeto más pequeño que puede simular el tiempo atmosférico es el propio tiempo atmosférico.

Otra forma de ver este problema es considerar lo que se denomina el «efecto mariposa». Cuando una mariposa agita sus alas, puede crear una ola de aire que, si se dan las condiciones adecuadas, acabe convirtiéndose en un fuerte viento. Este, a su vez, podría hacer que una nube alcanzara el punto de inflexión y provocar una tormenta. Se trata este de uno de los resultados de la teoría del caos, según la cual, aunque las moléculas de aire obedezcan a las leyes de Newton, el efecto combinado de billones de ellas es caótico e impredecible. Por eso, predecir la probabilidad exacta de que se forme una tormenta es casi imposible. Aunque puede determinarse la trayectoria de una sola molécula, el movimiento colectivo de billones de moléculas de aire está fuera del alcance de cualquier ordenador digital. De nuevo, una simulación es imposible.

Pero ¿qué pasa con los ordenadores cuánticos?

La situación empeora sobremanera si intentamos simular el tiempo atmosférico con un ordenador cuántico. Si tenemos uno con 300 cúbits, entonces disponemos de 2^{300} estados en él, más que los estados del universo. Seguramente, un ordenador cuántico tendrá memoria suficiente para codificar toda la realidad tal y como la conocemos.

No necesariamente. Piense en una molécula de proteína compleja, que puede tener miles de átomos. Para que un ordenador cuántico sea capaz de simular una sola sin efectuar aproximación alguna, deberíamos tener muchos más estados de los que hay en el universo. Pero nuestro cuerpo contiene miles de millones de estas moléculas de proteína. Por tanto, para simular realmente todas las que hay en él, necesitaríamos en principio miles de millones de ordenadores cuánticos. Una vez más, el objeto más pequeño que puede simular el universo es el propio universo. Es sencillamente impracticable reunir miles y miles de millones de ordenadores cuánticos para simular un fenómeno cuántico complejo.

La única «realidad» que podría simularse es una que no sea perfecta, sino que tenga muchas lagunas e imperfecciones. Esto podría reducir el número de estados que hay que simular. Si el modelo no es perfecto, entonces podría existir realmente. Por ejemplo, si se incluyen en él zonas incompletas. El «cielo» que vemos sobre nosotros puede tener rasgaduras, como el decorado de una película antigua. O, si es buceador de aguas profundas, tal vez pensará que su mundo es el océano entero, hasta que se tropieza con una pared de cristal y se da cuenta de que su mundo es solo una pequeña simulación del océano. Así que un universo con imperfecciones como estas es ciertamente posible.

UNIVERSOS PARALELOS

Antes, Hollywood y los cómics creaban emocionantes universos imaginarios llevando a sus personajes al espacio exterior. Pero, como ya hace más de cincuenta años que enviamos cohetes al espacio exterior, esto está un poco pasado de moda. Así que los escritores de ciencia ficción necesitan un nuevo y vanguardista terreno de juego para sus tramas fantásticas, y ahora es el multiverso. Muchos éxitos de taquilla recientes se desarrollan en universos paralelos, donde el superhéroe o el villano existen en múltiples realidades.

Antes, cuando veía una película de ciencia ficción, solía contar cuántas leyes de la física se quebrantaban. Dejé de hacerlo cuando recordé las palabras de Arthur C. Clarke: «Cualquier tecnología lo bastante avanzada es indistinguible de la magia». Así que, si una película parece quebrantar alguna ley conocida de la física, quizá algún día se demuestre que esta ley es incorrecta o incompleta.

Pero ahora, cuando las películas entran en los universos paralelos del multiverso, tengo que planteármelo dos veces para ver si se vulnera alguna ley física. En este caso, las películas siguen el ejemplo de los físicos teóricos, que se toman en serio la idea del multiverso.

La razón es que la teoría de los muchos mundos de Hugh Everett está resurgiendo. Como ya hemos mencionado, esta es quizá la forma más sencilla y elegante de resolver el problema de la medida. Con solo suprimir el último postulado de la mecánica cuántica, según el cual la función de onda que describe el comportamiento cuántico colapsa con la observación, la teoría de los muchos mundos es la forma más rápida de resolver la paradoja que plantea.

Pero permitir que la onda del electrón prolifere tiene un precio. Si se deja que la onda de Schrödinger se mueva libremente por sí misma, sin colapsar, entonces se dividirá un número infinito de veces, creando una cascada infinita de universos posibles. Así, en lugar de colapsar en un único universo, permitimos que un número infinito de universos paralelos se dividan constantemente.

No existe un consenso colectivo entre los físicos sobre estos universos paralelos. Por ejemplo, David Deutsch cree que esta es la razón esencial por la que los ordenadores cuánticos son tan potentes, porque calculan simultáneamente en diferentes universos paralelos. Esto nos remite a la vieja paradoja de Schrödinger, según la cual un gato en una caja puede estar a un tiempo vivo y muerto.

Cuando le preguntaban a Stephen Hawking por este frustrante problema, decía: «Cada vez que oigo hablar del gato de Schrödinger, llevo la mano a la pistola».

Pero también se está considerando una teoría alternativa, llamada «teoría de la decoherencia», que afirma que las interacciones con el entorno externo hacen que la onda colapse, es decir, que la onda colapsa por sí sola una vez que toca el entorno, porque este ya está en decoherencia.

Por ejemplo, esto significa que la paradoja de Schrödinger puede resolverse de forma sencilla. El problema original era que, antes de abrir la caja, no era posible saber si el gato estaba vivo o muerto. La respuesta tradicional es que el animal no está vivo ni muerto hasta que se abre la caja. Esta nueva teoría dice que los átomos del gato ya están en contacto con los átomos que flotan al tuntún en la caja, por lo que el animal ya está en decoherencia incluso antes de que se abra la caja. Por tanto, el gato ya está vivo o muerto (pero no ambas cosas).

En otras palabras, según la interpretación tradicional de Copenhague, el gato solo entra en decoherencia cuando se abre la caja y se realiza una medición. Sin embargo, en este nuevo enfoque, el gato ya está en decoherencia, porque las moléculas de aire han tocado su onda, lo que ha provocado su colapso. La causa del colapso de la onda en la teoría de la decoherencia sustituye al experimentador que abre la caja por el aire en esta.

Normalmente, los debates en física se resuelven haciendo un experimento. Esta ciencia no se basa, en última instancia, en especulaciones y conjeturas. El factor decisivo son las pruebas fehacientes. Pero imagino que, dentro de unas décadas, los físicos seguirán debatiendo esta cuestión, porque no hay ningún experimento decisivo que pueda descartar una de estas interpretaciones, al menos de momento.

Sin embargo, personalmente, creo que hay un defecto en el enfoque de la decoherencia. En él se tiene que distinguir entre el entorno, es decir, el aire (que es decoherente) y el objeto estudiado (el gato). En el enfoque de Copenhague, la decoherencia es introducida por el experimentador, mientras que, en la teoría homónima, la decoherencia la introducen las interacciones con el entorno.

No obstante, una vez que introducimos una teoría cuántica de la gravedad, la unidad más pequeña que cuantizamos es el propio universo. No hay distinción entre el experimentador, el entorno y el gato. Todos ellos forman parte de una función de onda gigantesca, la función de onda del universo, que no puede separarse en varios fragmentos.

En este enfoque de la gravedad cuántica, no hay distinción real entre ondas que son coherentes y ondas en el aire que son decoherentes. La diferencia es solo de medición. (Por ejemplo, en el *big bang*, todo el universo era coherente antes de la explosión. Así que, incluso hoy, trece mil ochocientos millones de años después, aún podemos encontrar algo de coherencia entre el gato y el aire).

Así pues, este enfoque destierra la decoherencia y vuelve a la interpretación de Everett. Por desgracia, no existe ningún experimento que permita diferenciar estos diversos enfoques. Ambos dan el mismo resultado mecánico cuántico. Difieren en la interpretación del resultado, que es filosófica.

Esto significa que tanto si utilizamos la interpretación de Copenhague, el enfoque de la decoherencia o la teoría de los muchos mundos, obtenemos los mismos resultados experimentales, por lo que los tres enfoques son empíricamente equivalentes.

Puede que una diferencia entre los tres sea que, en la interpretación de muchos mundos, podría ser posible moverse entre diferentes universos paralelos. Pero, si se hace el cálculo, la probabilidad de poder hacerlo es tan pequeña que no somos capaces de verificarlo experimentalmente. Por lo general, tenemos que esperar más tiempo que la vida del universo para entrar en otro universo paralelo.

¿ES EL UNIVERSO UN ORDENADOR CUÁNTICO?

Analicemos ahora si el universo mismo es un ordenador cuántico.

Recordemos que Babbage se planteó una pregunta bien definida: ¿qué potencia puede tener un ordenador analógico? ¿Cuáles son los límites a lo que se puede calcular con engranajes y palancas mecánicas?

Turing amplió esta pregunta planteándose otra: ¿qué potencia puede tener un ordenador digital? ¿Cuáles son los límites del cálculo con componentes electrónicos?

Por tanto, es natural preguntarse a continuación: ¿qué potencia puede tener un ordenador cuántico? ¿Cuáles son los límites de la computación si podemos manipular átomos individuales? Y, puesto que el universo está hecho de átomos: ¿es el propio universo un ordenador cuántico?

El físico que propuso esta idea es Seth Lloyd, del MIT, uno de los pocos que trabajaban allí desde el principio, cuando se crearon los primeros ordenadores cuánticos.

Le pregunté a Lloyd cómo empezó a interesarse por ellos. Me contó que de joven le fascinaban los números. Le interesaba especialmente el hecho de que, con unos pocos números, se pudiera describir una enorme cantidad de objetos del mundo real empleando las reglas de las matemáticas.

Sin embargo, cuando fue a la universidad se encontró con un problema. Por un lado, había brillantes estudiantes de Física que se dedicaban a la teoría de cuerdas y a la física de partículas elementales. Por otro, había estudiantes de Ciencias de la computación. Él se encontraba entre ambos, porque quería trabajar en información cuántica, que estaba a medio camino entre la física de partículas y las ciencias de la computación.

En la física de partículas elementales, la unidad última de la materia es la partícula, como el electrón. En la teoría de la información, la unidad última de información es el bit. Así que Lloyd se ha dedicado a estudiar la relación entre partículas y bits, lo que nos lleva a los bits cuánticos.

Su controvertida idea es que el universo es un ordenador cuántico. Al principio, esto puede sonar descabellado. Cuando pensamos en el universo, nos vienen a la cabeza estrellas, galaxias, planetas, animales, personas, ADN. Pero, cuando pensamos en un ordenador cuántico, nos imaginamos una máquina. ¿Cómo pueden ser lo mismo?

En realidad, existe una profunda relación entre ambos. Es posible crear una máquina de Turing que pueda contener todas las leyes newtonianas del universo.

Pensemos, por ejemplo, en un tren de juguete colocado en una vía en miniatura. Esta está dividida en una larga secuencia de casillas, en las que podemos colocar los números 0 o 1: 0 significa que no hay ningún tren en esa vía, y 1, que el tren de juguete está en esa vía. Ahora movamos el tren, casilla a casilla. Cada vez que lo hagamos, sustituiremos un 0 por un 1. De este modo, el tren podrá moverse suavemente por la vía. El número 1 localiza la posición del juguete.

Ahora, sustituyamos la vía por una cinta digital, con 0 y 1. Reemplacemos el tren de juguete por un procesador. Cada vez que este se desplaza una casilla, cambiamos el 0 por un 1.

De esta manera, podemos tomar un tren de juguete y convertirlo en una máquina de Turing. En otras palabras, una máquina de Turing puede simular las leyes del movimiento de Newton, que son el fundamento de la física clásica.

También es posible modificar el tren de juguete para describir aceleraciones y movimientos más complejos. Cada vez que lo movamos, podemos aumentar la separación entre los 1, de modo que el tren acelera. También podemos generalizar el tren de juguete recorriendo una vía tridimensional, o celosía. De este modo, codificaremos todas las leyes de la mecánica newtoniana.

Así que ahora podemos establecer con precisión el vínculo entre una máquina de Turing y las leyes de Newton. Es posible codificar un universo clásico mediante una máquina de Turing.

A continuación, podemos generalizar esto a los ordenadores cuánticos. En lugar de un tren de juguete, que contiene 0 y 1, lo sustituimos por otro similar que lleve una brújula. Si la aguja apunta al norte, la llamamos 1; si es al sur, la llamamos 0, y si es a cualquier ángulo entre ambos, representará la superposición del norte y el sur. Así, a medida que el tren de juguete se desplaza por la vía, la aguja se mueve en distintas direcciones, según la ecuación de Schrödinger.

(Si se quiere incluir el entrelazamiento, entonces se añaden varias brújulas en el juguete. Todas las agujas se moverán de distintas maneras a medida que el tren avanza por la vía, según las reglas del procesador).

Cuando el tren de juguete se desplaza, la aguja de la brújula empieza a girar. El movimiento de esta sigue la información contenida en la ecuación de onda de Schrödinger. De este modo, podemos deducir la ecuación de onda utilizando el tren de juguete.

La cuestión aquí es que una máquina cuántica de Turing puede codificar las leyes de la mecánica cuántica, que a su vez rigen el universo. En este sentido, un ordenador cuántico puede codificar el universo. Por tanto, la relación entre ambos es que el primero puede codificar el segundo. Así pues, en sentido estricto, el universo no es un ordenador cuántico, pero todos los fenómenos del universo pueden ser codificados por un ordenador cuántico.

Sin embargo, todas las interacciones a nivel microscópico se rigen por la mecánica cuántica, lo cual quiere decir que los ordenadores cuánticos pueden simular cualquier fenómeno del mundo físico, desde las partículas subatómicas hasta el ADN, y de los agujeros negros al *big bang*.

El terreno de juego de los ordenadores cuánticos es el propio universo. Si somos capaces de entender una máquina de Turing cuántica, quizá también podamos entender el universo.

Solo el tiempo lo dirá.

Agradecimientos

Me gustaría dar las gracias en primer lugar a mi agente literario, Stuart Krichevski, que me ha acompañado durante estos largos años, ayudándome a llevar mis libros del concepto al mercado. Confío en su infalible juicio en todos los asuntos literarios. Sus acertados consejos han contribuido al éxito de mis libros.

También quiero dar las gracias a mi editor, Edward Kastenmeier. Siempre ha aportado un sabio criterio a las cuestiones editoriales. En todo momento me ha ayudado a enfocar mejor el libro y a hacerlo más accesible.

Asimismo, quiero dar las gracias a los numerosos premios Nobel a los que he consultado o entrevistado y que me han proporcionado un asesoramiento inestimable:

Richard Feynman
Steven Weinberg
Yoichiro Nambu
Walter Gilbert
Henry Kendall
Leon Lederman
Murray Gell-Mann
David Gross
Frank Wilczek
Joseph Rotblat

Henry Pollack
Peter Doherty
Eric Chivian
Gerald Edelman
Anton Zeilinger
Svante Pääbo
Roger Penrose

También me gustaría dar las gracias a estos destacados científicos, líderes en investigación científica o directores de importantes laboratorios científicos que han compartido generosamente su sabiduría conmigo:

Marvin Minsky
Francis Collins
Rodney Brooks
Anthony Atala
Leonard Hayflick
Carl Zimmer
Stephen Hawking
Edward Witten
Michael Lemonick
Michael Shermer
Seth Shostak
Ken Croswell
Brian Greene
Neil deGrasse Tyson
Lisa Randall
Leonard Susskind

Por último, me gustaría dar las gracias a los más de cuatrocientos científicos y científicas a quienes he entrevistado a lo largo de los años y cuyas aportaciones han sido inestimables para la elaboración de este libro.

Lecturas seleccionadas

Para quienes estén familiarizados con la programación informática, pueden resultar útiles los siguientes textos:

Bernhardt, Chris, *Quantum Computing for Everyone*, Cambridge, MIT Press, 2020.

Edwards, Simon, *Quantum Computing for Beginners*, Illinois, Monee, 2021.

Grumbling, Emily y Mark Horowitz, eds., *Quantum Computing: Progress and Prospects*, Washington D.C., National Academy Press, 2019.

Jaeger, Lars, *The Second Quantum Revolution*, Suiza, Springer, 2018.

Mermin, N. David, *Quantum Computer Science: An Introduction*, Cambridge, Cambridge University Press, 2016.

Rohde, Peter P., *The Quantum internet: The Second Quantum Revolution*, Cambridge, Cambridge University Press, 2021.

Sutor, Robert S., *Dancing with Qubits: How Quantum Computing Works and How It Can Change the World*, Birmingham, Packt, 2019.

Créditos de las ilustraciones

Página 37: Freeth, T., Higgon, D., Dacanalis, A., *et al.*, «A Model of the Cosmos in the Ancient Greek Antikythera Mechanism», *Scientific Reports*, vol. 11, n.° 5821 (2021).

Página 46: Mapping Specialists Ltd.

Página 58: Mapping Specialists Ltd.

Página 66: Mapping Specialists Ltd.

Página 71: Mapping Specialists Ltd.

Página 85: Mapping Specialists Ltd.

Página 99: Mapping Specialists Ltd.

Página 107: Andrew Lindemann, por cortesía de IBM.

Página 109: Mapping Specialists Ltd.

Página 213: Mapping Specialists Ltd.

Página 272: Mapping Specialists Ltd.

Página 302: Mapping Specialists Ltd.

Acerca del autor

Michio Kaku es catedrático de Física teórica en la City University de Nueva York. Es cocreador de la teoría de campos de cuerdas. Se licenció en Harvard y se doctoró en Física por la Universidad de California en Berkeley. Ha escrito cinco best sellers de la lista del *New York Times*: *Física de lo imposible*, *La física del futuro*, *El futuro de nuestra mente*, *El futuro de la humanidad* y *La ecuación de Dios*. Ha presentado varios especiales de televisión para BBC-TV, Discovery Channel y Science Channel. Es invitado habitual en programas de televisión nacionales e internacionales. Presenta dos programas de radio nacionales sobre ciencia, *Exploration* y *Science Fantastic*. Tiene cinco millones de fans en Facebook.

Notas

1. Gordon Lichfield, «Inside the Race to Build the Best Quantum Computer on Earth», *MIT Technology Review*, 26 de febrero de 2020, pp. 1-23.

2. Yuval Boger, entrevista con el doctor Robert Sutor, *The Qubit Guy's Podcast*, 27 de octubre de 2021, <www.classiq.io/insights/podcast-with-dr-robert-sutor>.

3. Matt Swayne, «Zapata Chief Says Quantum Machine Learning Is a When, Not an If», *The Quantum Insider*, 16 de julio de 2020, <www.thequantuminsider.com/2020/07/16/zapata-chief-says-quantum-machine-learning-is-a-when-not-an-if/>.

4. Daphne Leprince-Ringuet, «Quantum Computers Are Coming, Get Ready for Them to Change Everything», *ZD Net*, 2 de noviembre de 2020, <www.zdnet.com/article/quantum-computers-are-coming-get-ready-for-them-to-change-everything/>.

5. Dashveenjit Kaur, «BMW Embraces Quantum Computing to Enhance Supply Chain», *Techwire Asia*, 1 de febrero de 2021, <https://techwireasia.com/02/2021/bmw-embraces-quantum-computing-to-enhance-supply-chain/>.

6. Cade Metz, «Making New Drugs with a Dose of Artificial Intelligence», *The New York Times*, 5 de febrero de 2019, <www.nytimes.com/2019/02/05/technology/artificial-intelligence-drug-research-deepmind.html>.

7. Ali El Kaafarani, «Four Ways That Quantum Computers Can Change the World», *Forbes*, 30 de julio de 2021, <www.forbes.com/sites/forbestechcouncil/2021/07/30/four-ways-quantum-computing-could-change-the-world/?sh=7054e3664602>.

8. «How Quantum Computers Will Transform These 9 Industries»,

CB Insights, 23 de febrero de 2021, <www.cbinsights.com/research/quantum-computing-industries-disrupted/>.

9. Matthew Hutson, «The Future of Computing», *ScienceNews*, <www.sciencenews.org/century/computer-ai-algorithm-moore-law-ethics>.

10. James Dargan, «Neven's Law: Paradigm Shift in Quantum Computers», *Hackernoon*, 1 de julio de 2019, <www.hackernoon.com/nevens-law-paradigm-shift-in-quantum-computers-e6c429ccd1fc>.

11. Nicole Hemsoth, «With $3.1 Billion Valuation, What's Ahead for PsiQuantum?», *The Next Platform*, 27 de julio de 2021, <www.nextplatform.com/2021/07/27/with-3-1b-valuation-whats-ahead-for-psiquantum/>.

12. «Our Founding Figures: Ada Lovelace», *Tetra Defense*, 17 de abril de 2020, <www.tetradefense.com/cyber-risk-management/our-founding-figures-ada-lovelace>.

13. «Ada Lovelace», *Computer History Museum*, <www.computerhistory.org/babbage/adalovelace/>.

14. Colin Drury, «Alan Turing: The Father of Modern Computing Credited with Saving Millions of Lives», *The Independent*, 15 de julio de 2019, <www.independent.co.uk/news/uk/home-news/alan-turing-ps50-note-computers-maths-enigma-codebreaker-ai-test-a9005266.html>.

15. Alan Turing, «Computing Machinery and Intelligence», *Mind*, vol. 59 (1950), pp. 433-460, <https://courses.edx.org/asset-v1:MITx+24.09x+3T2015+type@asset+block/5_turing_computing_machinery_and_intelligence.pdf>.

16. Peter Coy, «Science Advances One Funeral at a Time, the Latest Nobel Proves It», *Bloomberg*, 10 de octubre de 2017, <https://www.bloomberg.com/news/articles/2017-10-10/science-advances-one-funeral-at-a-time-the-latest-nobel-proves-it>.

17. *BrainyQuote*, <https://www.brainyquote.com/quotes/paul_dirac_279318>.

18. Jim Martorano, «The Greatest Heavyweight Fight of All Time», *TAP into Yorktown*, 24 de agosto de 2022, <https://www.tapinto.net/towns/yorktown/articles/the-greatest-heavyweight-fight-of-all-time>.

19. Citado en Denis Brian, *Einstein*, Nueva York, Wiley, 1996, p. 516 [hay trad. cast.: *Biográfico Einstein*, Barcelona, Cinco Tintas, 2020].

20. Véase Michio Kaku, *Parallel Worlds: The Science of Alternative Universes and Our Future in the Cosmos*, Nueva York, Anchor, 2006 [hay trad. cast.: *Universos paralelos*, Girona, Atalanta, 2015].

21. Stefano Osnaghi, Fabio Freitas y Olival Freire Jr., «The Origin of the Everettian Heresy», *Studies in History and Philosophy of Modern Physics*, vol. 40, n.° 2 (2009), p. 17.

22. Stephen Nellis, «IBM Says Quantum Chip Could Beat Standard Chips in Two Years», *Reuters*, 15 de noviembre de 2021, <www.reuters.com/article/ibm-quantum-idCAKBN2I00C6>.

23. Emily Conover, «The New Light-Based Quantum Computer Jiuzhang Has Achieved Quantum Supremacy», *Science News*, 3 de diciembre de 2020, <https://www.sciencenews.org/article/new-light-based-quantum-computer-jiuzhang-supremacy>.

24. «Xanadu Makes Photonic Quantum Chip Available Over Cloud Using Strawberry Fields & Pennylane Open-Source Tools Available on Github», *Inside Quantum Technology News*, 8 de marzo de 2021, <www.insidequantumtechnology.com/news-archive/xanada-makes-photonic-quantum-chip-available-over-cloud-using-strawberry-fields-pennylane-open-source-tools-available-on-github/>.

25. Walter Moore, *Schrödinger: Life and Thought*, Cambridge, Cambridge University Press, 1989, p. 403.

26. Leah Crane, «Google Has Performed the Biggest Quantum Chemistry Simulation Ever», *New Scientist*, 12 de diciembre de 2019, <www.newscientist.com/article/2227244-google-has-performed-the-biggest-quantum-chemistry-simulation-ever/>.

27. Jeannette M. Garcia, «How Quantum Computing Could Remake Chemistry», *Scientific American*, 15 de marzo de 2021, <https://www.scientificamerican.com/article/how-quantum-computing-could-remake-chemistry/>.

28. Crane, *op. cit.*

29. *Ibid.*

30. Alan S. Brown, «Unraveling the Quantum Mysteries of Photosynthesis», The Kavli Foundation, 15 de diciembre de 2020, <www.kavlifoundation.org/news/unraveling-the-quantum-mysteries-of-photosynthesis>.

31. Peter Byrne, «In Pursuit of Quantum Biology with Birgitta Whaley», *Quanta Magazine*, 30 de julio de 2013, <www.quantamagazine.org/in-pursuit-of-quantum-biology-with-birgitta-whaley-20130730/>.

32. Katherine Bourzac, «Will the Artificial Leaf Sprout to Combat Climate Change?», *Chemical & Engineering News*, 21 de noviembre de 2016, <https://cen.acs.org/articles/94/i46/artificial-leaf-sprout-combat-climate.html>.

33. Ali El Kaafarani, *op. cit.*

34. Katharine Sanderson, «Artificial Leaves: Bionic Photosynthesis as Good as the Real Thing», *New Scientist*, 2 de marzo de 2022, <www.newscientist.com/article/mg25333762-600-artificial-leaves-bionic-photosynthesis-as-good-as-the-real-thing/>.

35. «What Is Quantum Computing? Definition, Industry Trends, & Benefits Explained», *CB Insights*, 7 de enero de 2021, <https://www.cbin sights.com/research/report/quantum-computing/?utm_source=CB+Insights+Newsletter&utm_campaign=0df1cb4286-newsletter_general_Sat_20191115&utm_medium=email&utm_term=0_9dc0513989-0df1 cb4286-88679829>.

36. Allison Linn, «Microsoft Doubles Down on Quantum Computing Bet», *Microsoft. The AI Blog*, 20 de noviembre de 2016, <https://blogs.mi crosoft.com/ai/microsoft-doubles-quantum-computing-bet/>.

37. Stephen Gossett, «10 Quantum Computing Applications and Examples», *Built In*, 25 de marzo de 2020, <https://builtin.com/hardware/quantum-computing-applications>.

38. Holger Mohn, «What's Behind Quantum Computing and Why Daimler Is Researching It», Mercedes-Benz Group, 20 de agosto de 2020, <https://group.mercedes-benz.com/company/magazine/technology-innovation/quantum-computing.html>.

39. *Ibid.*

40. Liz Kwo y Jenna Aronson, «The Promise of Liquid Biopsies for Cancer Diagnosis», *American Journal of Managed Care*, 11 de octubre de 2021, <www.ajmc.com/view/the-promise-of-liquid-biopsies-for-cancer-diagnosis>.

41. Clara Rodríguez Fernández, «Eight Diseases CRISPR Technology Could Cure», *Labiotech*, 18 de octubre de 2021, <https://www.labiotech. eu/best-biotech/crispr-technology-cure-disease/>.

42. Viviane Callier, «A Zombie Gene Protects Elephants from Cancer», *Quanta Magazine*, 7 de noviembre de 2017, <www.quantamagazine.org/a-zombie-gene-protects-elephants-from-cancer-20171107/>.

43. Gil Press, «Artificial Intelligence (AI) Defined», *Forbes*, 27 de agosto de 2017, <https://www.forbes.com/sites/gilpress/2017/08/27/artificial-intelligence-ai-defined/>.

44. Stephen Gossett, *op. cit.*

45. «AlphaFold: A Solution to a 50-Year-Old Grand Challenge in Biology», *DeepMind*, 30 de noviembre de 2020, <www.deepmind.com/blog/alphafold-a-solution-to-a-50-year-old-grand-challenge-in-biology>.

46. Cade Metz, «London A.I. Lab Claims Breakthrough That Could Accelerate Drug Discovery», *The New York Times*, 30 de noviembre de 2020, <https://www.nytimes.com/2020/11/30/technology/deepmind-ai-protein-folding.html>.

47. Ron Leuty, «Controversial Alzheimer's Disease Theory Could Pinpoint New Drug Targets», *San Francisco Business Times*, 6 de mayo de

2019, <www.bizjournals.com/sanfrancisco/news/2019/05/01/alzheimers-disease-prions-amyloid-ucsf-prusiner.html>.

48. German Cancer Research Center, «Protein Misfolding as a Risk Marker for Alzheimer's Disease», *ScienceDaily*, 15 de octubre de 2019, <www.sciencedaily.com/releases/2019/10/191015140243.htm>.

49. «Protein Misfolding as a Risk Marker for Alzheimer's Disease-Up to 14 Years Before the Diagnosis», *Bionity*, 17 de octubre de 2019, <www.bionity.com/en/news/1163273/protein-misfolding-as-a-risk-marker-for-alzheimers-disease-up-to-14-years-before-the-diagnosis.html>.

50. Mallory Locklear, «Calorie Restriction Trial Reveals Key Factors in Enhancing Human Health», *Yale News*, 10 de febrero de 2022, <news.yale.edu/2022/02/10/calorie-restriction-trial-reveals-key-factors-enhancing-human-health>.

51. Kashmira Gander, «"Longevity Gene" That Helps Repair DNA and Extend Life Span Could One Day Prevent Age-Related Diseases in Humans», *Newsweek*, 23 de abril de 2019, <www.newsweek.com/longevity-gene-helps-repair-dna-and-extend-lifespan-could-one-day-prevent-age-1403257>.

52. Antonio Regalado, «Meet Altos Labs, Silicon Valley's Latest Wild Bet on Living Forever», *MIT Technology Review*, 4 de septiembre de 2021, <www.technologyreview.com/2021/09/04/1034364/altos-labs-silicon-valleys-jeff-bezos-milner-bet-living-forever/>.

53. *Ibid.*

54. *Ibid.*

55. Allana Akhtar, «Scientists Rejuvenated the Skin of a 53 Year Old Woman to That of a 23 Year Old's in a Groundbreaking Experiment», *Yahoo News*, 8 de abril de 2022, <www.yahoo.com/news/scientists-rejuvenated-skin-53-old-175044826.html>.

56. Ali El Kaafarani, *op. cit.*

57. Doyle Rice, «Rising Waters: Climate Change Could Push a Century's Worth of Sea Rise in US by 2050, Report Says», *USA Today*, 15 de febrero de 2022, <https://www.usatoday.com/story/news/nation/2022/02/15/us-sea-rise-climate-change-noaa-report/6797438001/>.

58. «U.S. Coastline to See up to a Foot of Sea Level Rise by 2050», Administración Nacional Oceánica y Atmosférica, 15 de febrero de 2022, <https://www.noaa.gov/news-release/us-coastline-to-see-up-to-foot-of-sea-level-rise-by-2050>.

59. David Knowles, «Antarctica's 'Doomsday Glacier' Is Facing Threat of Imminent Collapse, Scientists Warn», *Yahoo News*, 14 de diciembre de 2021, <https://news.yahoo.com/antarcticas-doomsday-glacier-is-facing-threat-of-imminent-collapse-scientists-warn-220236266.html>.

60. *Climate Change 2007: Synthesis Report*, Grupo Intergubernamental de Expertos sobre el Cambio Climático, www.ipcc.ch [hay trad. cast.: *Cambio climático 2007: informe de síntesis*, IPCC, Ginebra, 2007].

61. *Climate Change 2007: Synthesis Report*, Grupo Intergubernamental de Expertos sobre el Cambio Climático, www.ipcc.ch [hay trad. cast.: *Cambio climático 2007: informe de síntesis*, IPCC, Ginebra, 2007].

62. Claude Forthomme, «Nuclear Fusion: How the Power of Stars May Be Within Our Reach», *Impakter*, 10 de febrero de 2022, <www.impakter.com/nuclear-fusion-power-stars-reach/>.

63. Amos, *op. cit.*

64. «Multiple Breakthroughs Raise New Hopes for Fusion Energy», Global BSG, 27 de enero de 2022, <www.globalbsg.com/multiple-breakthroughs-raise-new-hopes-for-fusion-energy/>.

65. Catherine Clifford, «Fusion Gets Closer with Successful Test of a New Kind of Magnet at MIT Start-up Backed by Bill Gates», *CNBC*, 8 de septiembre de 2021, <www.cnbc.com/2021/09/08/fusion-gets-closer-with-successful-test-of-new-kind-of-magnet.html>.

66. «Nuclear Fusion Is One Step Closer with New AI Breakthrough», *Nation World News*, 13 de septiembre de 2022, <nationworldnews.com/nuclear-fusion-is-one-step-closer-with-new-ai-breakthrough/>.

67. «The World Should Think Better About Catastrophic and Existential Risks», *The Economist*, 25 de junio de 2020, <www.economist.com/briefing/2020/06/25/the-world-should-think-better-about-catastrophic-and-existential-risks>.

68. Para un comentario sobre la teoría de cuerdas, ver Michio Kaku, *The God Equation: The Quest for a Theory of Everything*, Nueva York, Anchor, 2022 [hay trad. cast.: *La ecuación de Dios: la búsqueda de una teoría del todo*, Barcelona, Debate, 2022].

Índice alfabético

Bohr, Niels, 63, 64, 65, 69, 70, 74, 93

bomba atómica, 49, 73, 74, 79

bombe, 48

Born, Max, 63

boro, átomo de, 61, 294

Branson, Richard, 278

Brattain, Walter, 76

BRCA1 y BRCA2, 33

Breakthrough, Premio, 239

Brenner, Hermann, 222

Bristlecone, ordenador cuántico, 106

Broglie, Louis de, 57, 63

Brooks, Rodney, 206, 207, 208

Brownell, Vern, 17

Bruno, Giordano, 286

Byron, George Gordon, lord, 40

C. elegans, gusano, 235

C9orf72, gen, 225

cadena de bloques tecnológica, 20

cálculo, 14, 23, 25, 29, 40, 45, 48, 54, 55, 65, 72-73, 76, 82-86, 96, 101-102, 108-112, 131, 139, 211, 232, 264

calentamiento global (cambio climático), 27, 141, 156, 157, 159, 249, 253-267, 268, 269, 271, 276, 318

véase también gases de efecto invernadero

calor, luz y, 54-55

calórica, restricción, 234-237

Calvin, ciclo de, 136

Cambridge, Universidad de, 125, 224

«camino no elegido, El» (Frost), 91

campo magnético, reactor de fusión y, 273-279, 282

campo unificado, teoría del, 205, 248

Cánada, 115, 259, 261

cáncer, 31, 33, 175, 181-202, 231, 241-242, 315

CRISPR y, 198-199

detección del, 185-191, 194, 201-202

elefantes y, 200

fluidos corporales y, 187

genes y, 197, 200

inmunoterapia y, 191-192

olores y, 188

paradoja de Peto y, 200

prevención y tratamiento del, 200-202

sistema inmunitario y, 186

telomerasa y, 234

cáncer de vejiga, 188, 190, 192

caos, 20, 25, 229

Caos, mito griego, 119

caos, teoría del, 325-326

carbohidratos, 136

carbono, átomo de, 61, 121

carbono, ciclo del, 142

carbono, dióxido de (CO_2)

calentamiento global y, 256-258, 318

catalizadores y, 142

creación de combustible y, 142

fotosíntesis y, 134, 137

hoja artificial y, 140-141

reciclar, 140-142

secuestro y, 30, 262-264

testigos de hielo y, 253-256

carbono-14, análisis por, 136, 297

Daimler, 17, 163, 164
DART (Double Asteroid
Redirection Test), 290
Dartmouth, Conferencia de
(1956), 203
Darwin, Charles, 124
decoherencia, 25, 87, 328-330
DeepMind, 216, 283
delfines, 293
Delft, Universidad Tecnológica
de, 114, 115
Deloitte, 15, 20
DEMO, reactor de fusión, 275
Demócrito, 57
Departamento de Energía, 16,
141, 279
descendente, enfoque, 207, 210
Descifrando Enigma, película, 49
deshidratación, 260
desintegración radiactiva, 152
destructores de átomos, 306
determinismo, 51, 52, 54, 67
Deutsch, David, 87, 88, 89, 90,
328
Deutsch, experimento de laser
portátil de, 96
diabetes, 194
Dick, Philip K., 92
Digital Health 150, 33
digital, cinta, *46*, 331
digital, tecnología, 20
dimensión desconocida, La, 56,
69
dinosaurios, 21, 96, 288, 317
Dirac, Paul, 60
Dixit, Vishwa Deep, 236-237
Doudna, Jennifer, 196
Drake, Frank, 292
dualidad, 57, 113

D-Wave, ordenador cuántico,
115
D-Wave Systems, 17

$E = mc^2$, ecuación, 269
E. coli, 216
Eagle, ordenador cuántico, 14,
107
EAST (Experimental Advanced
Superconducting Tokamak),
reactor de fusión, 277
economía mundial, 20, 24, 26, 51,
100, 105, 156, 212, 316
ecuación de onda de Schrödinger,
126, 132, 216, 306, 326-328
definición, 59-61
Feynman y, 86
origen de la vida y, 121-123
tabla periódica y, 61-62
Edison, Thomas, 155-156
Editas Medicine,199
Egipto, antiguo, 184
Ehrenfest, Paul, 69
Einstein, Albert, 57, 63, 64,
67-73, 92-93, 94, 224, 248,
269, 301, 302, 307, 308-309,
321-323
ELA (esclerosis lateral
amiotrófica, enfermedad de
Lou Gehrig), 32, 34, 182, 185,
219, 224-225
eléctrica, estaciones de recarga,
165
electricidad, 21, 48, 56, 76, 77,
141, 155, 158-159, 163, 273,
274
véase también baterias;
coches, eléctricos;
electromagnetismo

electrodinámica cuántica (QED),
68, 79
electrodo de carbono
ultrarrápido, 162
electrodos, 158
electrolito, 158-160
electromagnetismo
electrones y, 306
energía de fusión y, 274
leyes de Maxwell y, 53-54
modelo estándar y, 305-306
electrones
artículo EPR sobre, 70-71
De Broglie sobre los, 58-59, *58*
dualidad y, 57
enlace y, 62
escudriñar todos los caminos
posibles, 88
fotones y, 79
patrones de onda y, 61-63, 323
problema de la medida y, 65
semiconductores y, 76
teoría cuántica y
comportamiento extraño
de los, 23, 57-65, 69-71, 89,
321
transistores y, 78
electrónica, 29, 159
elefantes, 81-82, 200, 230
elementos, Los (Euclides), 42
elementos, en el universo, 304,
304
empresas, 19, 27, 103-104
enana blanca, estrella, 295
energía
almacenamiento de, 29-31,
157164
ATP y, 150
fotosíntesis y, 137

proceso Haber-Bosch y, 30-31,
145, 149
producción de, 28, 115,
155-165
véanse también tipos específicos
energía oscura, 303, 304, 306
energía renovable, 28
enfermedad, 26, 32, 33-34, 116,
122, 128, 156, 165, 169-202,
212, 219-226, 260, 316
véanse también tipos específicos
ENIAC, ordenador, 21
Enigma, código, 47, 99
ensayo y error, 28, 29, 32, 131,
143, 157, 171, 181, 185, 207,
208, 209, 215, 223, 277, 284
entradas y salidas, 45-46, *46*
entrelazamiento, 24, 69-73, *71*,
97, 331
desperdicios plásticos y, 218
ordenadores cuánticos y, 88,
96, 108, 111, 113
entropía, 229
envejecimiento, 33, 122, 226,
228, 229-231, 232-233,
244-246, 249, 319
prematuro, 245
reprogramar células y, 238-240
restricción calórica y, 234-237
enzimas, 130, 187, 218, 225, 233
Eos, diosa griega, 228
epopeya de Gilgamesh, La, 227
EPR, artículo, 70, 72
eras glaciales, 255
Eros, dios griego, 119
error, tasas y correcciones, 113
escalado, 110
escaneo de superficies de alta
resolución, 36

«Para viajar lejos no hay mejor nave que un libro».

EMILY DICKINSON

Gracias por tu lectura de este libro.

En **penguinlibros.club** encontrarás las mejores
recomendaciones de lectura.

Únete a nuestra comunidad y viaja con nosotros.

penguinlibros.club

Penguin
Random House
Grupo Editorial

 penguinlibros